全国中国特色社会主义政治经济学研究中心（福建师范大学）学者文库

主编 李建平

国家社会科学基金项目"环境治理绩效测度的方法体系创新研究"（项目号：18BTJ003）

全国中国特色社会主义政治经济学研究中心（福建师范大学）2021年重点培育项目（项目号：Z202106）

全国经济综合竞争力研究中心福建师范大学分中心2023年重点项目

福建省社会科学研究基地——福建师范大学竞争力研究中心项目

环境治理绩效测度的理论和方法研究

THEORY AND APPROACH OF MEASURING ENVIRONMENTAL GOVERNANCE PERFORMANCE

李军军 ◎ 著

中国财经出版传媒集团

经济科学出版社

Economic Science Press

图书在版编目（CIP）数据

环境治理绩效测度的理论和方法研究/李军军著
. -- 北京：经济科学出版社，2023.8
（全国中国特色社会主义政治经济学研究中心（福建师范大学）学者文库）
ISBN 978 - 7 - 5218 - 5091 - 8

Ⅰ. ①环… Ⅱ. ①李… Ⅲ. ①环境管理 - 研究 Ⅳ. ①X32

中国国家版本馆 CIP 数据核字（2023）第 163853 号

责任编辑：孙丽丽　戴婷婷
责任校对：郑淑艳
责任印制：范　艳

环境治理绩效测度的理论和方法研究
李军军　著
经济科学出版社出版、发行　新华书店经销
社址：北京市海淀区阜成路甲 28 号　邮编：100142
总编部电话：010 - 88191217　发行部电话：010 - 88191522
网址：www. esp. com. cn
电子邮箱：esp@ esp. com. cn
天猫网店：经济科学出版社旗舰店
网址：http：//jjkxcbs. tmall. com
北京季蜂印刷有限公司印装
710 × 1000　16 开　20.75 印张　380000 字
2023 年 8 月第 1 版　2023 年 8 月第 1 次印刷
ISBN 978 - 7 - 5218 - 5091 - 8　定价：85.00 元
（图书出现印装问题，本社负责调换。电话：010 - 88191545）
（版权所有　侵权必究　打击盗版　举报热线：010 - 88191661
QQ：2242791300　营销中心电话：010 - 88191537
电子邮箱：dbts@ esp. com. cn）

总　序*

在 2017 年春暖花开之际，从北京传来喜讯，中共中央宣传部批准福建师范大学经济学院为重点支持建设的全国中国特色社会主义政治经济学研究中心。中心的主要任务是组织相关专家学者，坚持以马克思主义政治经济学基本原理为指导，深入分析中国经济和世界经济面临的新情况和新问题，深刻总结改革开放以来中国发展社会主义市场经济的实践经验，研究经济建设实践中所面临的重大理论和现实问题，为推动构建中国特色社会主义政治经济学理论体系提供学理基础，培养研究力量，为中央决策提供参考，更好地服务于经济社会发展大局。于是，全国中国特色社会主义政治经济学研究中心（福建师范大学）学者文库也就应运而生了。

中国特色社会主义政治经济学这一概念是习近平总书记在 2015 年 12 月 21 日中央经济工作会议上第一次提出的，随即传遍神州大地。恩格斯曾指出："一门科学提出的每一种新见解都包含这门科学的术语的革命。"① 中国特色社会主义政治经济学的产生标志着马克思主义政治经济学的发展进入了一个新阶段。我曾把马克思主义政治经济学 150 多年发展所经历的三个阶段分别称为 1.0 版、2.0 版和 3.0 版。1.0 版是马克思主义政治经济学的原生形态，是马克思在批判英国古典政治经济学的基础上创立的科学的政治经济学理论体系；2.0 版是马克思主义政治经济学的次生形态，是列宁、斯大林等人对 1.0 版的

---

　　* 总序作者：李建平，福建师范大学原校长、全国中国特色社会主义政治经济学研究中心（福建师范大学）主任。
　　① 马克思. 资本论（第 1 卷）［M］. 北京：人民出版社，2004：32.

坚持和发展；3.0 版的马克思主义政治经济学是当代中国马克思主义政治经济学，它发端于中华人民共和国成立后的 20 世纪 50～70 年代，形成于 1978 年党的十一届三中全会后开始的 40 年波澜壮阔的改革开放过程，特别是党的十八大后迈向新时代的雄伟进程。正如习近平所指出的："当代中国的伟大社会变革，不是简单套用马克思主义经典作家设想的模板，不是其他国家社会主义实践的再版，也不是国外现代化发展的翻版，不可能找到现成的教科书。"[①] 我国的马克思主义政治经济学"应该以我们正在做的事情为中心，从我国改革发展的实践中挖掘新材料、发现新问题、提出新观点、构建新理论"。[②] 中国特色社会主义政治经济学就是具有鲜明特色的当代中国马克思主义政治经济学。

中国特色社会主义政治经济学究竟包含哪些主要内容？近年来学术理论界进行了深入的研究，但看法并不完全一致。大体来说，包括以下 12 个方面：新中国完成社会主义革命、确定社会主义基本经济制度、推进社会主义经济建设的理论；社会主义初级阶段理论；社会主义本质理论；社会主义初级阶段基本经济制度理论；社会主义初级阶段分配制度理论；经济体制改革理论；社会主义市场经济理论；使市场在资源配置中起决定性作用和更好发挥政府作用的理论；新发展理念的理论；社会主义对外开放理论；经济全球化和人类命运共同体理论；坚持以人民为中心的根本立场和加强共产党对经济工作的集中统一领导的理论。对以上各种理论的探讨，将是本文库的主要任务。但是应该看到，中国特色社会主义政治经济学和其他事物一样，有一个产生和发展过程。所以，对中华人民共和国成立七十年来的经济发展史和马克思主义经济思想史的研究，也是本文库所关注的。从 2011 年开始，当代中国马克思主义经济学家的经济思想研究进入了我们的视野，宋涛、刘国光、卫兴华、张薰华、陈征、吴宣恭等老一辈经济学家，他们有坚定的信仰、不懈的追求、深厚的造诣、丰硕的研究成果，为中国特色社会主义政治经济学做出了不可磨灭的

---

① 李建平. 构建中国特色社会主义政治经济学的三个重要理论问题 [N]. 福建日报（理论周刊），2017 – 01 – 17.

② 习近平. 在哲学社会科学工作座谈会上的讲话 [M]. 北京：人民出版社，2016：21 – 22.

贡献，他们的经济思想也是当代和留给后人的一份宝贵的精神财富，应予阐释发扬。

全国中国特色社会主义政治经济学研究中心（福建师范大学）的成长过程几乎和改革开放同步，经历了40年的风雨征程：福建师范大学政教系1979年开始招收第一批政治经济学研究生，标志着学科建设的正式起航。以后相继获得：政治经济学硕士学位授权点（1985年）、政治经济学博士学位授权点（1993年），政治经济学成为福建省"211工程"重点建设学科（1995年）、国家经济学人才培养基地（1998年，全国仅13所高校）、理论经济学博士后科研流动站（1999年）、经济思想史博士学位授权点（2003年）、理论经济学一级学科博士学位授权点（2005年）、全国中国特色社会主义政治经济学研究中心（2017年，全国仅七个中心）。在这期间，1994年政教系更名为经济法律学院，2003年经济法律学院一分为三，经济学院是其中之一。40载的沐雨栉风、筚路蓝缕，福建师范大学理论经济学经过几代人的艰苦拼搏，终于从无到有、从小到大、从弱到强，成为一个屹立东南、在全国有较大影响的学科，成就了一段传奇。人们试图破解其中成功的奥秘，也许能总结出许多条，但最关键的因素是，在40年的漫长岁月变迁中，我们不忘初心，始终如一地坚持马克思主义的正确方向，真正做到了咬定青山不放松，任尔东西南北风。因为我们深知，"在我国，不坚持以马克思主义为指导，哲学社会科学就会失去灵魂、迷失方向，最终也不能发挥应有作用。"[1] 在这里，我们要特别感谢中国人民大学经济学院等国内同行的长期关爱和大力支持！因此，必须旗帜鲜明地坚持以马克思主义为指导，使文库成为学习、研究、宣传、应用中国特色社会主义政治经济学的一个重要阵地，这就是文库的"灵魂"和"方向"，宗旨和依归！

是为序。

李建平

2019年3月11日

---

[1] 习近平. 在哲学社会科学工作座谈会上的讲话 [M]. 北京：人民出版社，2016：9.

前　言

　　生态文明是可持续发展的必然选择，是遵循人与自然和谐发展规律而取得的物质成果、精神成果和制度成果的总和，是贯穿于经济建设、政治建设、文化建设、社会建设全过程和各方面的系统工程，是人类社会步入一个新时代的标志。应对气候变化、保护生态环境，满足人民对美丽生态环境向往的需要，是生态文明建设的基本要求。2020 年 9 月，习近平主席在第七十五届联合国大会指出，中国将提高国家自主贡献力度，采取更加有力的政策和措施，力争 2030 年前二氧化碳排放达到峰值，努力争取 2060 年前实现碳中和。[①] 在顺利完成全面建成小康社会第一个百年奋斗目标，又踏上建成社会主义现代化强国的第二个百年奋斗目标征程之际，碳达峰碳中和战略目标的提出，具有重大的时代价值和现实意义。实现"双碳"目标，摆脱经济发展的资源能源依赖，化解能源供求矛盾，保障我国能源安全和经济安全，持续改善生态环境，实现中华民族永续发展，是加快生态文明建设的现实要求；实现"双碳"目标，通过技术创新和清洁能源革命，发展壮大绿色低碳产业，提升我国产业的国际竞争力，是创新驱动推进高质量发展的重要途径；实现"双碳"目标，加强国际碳减排合作，减缓气候变化，共建美丽地球家园，是构建人类命运共同体的庄严承诺，充分体现了中国作为全球生态文明建设重要参与者、贡献者、引领者的大国担当。

　　党的二十大报告指出："坚持可持续发展，坚持节约优先、保护优先、自然恢复为主的方针，像保护眼睛一样保护自然和生态环境，坚

[①]　习近平. 论把握新发展阶段、贯彻新发展理念、构建新发展格局［M］. 北京：中央文献出版社，2021：453.

1

定不移走生产发展、生活富裕、生态良好的文明发展道路，实现中华民族永续发展。""统筹产业结构调整、污染治理、生态保护、应对气候变化，协同推进降碳、减污、扩绿、增长，推进生态优先、节约集约、绿色低碳发展。"环境治理对生态环境的积极作用不言而喻，环境治理体现了政府在生态文明建设中的主导性，制定和实施合理的环境保护政策，通过调控经济运行和环保工作实现环境与经济的协调发展。中国历来重视环境保护，明确生态文明建设的战略目标，实施了一系列行之有效的政策和举措，绿色、循环、低碳发展迈出坚实步伐，生态环境保护发生历史性、转折性、全局性变化，使我国环境质量实现了根本性好转。国家也提出要围绕全面绿色转型进一步推动深化改革，深入推进生态文明的制度创新和体制改革，推动我国绿色发展迈上新台阶。党的二十大报告提出，到 2035 年要"广泛形成绿色生产生活方式，碳排放达峰后稳中有降，生态环境根本好转，美丽中国目标基本实现"。环境治理是一项长期工作，需要坚持绿色发展理念，不断完善和实施生态环保政策，加强环境治理能力建设，并对环境治理绩效进行综合评价，从而构建和完善有中国特色的环境治理体系。

环境治理绩效测度作为环境治理的有效评估方法，有效地推动了环境治理能力建设，推动各级政府重视环境治理能力建设，努力提升环境治理水平。本研究借助环境经济学、统计学、计量经济学等领域的最新研究成果和方法，从环境治理绩效视角出发，基于市场—政府关系理论，构建"环境治理—绩效测度—绩效贡献"理论分析框架，研究了生态文明视域下环境治理的理论和测度逻辑。在环境治理绩效的理论方面，从生态文明和环境问题的起源出发，基于可持续发展目标和经济环境逻辑关系，深入分析了环境治理的理论逻辑，总结了中国生态文明建设的历史成就和国际贡献，高度概括了环境治理的中国方案，进而从资源配置效率和环境效率出发，探讨了环境治理中市场和政府的关系，深入分析了环境治理绩效内涵和影响因素，界定了环境治理绩效的理论基础和测度逻辑。在环境治理绩效的测度方面，比较全面地梳理了当前常用的测度方法，主要包括综合评价法、包络数据分析法（DEA）、随机前沿分析法（SFA）、回归分析法等，对已有测度方法进行适应性选择，并对常用的数理模型进行改进、扩展和完善。在充分借鉴现有研究基础上，综合考虑各类要素投入和环境产出的影响，在测度方法选择和指标设置方面更加规范，从省域、城市和地区等多视角对环境治理绩效测度进行实证研究，并对测度结果进行对照和验证。在环境治理绩效测度的应用方面，提出环境治理要达到战略目标要求，需要各级政府、企业和个人的全社会参与，按照既定规则发挥各自作用，有必要对相关主体在环境治理绩效的贡献度作出区分，并从利益相关者视角为提高环境治理绩效提出对策建议，这对于提高环境治理绩效、区分环境治理绩效贡献、对各地环境治理绩效的空间比较、引导政府环境治理方向都具有重要的应用价值，并能进一步丰富生态文明和环境治理能力的理论体系。

环境治理和绩效测度是环境经济领域的研究重点，国内外无数学者花费大量心血进行研究，取得了丰硕的研究成果，为我们学习借鉴提供了宝贵的知识财富。但环境和经济是不断运动、发展的，各种新的情况和问题不断涌现，我们对这些问题的认知和研究需要不断深入。基于这种考虑，本书尝试从三个方面对现有研究进行丰富和补充，一是现有研究主要集中于环境效率或者绿色效率的测度和分析，对环境治理绩效的理论基础和逻辑关系较少深入的系统研究。本书拟从环境治理绩效视角出发，基于市场—政府关系理论，构建"环境治理—绩效测度—绩效贡献"理论分析框架，丰富了环境治理绩效测度的理论研究。二是环境绩效测度方法方面，现有研究对模型选择和指标设置比较主观，本研究更多地从环境治理对环境、经济、健康和公众反响的综合影响出发，结合国家环境治理体系和政策措施，设置了更为合适的指标体系，对已有测度方法进行适应性的选择和改进，提高了测度结果的适应性，更符合我国环境治理体系的要求。三是研究内容上更加细化，没有把环境治理作为政府单独责任，而是考虑在政府主导下推进社会综合治理能力建设，从利益相关者视角为提高环境治理绩效提出对策建议。

学海无涯，由于本人学识有限，书中难免存在遗漏和不足，欢迎读者批评指正。

目录
CONTENTS

第一章

生态文明视角下的环境治理

第一节　生态文明和环境问题

一、环境问题缘起和可持续发展目标

1. 工业化带来环境问题

发展生产力是人类社会文明发展的必然要求，发展经济已经成为世界主题。人类已经完成了三次工业革命，正在进入以人工智能为主题的第四次工业革命，社会生产力得到极大发展，人民物质和精神生活极大丰富。第一次工业革命开始于18世纪60年代，到19世纪中期，以蒸汽机的广泛应用为代表，能源以煤炭为主，从人力和畜力提升到机械动力，极大地提高了社会生产力。第二次工业革命是19世纪下半叶到20世纪初，内燃机开始出现，开始进入电气时代，石油等化石能源开始大量使用，推动了生产力的快速发展。第三次工业革命主要是20世纪后半期，以计算机和信息技术革命为代表，以信息和资讯为代表的科学技术开始广泛传播，极大地推动了社会生产力的发展，经济全球化和世界市场逐步形成。第四次工业革命是21世纪开始兴起的，以人工智能、清洁能源以及生物技术为主的全新技术革命，社会生产力得到空前发展。

工业大发展的核心是技术进步，基础就是能源革命，不管是早期的煤炭还是后来的石油和天然气，都是传统的化石能源。而大规模开采和应用化石能源，必然会释放大量的烟尘、二氧化硫、二氧化碳、废渣和其他有害污染物。同时，大量制造业原材料来源于矿产资源，矿物冶炼和制造过程中又释放大量铅、锌、镉、铜、砷等污染物，对大气、土壤和水域造成严重影响。建筑物和交通等基础设施迅速发展，水泥工业的粉尘也会对大气和水体造成严重污染。以石油和天然气为主要原料的化学工业快速发展，不仅合成了塑料、橡胶和纤维三大高分子合成材料，还生产了各种多样的有机化学制品，如合成洗涤剂、合成油脂、有机农药、食品与饲料添加剂等，生产过程成了环境污染的又一重要来源。第二次世界大战以后，世界进入相对和平稳定时期，各国经济蓬勃发展，工业化与城市化加快推进，特别是重工业和资源密集型工业高速发展，一方面是资源和原料的大量需求和消耗；另一方面是工业生产和城市生活的大量废弃物排向土壤、河流和大气之中，最终造成日益严峻的环境污染问题，世界环境污染危机加重，国际社会环境公害事故频繁发生，环境公害病患和死亡人数大幅度上升，严重威胁到人类的生存和发展。

2. 环境问题的反思

任何事物都有两面性，随着社会经济不断发展、人口日益增多、工业化和城镇化进程不断加快，环境污染和破坏已经严重威胁到人类的生存和发展，人类在追求发展的同时忽视了对生态环境的保护，环境污染问题开始反噬人类自身，迫使人们开始对发展方式及对环境的影响进行反思。随着人类对环境问题认识的不断深化及环境问题不断凸显，人们越来越清晰地认识到，不能再沿用过去通过牺牲环境来发展经济的模式，必须促进经济增长和生态环境的协调发展，走永续生存和可持续发展之路。

20 世纪 50 年代末，美国等西方发达国家的环境问题开始突出显现。1962 年蕾切尔·卡逊发表《寂静的春天》一书，将滥用农药等造成环境污染、生态破坏的大量触目惊心的事实揭示于世，引发公众开始关注环境污染问题。学者们也开始反思工业文明对待自然环境的态度，普遍从传统工业化发展所造成的环境恶果中醒悟，意识到保护环境的必要性和重要性，需要转变并抛弃无视自然的传统观念，确立重视自然、与自然和睦相处并协调发展的现代观念。1972 年罗马俱乐部提出"增长极限"，① 认为经济增长受不可再生资源的制约而不具有可持续性，人类出于环境保护的目的应该人为地降低经济增长速度，给传统经济发展模式敲响了警钟。很多国家开始采取行动，把经济发展与环境保护统一起来，在发展经济的同时，普遍增加了环境保护投入。与此同时，大力宣传和普及环保理念，人们开始自觉地把消费与环境联系起来，环境保护已从法律和行政的层次扩展到道

---

① ［美］德内拉等. 增长的极限［M］. 李涛，王智勇，译. 北京：机械工业出版社，2021.

德层次，进入更为自觉的阶段，这对环境保护产生了积极的影响。

传统工业文明以人类征服自然为主要特征，但全球性生态危机说明地球再没能力支持工业文明的传统发展路径，需要一个新的文明形态来延续人类的生存和发展，这就是生态文明。生态文明要求不能过度消耗资源，不能无限度排放污染物，强调人的自觉与自律，强调人与自然环境的相互依存、相互促进、共处共融，是人与自然和谐的发展路径。可以说，生态文明是人类对传统文明形态特别是工业文明进行深刻反思的成果，是人类文明形态和文明发展理念、道路和模式的重大进步，是人类未来可持续发展的必由之路。

3. 可持续发展目标的提出

1972 年，联合国在瑞典斯德哥尔摩召开了"人类环境会议"，试图通过国际合作为政府和国际组织从事环境保护工作提供帮助，逐步消除环境污染造成的损害。会议发布了《人类环境宣言》，呼吁全人类要保护和改善自然环境："保护和改善人类环境是关系到全世界各国人民的幸福和经济发展的重要问题，也是全世界各国人民的迫切希望和各国政府的责任。"这次会议是世界环境保护工作的一个重要里程碑，加深了人们对环境问题的认识，把环境与人口、资源和发展联系在一起。

1987 年，联合国世界环境和发展委员会在《我们共同的未来》的报告中系统阐述了人类面临的一系列重大经济、社会、环境问题，正式提出"可持续发展"的概念。此后，经济与环境协调发展作为可持续发展的重要内容，受到各界的广泛关注，掀起了世界范围内学术界对经济发展与生态环境关系的研究热潮。

1992 年，联合国在巴西里约热内卢举行环境与发展大会，就世界环境与发展问题共商对策，以实现"可持续发展"。"里约峰会"正式否定了工业革命以来的那种"高生产、高消费、高污染"的传统发展模式，环境保护和经济发展相协调的理念成为人们的共识。

2012 年，世界各国领导人再次聚集在里约热内卢召开联合国可持续发展会议（又称"里约＋20"峰会），探讨新的可持续发展战略，评估各国现有的环保政策，以应对新形势下的挑战。这次会议集中讨论绿色经济在可持续发展和消除贫困方面的作用以及可持续发展的体制框架两个主题，在"共同但有区别的责任"、发展模式多样化、多方参与、协商一致等基本原则上均达成共识，很多国家也提出了设立可持续发展目标。

2015 年，联合国可持续发展峰会在纽约总部召开，联合国 193 个成员国在峰会上正式通过 17 个可持续发展目标，具体包括：消除贫困；消除饥饿；良好健康与福祉；优质教育；性别平等；清洁饮水与卫生设施；廉价和清洁能源；体面工作和经济增长；工业、创新和基础设施；缩小差距；可持续城市和社区；负责任的消费和生产；气候行动；水下生物；陆地生物；和平、正义与强大机构；促进目标实现的伙伴关系，旨在引导各国走上可持续发展道路，以综合方式彻底解决社会、经济和环境三个维度的发展问题。

二、经济和环境关系的逻辑分析

1. 经济和环境关系的理论探讨

早期经济学研究很少考虑到生态环境因素，对经济发展与生态环境之间关系的研究最早可以追溯到古典政治经济学。英国的"政治经济学之父"威廉·配第在《赋税论》中提出了著名的"劳动是财富之父，土地是财富之母"，认为劳动和土地共同创造价值。这一观点将价值生产与土地联系在一起，也可以延伸为将经济与生态环境联系在一起，可以认为是经济发展与生态环境关系的思想萌芽。马尔萨斯的人口学说认为，人类生存所需的所有食物最初都是来源于自然，经济发展带来的人口增加，将会使得生态环境压力增大，最终会导致生态环境的破坏，进而阻碍经济的发展，因而需要控制人口的过快增长。李嘉图的地租理论也反映出了经济发展和生态环境的关系，由于土地资源的稀缺性，必定会制约农业发展，进而影响整个经济增长。

此后，对环境问题的研究日益增多，1864 年，美国地理学家马仕·乔治·帕金斯（Marsh George Perkins）阐述了人与自然和谐的观念和自然保护的思想，被称为现代环境保护主义之父。1966 年，美国经济学家肯尼斯·鲍尔丁（Kenneth Boulding）提出"生态经济学"概念，将经济学和生态学进行有机结合研究。[1] 1972 年，罗马俱乐部提出"增长极限"理论，认为人口增长、工业发展、农业生产、环境污染和资源消耗之间存在阶梯式的变动关系，提出要限制不合理的经济增长，否则人类将会遭受被毁灭的结果。很多研究从社会福利角度说明经济增长存在生态极限，认为环境、资源使用过程中的负外部性会使得收入和福利之间存在差距[2][3][4][5]。环境只能承载一定规模的经济活动，当经济活动的规模过

---

① 沈满洪. 生态经济学 ［M］. 北京：中国生态环境科学出版社，2008.

② Daly H. E. Economics, Ecology, Ethics：Essays Toward a Steady State Economy ［M］. Sanfrancisco：Freeman，1973.

③ Myrdal G. The Case Against Romantic Ethnicity ［J］. The Center Magazine，1974.

④ Hueting R. New Scarcity and Economic Growth：More Welfare Through Less Production！ ［J］. Amsterdam：North - Holland Publishing Company，1980.

⑤ Prieels A. M. Blueprint for a Green Economy David Pearce ［J］. Futures，1990，22 （4）.

大时，生态系统将崩溃，导致经济增长受到限制①。

但是对经济环境关系问题的认识也不完全是悲观的，经济学家逐步认识到，资源—环境体系与经济体系之间存在必然的外部性，在工业化进程中，发展经济的同时要彻底消除污染是不现实的，但两者间存在一个可以协调的平衡点，即保障经济增长的同时实现污染最小化，如果采取适当的手段可减缓或者消除污染的影响。② 经济学界在研究经济发展与生态环境关系的时候，不再以完全避免污染为目的，而是尝试利用市场和政府两种机制去解决环境的外部性问题，即解决市场失灵和政府失灵问题，把环境的外部性问题内部化，从而达到尽量减少环境污染实现可持续发展目的。罗根认为解决经济与环境矛盾的出路在于使用清洁技术。③ 李康柏指出，生产要素的替代、要素使用率的提高以及产出结构的变化有助于减轻环境压力，当三者带来的作用使环境污染的下降速度等于或高于经济增长速度时，经济是可持续增长的。④ 波塞鲁普运用经济学原理和市场自身的调节功能说明了在经济增长过程中，环境污染无法被彻底消除，而市场自身的理性可以提高经济与环境的协调性。⑤ 1993 年，美国的格罗斯曼和克鲁格提出经济增长与环境污染关系呈现倒"U"形曲线形状，即环境库兹涅茨曲线理论，认为环境质量在初期随着社会经济的不断增长呈现先恶化后改善的趋势⑥。布洛克（Brock）和泰勒（Taylor）基于原有研究成果，分别利用新古典增长模型和内生经济增长模型，建立了绿色索罗模型、强化减排模型、源头与末端模型、诱发创新和幼儿园规则模型，分析环境和经济关系。⑦

进入 21 世纪后，各种新型技术快速创新和广泛应用，循环经济、低碳经济和绿色经济快速发展，人们看到影响经济发展与生态环境协调性的因素有很多，特别是技术创新能在很大程度上解决经济—环境系统失调，生态环境和经济发展两者之间的关系不再是非此即彼的关系，而是能够逐步实现融合协调。政府通过

---

① Opschoor H. The Green Economy：Environment, Sustainable Development and the Politics of the Future [J]. Ecological Economics，1995，12（3）.

② Wilfred Beckmann. In Defence of Economic Growth [M]. London：Jonathan Cape，1974.

③ Georgescu Roegen N. The Entropy Law and the Economic Process [M]. Cambridge Mass：Harvard University Press，1971.

④ Richard Lecomber. The Economics of Natural Environments [J]. Resources Policy，1976，2（3）.

⑤ Boserup. Are the Really Depletable Resources？In C Bliss and MBoserup（eds）[M]. London：Economic Growth and Resource，1980.

⑥ Grossman G. M. ，Krueger A. B. Economic Growth and the Environment [J]. Nber Working Papers，1995，110（2）.

⑦ Brock W. A. ，Taylor M. S. The Kindergarten Rule of Sustainable Growth [J]. Public Economics，2003.

创新环境政策，企业通过提高科技水平，促使产业转型升级，工业发展路径从高能耗高污染的粗犷型模式转变到低能耗低污染的集约式模式。

虽然我国经济发展起步晚，但工业化进程快速跟进，很快也面临生态环境问题，学界对该领域的研究迅速跟进，从多个角度对经济增长与环境协调发展进行研究，也有的把资源和环境因素引入经济增长模型，包括新古典增长和内生增长模型等。1980～1987 年，全国举行了多次环境经济学术会议，讨论环境经济学的性质、对象、任务及基本理论和应用方法，大大推动了我国环境经济学的建立、研究和发展。辜胜阻和巍珊从环境损失的角度分析经济与环境之间的关系。[1]李善同等则从资源分配角度分析，指出经济活动除了内部均衡问题还存在经济外部均衡问题，而且经济外部均衡也应满足资源配置的一般经济学原则。李崇阳利用博弈论，指出环境质量和经济增长双方可以通过博弈实现彼此的协调发展。[2]在经济与环境协调发展方面，陈祖海运用系统动力学方法，以可持续发展理论为研究核心，分析经济与环境两者之间的相互作用机制，构建生态经济发展模式的战略构想。[3] 李克国从整体角度衡量了社会生产发展和污染集中产生之间的必然联系，指出社会环境的不断恶化，主要是人类对自然生态规律的不屑，没有从社会发展整体上规划好经济和环境的关系，没有看到绿色生产对于社会可持续发展的意义。[4] 唐未兵等学者认为对于在环境保护中的技术投资不仅将对生态环境的改善带来促进作用，同时也可以拉动内需、增加就业机会，但由于目前资源开发技术的不断提高和环境保护技术的相对滞后，使得环境保护技术不能应对当前的环境问题。[5] 此后，国内学者开始大量研究可持续发展、科学发展观和生态文明建设，在经济发展和生态环境关系的协调发展上取得了丰硕的研究成果。

2. 经济和环境关系的实证检验

经济增长到底是环境问题的因还是果，这个问题促使经济学家们对经济与环境的关系进行实证分析，应用了多种模型和分析方法。

第一种是投入产出模型。1960 年后期，一些学者将里昂惕夫（Leontief）的

---

① 辜胜阻，巍珊．保持环境与经济协调发展的思考［J］．武汉大学学报（人文社会科学版），2000（5）．

② 李崇阳．试论经济增长与环境质量变和博弈［J］．福建论坛（经济社会版），2002（2）．

③ 陈祖海．环境与经济协调发展的再认识［J］．地域研究与开发，2004，23（4）．

④ 李克国．环境经济政策在中国的应用与发展［J］．中国环境管理干部学院学报，2000（Z1）：51–56.

⑤ 唐未兵，傅元海，王展祥．技术创新、技术引进与经济增长方式转变［J］．经济研究，2014，（7）：31–43.

投入产出模型应用于经济行为和环境相关性的研究。① 随着投入产出模型的不断发展，统计数据日益丰富，运用该模型分析经济发展和生态环境的研究也多了起来，哈托格和威林第一次在投入产出模型中考虑了所有工业污染物。② 1985 年，霍特林利用投入产出模型中分析了电力、石油、煤等能源组成对于环境与经济的影响。③ 袁朝庆等利用投入产出模型分析了在全球金融危机影响下，中国经济增长与能源消耗的关系。④

第二种是非线性的扩展型生产函数。20 世纪 70 年代，世界能源危机推动了对生产函数进一步研究，很多研究把能源放入生产函数模型进行分析，也把能源消耗造成的污染排放作为重要的研究对象。1988 年，德普塔克斯和费雪依据所研究的工业结构，提出通用能源在产业中消耗的平衡模型。⑤ 奥利维瑞等建立了经济—能源—环境复合模型，分析了经济环境协调发展的多目标。⑥

第三种是对新古典经济模型的改进。1970 年开始出现了包含污染环境因素的新古典增长模型。⑦ 20 世纪 90 年代，许多学者逐渐将环境作为主要要素纳入经济增长模型。如洛佩兹发现只有确保私人对环境存量投资时，森林砍伐或更一般的环境恶化才会随经济增长而下降。⑧ 罗默等提出了内生增长理论，研究了经济增长与环境恶化的内生增长模型。⑨ 格拉迪和斯马尔德斯通过扩展简单 AK 模型来研究环境污染与经济持续增长问题。⑩ 约翰和佩奇尼诺（1995）建立了一个

---

① Cumber J. H. A Regional Interindustry Model for Analysis of Development Objectives [J]. Regional Science Assciation Paper, 1966 (17).

② Hartog H. , Houwcling A. Pollution Abatcment and the Economic Structure: Empiricat Results of Input – Output Computations for the Nethlands Occasional [M]. The Hauage: Central Planning Bureau, 1974.

③ Hettelingh J. P. Modelling and Information Systerm for Environmental Policy in the Netherlands [D]. Amsterdam: Free University, 1985.

④ Yuan C. Q. , Liu S. F. , Xie N. M. The Impact on Chinese Economic Growth and Energy Eonsumption of the Global Financial Crisis: An Input output Analysis [J]. Energy, 2010, 35 (4): 1805 – 1812.

⑤ Despotakis K. A. , Fish A. C. Energy in a Regional Economy: A Computable General Equilibrium Model for California [J]. Journal of Environmental Economics and Management, 1988 (15): 313 – 330.

⑥ Oliveira C. , Antunes C. H. A Multiple Objective Model to Deal With Economy – Energy – Environment Interactions [J]. European Journal of Operational Research, 2004, 153 (2): 370 – 385.

⑦ Keeler E. , Spence M. , Zeckhauser R. The Optimal Control of Pollution [J]. Journal of Economic Theory, 1971 (4): 19 – 34.

⑧ Ramon L. The Environment as a Factor of Production: The Effects of Economic Growth and Trade Liberalization [J]. Journal of Environmental Economics and Management, 1994, 27 (2): 163 – 184.

⑨ Romer P. M. Endogenous Technological Change [J]. Journal of Political Economy, 1990, 98 (5): 71 – 102.

⑩ Gradus R. , Smulders S. The Trade-off Between Environmental Care and Long-term Growth – Pollution in Three Rototype Growth Models [J]. Journal of Economics – Zeitschrift für Nationalokonomie, 1993, 58 (1): 25 – 51.

跨期迭代模型，明确考虑了环境的代际公平问题。[1]

此外，还有很多其他类型的模型被用于实证研究经济与环境关系，许多综合性模型不断涌现，比如有系统方法利用物质流分析（SFA）[2]、系统动力模型[3]以及能量守恒模型[4]等。

经济与环境关系的实证研究文献中，最具有代表性的还是环境库兹涅茨曲线（EKC）模型的应用。1991年，格罗斯曼和克鲁格在分析北美自由贸易协定区的环境效应时，发现环境和国民收入之间也存在倒"U"形曲线关系，并对其进行了验证，在这个领域作了开创性贡献。[5][6] 通过大量的数据统计和分析也对环境污染和收入水平之间倒 U 形关系进行了验证，并提出环境库兹涅茨曲线，认为当技术、偏好和环境投资不变为前提，随着收入增加，人们开始重视环境问题，并且有能力解决环境问题了，污染到达一定水平之后就会随之下降。[7][8]

此后，国外很多研究者根据各地区不同的数据来源，采用不同的研究方法对环境 EKC 曲线的存在性进行了实证分析，主要包括理论解释和应用数据进行实证两个方面的内容。关于 EKC 模型的理论和政策解释，主要包括经济增长的规模、技术和结构效应、环境质量需求具有弹性、国际贸易、环境规制、市场机制等几个方面。另外，就是应用不同国家或地区的数据进行实证检验，对欧美发达国家的大部分实证研究表明，环境与经济增长间存在 EKC 假设，但也有很多发达国家和发展中国家的环境与经济增长间并不存在 EKC 假设，环境指标与经济

① John A. , Pecchenino R. , Schimmelpfennig D. , et al. Short-lived Agents and the Long-lived Environment [J]. Journal of Public Economics, 1995, 58 (1): 127 – 141.

② Vander Voet E. , Heijungs R. , Mulder P. , et al. Substance Flows Through the Economy and Environment of a Region Modelling [J]. Environmental Science and Pollution Research, 1995, 2 (3): 137 – 144.

③ O' Regan B. , Moles R. Using System Dynamics to Model the Interaction Between Environmental and Economic Factors in the Mining Industry [J]. Journal of Cleaner Production, 2006, 14 (8): 689 – 707.

④ Wu Y. J. , Rosen M. A. Assessing and Optimizing the Economic and Environmental Impacts of Cogeneration/District Energy Systems Using an Energy Equilibrium Model [J]. Applied Energy, 1999, 62 (3): 141 – 154.

⑤ Grossman, G. M. , Krueger A. B. Environmental Impacts of a North American Free Trade Agreement. Cambridge MA [J]. National Bureau of Economic Research Working Paper, No. 3914, 1991.

⑥ Grossman G. M. , Krueger A. B. Economic Growth and the Environment [J]. Oxford University Press, 1994 (2).

⑦ Nemat Shafik, Sushenjit Bandyopadhyay. Economic Growth and Environmental Quality: Time Series and Cross-country Evidence [J]. Policy Research Working Paper Series 904, The World Bank, 1992.

⑧ Panayotou T. Empirical Test and Policy Analysis of Environmental Degradation at Different Stages of Economic Development [J]. World Employment Research Programme, Working Paper, International Labour Office, Geneva, 1993.

间关系表现为"S"或"N"等其他形状曲线。①②

国内对经济增长与环境关系的研究起步较晚，并且大多数研究应用 EKC 模型，采用时间序列数据进行分析，并根据实际情况进行了修正和经验分析，所选的样本由于行业、区域、城市以及环境指标和 EKC 拟合模型有所不同，得出的结果亦有所差异，总体上环境指标和经济增长指标之间主要存有四种关系，包括倒"U"形关系、同步关系、"U"形关系和"N"形关系。③④⑤⑥

第二节　环境治理的理论逻辑

一、环境治理的内涵和理论基础

环境污染问题具有公共属性，虽然污染物主要是企业生产排放以及居民生活产生，但环境污染治理需要全社会的共同参与，而不能仅仅依靠某一个主体来承担责任。在现有市场经济理论和经济制度框架下，市场机制没有办法解决具有外部性的环境问题，产品的市场价格没有办法体现外在的环境成本。为了有效解决环境问题，需要对现有市场机制进行补充完善，通过额外的途径来推动经济发展与生态环境的协调。环境治理就是为了实现这一目的的相关激励、知识、制度、决策和行为的干预措施，是指一套监管流程、机制和组织，政府和市场主体通过这些流程、机制、组织来影响环境行动和结果。⑦ 环境治理不完全是政府行为，还包括企业、非政府组织、社会大众等的参与，不同形式的环境治理的关键是这

---

① Dasgupta S. ，Laplante B. ，Wang H. ，et al. Confronting the Environmental Kuznets Curve ［J］. Journal of Economic Perspectives，2002，16（1）：147 - 168.

② Sun Bo. A Literature Survey on Environmental Kuznets Curve ［J］. Energy Procedia，2011（5）：1322 - 1325.

③ 赵云君，文启湘. 环境库兹涅茨曲线及其在我国的修正 ［J］. 经济学家，2004（5）：69 - 75.

④ 李竞，侯鹏朋，唐立娜. 基于环境库兹涅茨曲线的我国大气污染防治重点区域环境空气质量与经济增长关系研究 ［J］. 生态学报，2021，41（22）：8845 - 8859.

⑤ 王飞. 低碳经济模式下环境污染对生态经济的影响研究 ［J］. 环境科学与管理，2022，47（8）：15 - 19.

⑥ 邓光耀. 经济增长对环境冲突的非线性影响 ［J］. 统计与决策，2021，37（8）：120 - 123.

⑦ Maria Carmen Lemos，Arun Agrawal. Environmental Governance ［J］. Annual Review of Environment and Resources，2006（31）：297 - 325.

些主体的政治经济关系，以及这些关系如何体现身份、行动和结果。① 环境治理形式多样，包括国家政策和立法、地方政府的决策、国际协定、跨国机构和环境非政府组织等，都可以采取环境保护措施的实例，环境治理可以通过非组织的体制机制来塑造，比如基于市场激励和自我监管过程。由于不同国家和地区所采取的经济制度和管理的体制机制不同，环境治理的形式和效果肯定有很大差别，而且随着经济发展到不同阶段，环境治理形式和受到的影响也是不断发生变化的。因此，环境治理既要反映生产的技术变迁及其导致的环境问题，也要反映世界经济秩序的最新变化。

1. 环境治理的全球化

经济全球化，或者世界经济一体化是经济发展基本趋势，多样性、多元化和相互依存性是经济全球化的主题。从环境角度来看，经济全球化对环境治理产生了消极和积极两方面的影响。经济全球化对区域、国家和地方的生态环境产生巨大影响，通过整合全球市场和不断增长的需求，可能会加剧自然资源的使用和消耗，增加废弃物和污染的产生，特别是随着资本在全球范围内转移到环境标准较低的国家和地区，将导致一场"逐底竞赛"，环境标准较低的国家和地区有可能成为"污染者的天堂"。②③④ 大多数由全球化促进和支持的自由贸易制度为环境污染转移提供了有限的、不充分的环境条款和不充分的保障。⑤⑥⑦ 此外，能源、材料和产品在全球范围内流动，将哪怕是很远距离的人们及各种经济活动联系起来，使环境问题在全球范围内传播开来。全球化扩大了各国政府需要解决的环境问题的范围，在可能加剧各国之间经济不平等的同时，也使部分国家的资源日趋

---

① Agrawal A. Environmentality：Technologies of Government and the Making of Subjects. Durham, NC：Duke University Press, 2005.

② Barkin J. S. The Counter Intuitive Relationship between Globalization and Climate Change ［J］. Global Environmental Politics, 2003 (3)：8 – 13.

③ Frankel J. Climate and Trade：Links between the Kyoto Protocol and WTO ［J］. Environment, 2005 (47)：8 – 19.

④ Roe E., Eeten M. J. G. V. Three—Not two—Major Environmental Counter-Narratives to Globalization ［J］. Global Environmental Politics, 2004 (4)：36 – 53.

⑤ Liverman D. M., Varady R. G., Chavez O., Sanchez R. Environmental Issues along the United States – Mexico Border：Drivers of Change and Responses of Citizens and Institutions ［J］. Annual Review Energy Environment, 1999 (24)：607 – 643.

⑥ Harbine J. NAFTA Chapter Ⅱ Arbitration：Deciding on the Price of Free Trade ［J］. Ecology Law Quarterly, 2002 (29)：371 – 394.

⑦ Sanchez R. A. Governance, Trade, and the Environment in the Context of NAFTA ［J］. American Behavioral Scientist, 2002 (45)：1369 – 1393.

紧张，这些压力最终会增加环境威胁。① 特别是新自由主义主导的经济全球化政策，可能会使各国环境政策和环境治理行动复杂化。

另外，全球化也会通过环境政策和举措的良性循环、传播，对解决环境问题产生潜在的积极影响。环境问题的全球化促进了致力于环境治理的新的全球制度、机构和组织的建立和发展。比如，在联合国环境大会以及联合国环境规划署等机构的推动下，各国及企业可以更有效地使用和转让技术、更自由的信息流动以及更合理的产权安排，都有可能为环境治理作出积极贡献。② 全球化还可以提高参与环境治理的深度，塑造环境治理的行动者的多样性。例如，通过国际环境组织实现的社会行动扩大了社会运动的作用，使其能够跨越国界产生深刻的社会变革。③ 通过引入新的组织和高效互动，全球化有助于提高非政府组织、跨国环境网络和知识型专业社区等非政府行为，改善了各国获得知识和技术的机会，提高了信息交流的速度，加快了技术和政策创新的传播。④

2. 环境治理的政府分权

环境治理中政府发挥至关重要的作用，但不同层级的政府拥有的行政权力大小有很大差别，能够调动的资源和对环境治理的影响更是差别很大，因此，在政府行政管理体系中，上级政府和下级政府在权责方面的分配对环境治理有很大影响，也就是所谓的环境分权，即不同级别政府在环境治理体系中的责权利不同，上级政府会设计规章制度，把环境治理的各项任务分解到下级政府，形成环境治理的分化现象。

自 20 世纪 80 年代中期以来，森林、水利和渔业等可再生资源的管理权力下放已经形成势头。正如有学者所建议的那样，政府环境职能的下放是"最新的时尚"。⑤ 一般而言，政府把环境治理权限下放有三种不同的理由：一是下级政府各单位之间的竞争，可以提高效率；二是可以使决策更接近受治理影响的人，从而提高环境治理的参与度，并完善问责制；三是可以帮助决策者利用更精确的时

① Eakin H. , Lemos M. C. Adaptation and the State: Latin America and the Challenge of Capacity-Building under Globalization [J]. Global Environmental Change, 2006 (16): 7 – 18.

② Jordan A. , Wurtzel R. , Zito A. R. "New" Environmental Policy Instruments: an Evolution or a Revolution in Environmental Policy? [J]. Environmental Politics, 2003 (12): 201 – 224.

③ Heijden H. A. Globalization, Environmental Movements, and International Political Opportunity Structures [J]. Organization Environment, 2006 (19): 28 – 45.

④ Busch P. O. , Jorgens H. , Tews K. The Global Diffusion of Regulatory Instruments: the Making of a New International Environmental Regime [J]. Annals American Political Social Science, 2005 (1): 146 – 167.

⑤ Hutchcroft P. D. Centralization and Decentralization in Administration and Politics: Assessing Territorial Dimensions of Authority and Power [J]. Governance, 2001 (14): 23 – 53.

间和地点掌握特定的自然资源知识，作出更好的决策。

当代环境治理的政府分权，旨在更好地控制经济和治理环境。权力下放分散了整个行政结构中的多个管理节点，并使其可供中央决策者使用，[①] 鼓励通过立法或规章制度，有系统地制定法律法规和绩效标准来实现这一目标。环境分权除了有助于实现经济稳定增长和生态环境保护，有时也是出于政治和战略考虑，因为环境治理过程也存在各种不确定性因素，治理结果的不确定性容易导致风险，因此，环境分权可以通过地区试点的方式，先行发现环境治理过程中可能出现的不足，然后在政策推行过程中完善政策，避免风险的扩大，从而把风险控制在一定的限度内。当然，要使环境分权取得良好成效，必须由强大的国家行为体来推动，对地方政府而言，经济竞争的压力可能远大于环境保护的压力，如果没有有效的保障措施防止地方权力的任意行使建立明确的问责关系，环境治理的权力下放可能会导致失控，因而需要各种形式的有效监管。

3. 环境治理的市场机制

以政府行政主导的环境治理存在信息不对称、管制成本高等不足，催生了以市场和自愿激励为基础的环境治理机制得到越来越普遍的应用。与传统的环境监管机制相比，市场机制型环境治理有很多种工具在合法性和权威性等方面有很大的不同，优势在于利用市场交换和激励机制来鼓励环境合规，[②] 这些工具包括混合的生态税和补贴、基于监管的市场激励、自愿协议、认证、生态标签等。

早在20世纪60年代，许多西方国家就开始引入能源税、可交易许可证、自愿协议、生态标签和认证等市场工具用于环境治理。[③] 此后，这些工具开始得到广泛采用，特别是20世纪90年代以来，各国越来越多地采用这些市场机制型工具。这些市场机制环境治理工具是基于经济人的理性假设而设计的，能够推动个体采取既有利于自身利益，也有利于改善公共利益的行为。各种环境税是最常见的市场机制型工具，通过改变环境选择的成本和收益来改变市场主体的经济行为，在增加财政收入的同时，还可以抵消因过度开采使用低价资源而造成的环境损害。类似地，污染排放权等环境许可交易也是基于这样一种理念，很多产品的价格没有体现污染排放对环境损害的外部性，必须把这种环境外部性通过许可交

---

① Bagchi A. Rethinking Federalism: Changing Power Relations between the Center and the States [J]. Publius, 2003 (33): 21 – 42.

② Cashore B. Legitimacy and the Privatization of Environmental Governance: How Nonstate Market Driven (NSMD). Governance Systems Gain Rule-Making Authority [J]. Governance, 2002 (15): 503 – 529.

③ Segerson K., Miceli T. J. Voluntary Environmental Agreements: Good or Bad News for Environmental Protection? [J]. Journal Environmental Economics Managment, 1998 (36): 109 – 130.

易的方式转移到产品成本当中。在这种情况下，通过适当的法律和体制安排，对环境污染者给予一定的污染排放许可，通过交换来提高个体保护环境的主动性和分配的经济效率。

很多国家对木材、农作物、畜牧产品和能源等初级商品提供生态标签和认证方案，也可以称为绿色认证，以便社会公众了解其生产过程的环境行为。生态标签和认证计划都是自愿协议的形式，其中生产者同意满足与生产和营销活动有关的环境标准，这些标准可能是行业协会、政府工作甚至是第三方认定的结果。这种认证策略要运行有效，前提是消费者愿意支付更高的价格来表达他们对清洁能源或绿色产品的偏好，消费者对环境友好型产品的偏好会导致更多公司采用绿色认证机制和广告宣传，从而激励企业更愿意采取环境行为。

4. 环境治理的区域协作

环境问题具有公共属性，而且具有空间外溢性，如酸雨、跨界水污染和大气污染，甚至超越了国界，增加了环境政策设计和实施解决方案的挑战性，显著地提高了环境治理的复杂性。比如，全球气候变化主要是由部分国家排放温室气体造成的，但后果是对发展中国家和低排放国家产生明显的负面影响。由于跨区域环境的问题起因和后果承担之间是脱钩的，责权不对等，使人们在环境治理中的成本和收益分配不均。在国际环境治理合作中，尽管迄今已签署了1700多项多边和双边环境协定，但效果是好坏参半。① 跨区域环境治理越来越多地由非政府组织、跨国环境组织、政府间组织和多边组织、面向市场的行为体（如跨国公司和跨国公司）和知识社区等非国家行为体来推动。② 这些新型参与者通过引入新的环境治理工具和机制，积极塑造环境治理领域内的合理关系。③

在一个政府行政权力较为集中的国家，跨区域环境治理能够取得较好的效果，由于行政权力集中，国家能够有效地对环境治理中的权力和责任进行分配，通过有强制力的法律和政策，使各区域承担各自的环境治理责任，也能够建立有效的沟通渠道，及时处理各区域在环境治理中需要协调的问题。生态补偿机制的广泛运用，就是一种很好的基于行政和市场结合的有效机制，在初始环境权力和责任明确的情况下，不同区域都有保持环境行为的压力，也有推动环境治理、提

---

① Mitchell R. B. International Environmental Agreements: a Survey of Their Features, Formation, and Effects [J]. Annual Review Environmental Resource, 2003 (28): 429–461.

② Biermann F. Institutions for Scientific Advice: Global Environmental Assessments and Their Influence in Developing Countries [J]. Global Governance, 2002 (8): 195–219.

③ Ford L. H. Social Movements and the Globalisation of Environmental Governance [J]. IDS Bulletin, 1999 (30): 68–74.

升环境质量的积极性。

二、环境治理中政府的责任和贡献

1. 政府主导环境治理的理论基础

（1）环境权理论。进入 20 世纪 60 年代以后，世界范围内出现的严重环境污染问题，催生出来环境权概念，欧洲人权组织开始把环境权纳入人权问题讨论。1969 年，美国颁布《国家环境政策法》，日本颁布《东京都防止公害条例》，对环境权内容作出规定。1972 年，联合国人类环境会议在斯德哥尔摩召开，会议通过了《人类环境宣言》，将环境权确定为基本人权之一[①]。按照主体不同可把环境权分为政府的环境管理权、企业的环境权和公民个人的环境权，政府的环境管理权意味着保证公民个人及企业享有环境权，如果不能提供良好环境则需承担一定的责任。因此，环境权理论认为国家应当参与环境治理，并且在污染治理中起到主导作用。

（2）公共物品理论。现代公共物品理论源于萨缪尔森 1954 年发表的《公共支出的纯理论》，其后马斯格雷夫对公共物品的特性进行了界定，即非竞争性和非排他性，验证了公共物品市场自发供给不足的特性。如果经济主体对公共物品的使用不受任何限制，任何人都想抢在他人前面占用资源，最终会导致类似"公地悲剧"的现象[②]。环境属于一种公共物品资源，具备非竞争性和非排他性，存在着产权不清晰、难以有效市场化及负外部性等问题，需要政府对环境资源进行配置和管理，自然需要对污染进行监督和管理。

（3）环境善治理论。环境善治是近年来一直提倡的环境管理体系，该理论认为环境保护应当充分发挥各方面的作用，各主体通过合作互惠的方式利用经济、法律、行政等手段共同治理环境。虽然环境善治提倡不同主体共同参与，但政府在其中需要扮演重要的引导和监管角色，以营造一个良好和谐有序的社会氛围。同时政府应当是一个公开、有效、负责的政府，才能吸引更多主体参与进来，并且能够反过来进一步推动政府的环境治理工作[③]。

2. 环境治理中政府的具体责任

可将环境治理中的政府责任分为两类，一类是政府部门和工作人员根据环境

---

① 蔡守秋．论环境权［J］．郑州大学学报（哲学社会科学版），2002（2）：5－7.

② 张琦．公共物品理论的分歧与融合［J］．经济学动态，2015（11）：147－158.

③ 朱艳丽．论环境治理中的政府责任［J］．西安交通大学学报（社会科学版），2017，37（3）：51－56.

状况及有关规定，对环境进行保护和治理的责任与义务；另一类是政府在没有尽到相应责任和义务时所应当承担的法律责任。

（1）环保规划。环境质量的高低关系到每个人的身心健康和生活质量，也间接影响到经济的可持续发展。环境质量不仅受到自然因素影响，更多与经济发展方式有关，同时国家发展战略和法规政策等都会对环境质量产生影响。只有政府能够决定这些发展战略和政策导向，政府在制定和调整发展战略时，必定要考虑对环境会造成怎样的影响，一个好的政策不仅能促进经济发展社会进步，同样能将对环境影响降到相对最低[①]。所以当环境质量出现问题时，分析相关主体的责任应当首先分析发展理念是否恰当，战略规划是否从根本上注重环境与经济的协调关系。当然，这里要对不同层级政府的权责做好区分，避免中央政府的顶层设计在地方执行时出现偏差，更要防止地方政府为了经济发展而包庇企业的污染排放违法行为。

（2）环境信息公开。由于环境信息具有专业性和相对封闭性，影响了公众对于环境质量的知情权和监督权，进而影响政府环境治理和环境监督。环境治理在环境问题日益复杂的情况下不断创新，信息公开成为越来越重要的"第三代"环境治理工具。[②] 维夫克等从透明度角度提出了环境治理的新范式，强化了提高透明度在环境治理中的作用，并且提出了环境治理新范式的三项原则，即"信息获取权""决策的公共参与权""司法补救权"。他们认为随着技术创新、透明规则和公民参与等因素逐渐融入治理框架之中，信息披露式的环境规制将会成为一种新的环境治理范式。[③]

准确地掌握各种环境信息，有利于加强社会各界对环境污染行为进行监督和制约，这就需要政府按规定及时全面地公开环境信息。我国已经制定了《环境保护法》《政府信息公开条例》《环境信息公开办法（试行）》等系列法规，政府在环境信息公开方面应当承担相应职责。一是政府环保部门和地方政府应主动公开环境信息，国务院环境保护部应对重大环境信息进行统一发布，环保部门在审批建设项目环评文件时，应该担负全文公开项目建设环境影响报告的责任。二是其他环境监管部门应当公开环境信息，包括环境监测信息、对违反法律的企业个人的处罚信息，相关费用交纳信息等。三是依法申请公开的职责，政府及环保部门

---

① 范俊荣. 政府环境质量责任研究 [D]. 武汉：武汉大学，2009.

② Tietenberg T. Disclosure Strategies for Pollution Control [J]. Environmental and Resource Economics, 1998（11）：587 – 602.

③ 维夫克·拉姆库玛，艾丽娜·皮特科娃，邵继红. 环境治理的一种新范式：以提高透明度为视角 [J]. 经济社会体制比较，2009（3）：134 – 139.

还应承担公开依法申请公开信息的责任。四是政府应对公开信息的方式和程序进行公开。例如政府网站、新闻发布会、档案馆等。五是政府应监督企业公开环境信息，即政府从其他个人或组织获取的环境信息。六是政府需建设完善环境信息公开制度和监督责任①。

（3）环境监管。政府要发挥保障环境质量的主导作用，需要承担环境监管工作。首先是颁布各项法律法规，制定各项环境标准，对企业和个人的环境行为进行约束，对违反法律的行为进行处罚。其次是政府职能部门可以运用科学技术手段对环境治理工作的效果进行检测和评估，例如运用互联网技术对污染区域进行全方位监控。最后是政府还会对环境治理工作相关人员进行定期培训，提高其监管业务能力，并对工作人员的职责和工作进行测评考核。

（4）促进公众参与。环境治理需要各社会主体全面参与，公众参与自然非常重要。为了提高政府在环境治理工作的成效，都会鼓励社会公众参与进来，对环境污染违法行为进行监督和检举。但社会公众参与的意愿和执行能力也是受到各种因素的影响，离不开政府的支持及引导，首先在环境保护责任意识上，需要政府对公众进行相关知识的教育及宣传工作，且如此大规模的宣传教育工作也只有政府能够胜任。其次在公众参与的方式上看，也要政府成立相关机构，设计正规化的渠道和程序，方便社会公众参与。

三、环境治理中企业的责任和贡献

企业生产经营过程是污染排放的主要来源，企业应该承担环境治理的主体责任。企业环境治理责任是指企业在生产经营过程中，采用一些科学的模式、手段等，使自身发展满足环境状况的状态，要求企业在生产过程中不能只注重盈利，还要达到环境标准，尽量减少对环境的破坏。诸多学者认为企业在环境治理中的行为是企业社会责任的一种表现，认为企业的经济责任和社会责任是相对应的，经济责任则是为了股东利益最大化，而社会责任则是对其他利益相关者和自然环境所承担的责任②。沃惕课和寇然从社会契约论的角度出发，认为企业进行环境治理是将环境问题列入自身管理行为的一种做法③。卢代富认为企业环境治理就

---

① 朱国华. 我国环境治理中的政府环境责任研究［D］. 南昌：南昌大学，2016.

② Brummer，J. Corporate Responsibility and Legitimacy：An Interdisciplinary Analysis［M］. Ohio：Greenwood Press，1999.

③ Wartick，S.，Cochran，P. The Evolution of the Corporate Social Performance Model［J］. Academy of Management Review，1985，10（4）：758 – 769.

是企业对环境及资源进行保护，这是企业对人类社会负责任的体现①。

1. 执行环境政策

企业是现代产业体系的主体，在促进经济增长、缴纳税收、提供就业岗位等方面发挥基础性作用，同时企业生产过程又是环境污染的主要来源，本着"谁污染，谁负责"的原则，企业应该在环境治理政策执行中承担带头作用②，特别是重工业企业，是"高消耗、高排放"主力，也是节能减排政策的主要实施对象，必须在环境污染治理中承担主要责任。生产企业对自身生产过程中产生的污染物进行治理，包括生产工艺改进、设备改造和终端处理，使整个生产流程满足环境标准。只有以重工业企业为代表的污染型企业抓好环境污染治理工作，达到环境标准，整个社会的环境污染治理工作才会有成效。

2. 提供环境治理资源

在环境治理过程中，规划和政策提出是一方面，具体的治理技术和措施才是关键所在，需要投入大量的资源。企业可以利用自身资源优势提供环境治理所需的技术和方案，可以大批量生产环境治理设备，同时企业还可以为环境治理工作提供专业技术人才。环境政策可以将环境治理引入市场中，依靠市场机制推动资源重新分配，提高配置效率，推动环境治理进程，这样既有利于环保工作的顺利进行，还能促进企业自身的发展运作。比如大力发展专业的环保产业，这类企业凭借专业技术和设备，为政府和其他企业的污染治理提供专业服务，比如政府和企业合作以 PPP 项目③模式开展环境治理项目，这样既充分发挥各自的优势，提高政策实施效率，提高环境治理工作的成效，从而有效解决环境污染问题，又能发展壮大生态环保产业，提升企业盈利能力并促进企业的技术研发、改进、应用。

3. 环境信息披露

随着环境信息公开制度的建立，政府环境信息公开意识和居民的环境信息获取意识都不断增强，这对于环境治理监管和环境治理绩效都带来深远影响。④ 单独依靠政府进行环境信息的收集公开是不够的，政府在一些企业环境问题的细节

---

① 卢代富. 企业社会责任的经济学与法学分析 [M]. 北京：法律出版社，2002.

② 郭沛源，伍佳玲. 环境治理，企业主体责任如何落地？——从合规到持续改进，要自觉自治也要良性互动 [J]. 中国生态文明，2020（2）：25 – 26.

③ PPP 是 Public – Private Partnership 缩写，指在公共服务领域，政府采取竞争性方式选择具有投资、运营管理能力的社会资本，双方按照平等协商原则订立合同，由社会资本提供公共服务，政府依据公共服务绩效评价结果向社会资本支付对价。

④ 盛巧燕，周勤. 环境分权、政府层级与治理绩效 [J]. 南京社会科学，2017（4）：20 – 26.

信息上处在劣势，只有企业了解自身真实情况，这样政府就不能对当前环境状况做充分的了解分析，以作出下一步的措施。企业应当对自身日常经营生产过程中造成的废弃物排放、废弃物类型、资源使用情况等可能造成环境问题的信息进行披露，尤其应当对事后环境治理措施进行披露。很多企业已经将环境治理列入了企业的管理措施中，可以说环境治理已然成为目前一个企业生存发展必须考虑的问题，因此这些信息对于企业尤其是上市企业来说本就是需要披露的，这不仅是硬性要求，也是社会责任的体现。企业进行信息披露还能够完善整体环境治理机制的有效性、公开性，也有利于调整市场上企业的结构，环境保护实施不到位、达不到环境标准的企业最终会被淘汰，而积极参与环境治理、能够适应绿色发展需要的企业才能得以发展壮大。

4. 环境公益

企业作为社会经济体的重要组成部分，可以积极参与环境公益，在环境保护的宣传教育工作上发挥作用。企业中有工会、党组织等小团体，在日常工作时对员工进行环保工作的宣传教育，或是在企业内部推出环保措施，能够让员工和公众形成良好的环保意识、养成绿色健康的生活习惯。企业经营管理过程中，要积极营造便于绿色环保的环境，比如垃圾分类、减少一次性用品、废纸再回收利用等，都是支持环境治理的具体有效措施，不仅能够提高员工的环境素质，还能营造良好的社会氛围。企业可以积极融入社区的环境公益宣传，举办各种环境公益活动，不但向公众宣传绿色环保理念和具体行为举措，还能有效宣传企业环保措施，塑造企业绿色环保的公众形象，提升企业影响力和美誉度，对企业发展和社会环保而言实现双赢。

四、环境治理中社会公众的责任和贡献

水、空气等环境要素属于公共物品，能够被所有人所使用，并且有着供给的无限性。公民个人的环境权主要分为以下几方面：一是环境资源使用权，意味着公民个人对于环境资源具有使用的合法性，与此同时也就确立了政府、企业及公民在内的主体要承担保护公民个人环境资源使用权的义务；二是对环境状况的知情权，以及公民需要定时获取当前环境状况的信息，这是一种民主的体现，也有利于公众参与环境治理；三是被保护权，即当公民个人的环境权益受损时，有权

向相关部门上诉报告，并得到相应的保护赔偿[①]。随着环境问题日益加重，每个人都有义务对环境资源加以保护，对环境问题进行治理解决，防止"搭便车"等现象的出现，因此公共财产理论认为公众应当参与到环境治理中，保护大家的公共财产不遭受破坏。公众参与环境治理，是指公众在法律的允许下，通过一些合法的渠道途径参与到环境治理工作中，以满足公众对于环境质量的需求，使得人类与环境和谐共生。这里的公众最重要的主体便是指公民，同时还包括 NGO 组织、公民自发组织的小型团体等[②]。从环境权理论来看，公众应当也有权利参与环境治理工作，如了解环境状况信息、向相关部门举报违法企业、生活垃圾的处理等。

1. 完善信息公开

虽然政府能获取较多环境信息，企业也会部分公开环境信息，但企业对于一些不利于自己的私密信息仍是不愿公开的，这些信息无论通过技术手段，还是监察人员明察暗访都很难获取，而且信息获取成本较高，甚至会存在一些企业与政府官员相互勾结的现象。而公众参与环境信息获取对此有很大帮助，首先公众在人数上要远超于政府的专门监察人员，监督对象的广度大为拓展。其次公众居住所在地离企业不远，当环境出现问题时，可以及时感知到，不会当问题已经积压到一定阶段爆发后才被发现，因此获取的信息时效性强。最后公众日常生活比较固定，平时对于监控不用过于刻意准备，也不会引起企业过分警觉，在获取信息的成本上要远低于政府[③]。因此公众参与环境治理可以简便高效地获取环境信息，能够有效缓解环境治理中信息不对称问题。

2. 弥补政府失灵问题

环境治理是一项长期性工作，具有复杂性、多变性等特点，单靠政府推动相关政策容易出现各种问题，比如法规执行力度、政策制定偏差等，而公众参与治理首先会形成一种对政府工作的监督，能够推动政府部门提高工作效率和强度。其次，公众可以说是政策执行后的第一感受人也是感受最真实的人，政府推行的环境政策是否有效，公众都可以及时反映，能够促使政府作出更加科学合理的决策。再次，公众还能对政策的实施过程进行监督，有时未必是政策效果不佳，而是上级推出政策，下属为了一己私利并没有很好地执行[④]。地方政府就有可能被

① 丁永兰，肖灵敏．中国环境治理中的公众参与机制研究［J］．经济研究导刊，2016（16）：166－167.

②④ 陈卫国．环境治理中的公众参与研究［D］．上海：复旦大学，2009.

③ 范俊玉．加强我国环境治理公众参与的必要性及路径选择［J］．安徽农业大学学报（社会科学版），2011，20（5）：25－29.

当地企业所左右，放任和纵容当地企业污染环境，而当地企业则向其贡献经济增长和财政税收，甚至向个人提供灰色乃至违法经济收益，①② 所以公众参与环境治理政策的制定到执行整个过程，能够完善环境治理政策，让政策措施得到更好的实施，提升政策实施效果。

3. 形成良好社会氛围

虽然政府能够引导公众保护环境，但绿色生活的行为习惯很大程度上还会受到个体成长过程中家庭和社会教育的影响，特别是家庭父母日常的言传身教。因此公众参与环境治理不仅能够提升个人自身环保意识，养成良好的绿色低碳行为习惯，还能为下一代做好榜样，从小培养孩子的环保意识，有助于整个社会形成爱护生态环境的良好氛围。

五、环境治理策略局限性

为了适应新形势下环境治理的需要，环境治理手段和工具形式更加多样化，主要包括行政主导型和市场激励型两大类，具体实施过程中，不同国家和地区采用不同的政策工具，并且往往采取混合型环境治理策略。混合型环境治理策略注重环境治理资源的优化配置，使政府不再是唯一被视为有能力解决环境外部性的行为主体，很多非政府主导的政策工具以及相关行为主体都对环境治理产生影响，但并非所有影响都能得到环境关注人群的接受。注重激励作用的市场型政策工具，可能导致环境资源分配的不平等程度提高，市场机制设计不合理的成分，使部分参与个体能够通过这些所谓的市场机制获得更多收益。很多学者对市场行为主体以非常彻底的方式纳入环境治理表示了极大的担忧，他们认为环境治理中的权益被过度"商品化"。③ 很多情况下，市场机制提高了自然资源利用的高效性，从而带来了更高的开采率，这便引发代际公平问题，因为当前的高效率开采和利用，意味着留给后代的资源更少。

还有学者认为，在全球环境治理方面并没有什么新的突破，目前所提出的治理机制只不过是传统治理机制的自然演变，尽管社会公众参与度提高了，但环境

---

① 周黎安. 中国地方官员的晋升锦标赛模式研究 [J]. 经济研究，2007 (7)：36 – 50.

② Jia Ruixue, Nie Huihua. Decentralization, collusion and coalmine deaths [J]. Review of Economics and Statistics, 2017, 99 (1)：105 – 118.

③ Liverman D. Who Governs, at What Scale, and at What Price? Geography, Environmental Governance, and the Commodification of Nature [J]. Annals of the Association of American Geographers, 2004 (94)：734 – 738.

治理中大部分人仍然是局外人角色，被剥夺权力的群体仍然很少有机会参与当代治理。[①] 在这里，全球环境治理新模式还是旧模式，关键区别在于全球公民成员参与的作用和重要性。

例如，福特认为，目前社会公众参与环境治理对改变现状没有什么作用，因为它未能使治理进程本身民主化。新形式的全球环境治理及其新加入的参与者可以简单地被视为反映了现有的权力分配，但没有改变任何根本性的东西。[②] 在一个威慑化行动和权力集中的世界中，企业和多边组织可以控制和重构环境行动，将其作为使其发展模式合法化的手段。[③] 这些主导方更重视环境治理政策工具解决具体问题，而不是改善环境治理体系中各方的利益关系。市场激励型环境治理模式中，政府放弃部分行政主导权利，是为了"更大的利益"而与污染企业妥协，未能达到协商民主的规范模式，也没有保障所有利益相关者的平等参与，缺乏协商民主的公平性。因此，主张政府在环境治理中发挥更大作用的人认为，尤其在需要重新考虑分配政策情况下，市场激励型环境治理或混合策略不太可能取得很大成就。[④]

第三节　环境治理的中国方案

一、中国环境问题和治理

1. 中国面临的生态环境问题

中国古代创造了灿烂的文明，经济、科技和文化等领域都处于世界领先水平。但是近现代以来，中国经济社会的发展落后于西方发达国家，经历了漫长而屈辱的黑暗时代，新中国成立以来重新焕发了生机，特别是改革开放以来，我国在工业化、城市化和信息化道路上快速前进，社会生产力迅速提高，逐步解决了广大群众的衣食住行问题，物质生活很快丰富起来，我国长期存在的落后社会生

---

① ② Ford L. H. Challenging Global Environmental Governance: Social Movement Agency and Global Civil Society [J]. Global Environmental Politics, 2003 (3): 120 – 134.

③ Paterson M., Humphreys D., Pettiford L. Conceptualizing Global Environmental Governance: from Inter-state Regimes to Counter-hegemonic Struggles [J]. Global Environmental Politics, 2003 (3): 1 – 10.

④ Lowi T. Progress and Poverty Revisited: toward Construction of a Statist Third Way. In Democratic Governance & Social Inequality, ed. JS Tulchin, A Brown. Boulder, CO: Rienner, 2002.

产力与人民群众日益增长的物质文化需求之间的矛盾也得到明显缓解。进入 21 世纪以来，我国进一步加快改革开放，建立起完善的工业生产体系，甚至成为"世界工厂"，许多工业产品产量长期居世界首位，很多工农业产品不但满足本国人民生活需求，还远销世界各国，在国际市场上占据很大份额。经济快速稳步发展，居民收入和生活跨入世界中等偏上水平，完成了全面建成小康社会百年目标，正迈向中华民族伟大复兴的新征程。

中国经济发展取得举世瞩目的成就，也面临着资源压力和生态环境的严峻挑战。一是资源承载力不足。我国虽然国土广阔，但人口众多，资源相对不足，很多重要资源总量和人均占有量低于世界平均水平，比如，淡水、耕地、森林、石油以及铜、铁、铝等矿藏等。随着工业化、城镇化快速推进，粗放式发展方式导致能源和资源消耗大，能源、资源供给矛盾十分突出，石油和矿产等重要资源对国外依赖程度过高。随着我国经济继续快速发展，对能源、资源的需求将迅速增加，未来较长时期内各类能源、资源对于经济社会发展的约束将更加明显，对我国粮食安全、能源安全、经济安全造成严重挑战。二是环境污染问题突出。传统发展方式下，资源密集型和污染密集型产业占比较高，主要污染物排放量过大，固体废弃物、化学需氧量、二氧化硫、氮氧化物等主要污染物的排放量都很高，远超过环境的承载能力。土壤污染面积扩大，重金属、持久性有机物污染加重，饮用水安全受到威胁，城市水污染和大气污染问题突出，给人民群众身心健康带来严重危害，环境质量与人们对美好生态环境的期待有很大差距。三是生态系统出现退化现象。森林生态系统质量不高，森林覆盖率和森林蓄积量难以提升，草原退化、水土流失、土地沙化、地质灾害频发，湿地面积缩小、地面沉降、海洋自然岸线减少等现象在各地频繁发生。水和矿藏资源过度开采造成土地沉陷和破坏，生物多样性遭到破坏，生态系统缓解各种自然灾害的自我修复能力不断减弱。四是气候变化问题突出。我国是能源消耗和温室气体排放量非常大的国家，这种情况还需要持续较长一段时间，气候变化造成的极端天气对我国工农业生产造成较大破坏，自然灾害的规模和频次都在增加。

可以说，生态环境问题导致我国经济可持续发展受到威胁，不利于人民生产生活，已经到了不得不解决的地步了。发展经济的同时治理环境污染，保护生态环境，关系到广大人民最根本的利益，关系到中华民族的长远发展，必须清醒地认识到保护生态和治理污染的紧迫性和重大意义。

2. 对美好生态环境的向往

经过长期努力，中国特色社会主义进入了新时期，社会主要矛盾已经转化为人民日益增长的美好生活需要和不平衡不充分的发展之间的矛盾。人民群众对美好生活的需要日益广泛，不仅对物质文化生活提出了更高要求，而且在民主、法治、公平、正义、安全、环境等方面的要求日益增长，特别是近年来环境污染事件频发，美好生态环境成为人民迫切的向往。

近年来，我国经济发展取得巨大成就，人民生活水平明显提高，人们对干净的水、清新的空气、安全的食品、优美的环境等方面的要求也越来越高，开始追求高质量的生活，从过去"求生存"到现在"求生态"，生态环境在群众生活幸福指数中的地位不断提升，环境问题日益成为重要的民生问题。"绿水青山"式的生态环境是最普惠的民生福祉，是最公平的公共产品，也是经济发展不能忽视的因素。人类经济活动和各种行为方式必须符合自然规律，对自然界不能只讲索取不讲投入、只讲破坏不讲维护，否则会遭到"自然界的报复"，对人类产生反噬。

习近平总书记指出："人民对美好生活的向往，就是我们的奋斗目标。"[①] 这充分体现了党情系群众、关注民生的为民情怀，也明确了新时代下党对人民的责任。解决好老百姓关心关注的环境问题，使人民在良好的环境中工作得更好、生活得更好，必须把保护生态环境纳入新时期国家发展战略，以更高的目标、更大的魄力和更好的制度，推进生态文明建设。我们只有更加重视生态环境这一生产力要素，更加尊重自然生态的发展规律，保护和利用好生态环境，才能更好地发展生产力，在更高层次上实现人与自然的和谐。要有壮士断腕的决心摒弃传统粗放发展模式，摒弃过分追求经济高速增长、忽略资源环境问题的发展路径，要把经济发展从高速度转变到高质量上来，加快转变经济发展方式，走新型工业化和城镇化道路。要克服把保护生态与发展生产力对立起来的传统思维，下大决心、花大气力改变不合理的产业结构、资源利用方式、能源结构、空间布局、生活方式，更加自觉地推动绿色发展、循环发展、低碳发展，探索走出一条环境保护新路，实现经济社会发展与生态环境保护的共赢。我们必须立足于我国国情，深入贯彻绿色发展理念，加快生态文明建设，推进可持续发展，保护青山绿水，才能为后代子孙留下发展空间，实现中华民族永续发展。

3. 中国环境治理历程

我国很早认识到经济发展过程中伴随的环境问题，不能走西方发达国家"先污染后治理"的老路，也没有走西方发达国家掠夺国外资源并且"以邻为壑"向外转移污染产业的路子。中国的工业化和城镇化还没有完成，要在短期内完成

---

① 在十八届中央政治局常委同中外记者见面时的讲话［N］. 人民日报，2012 – 11 – 16.

西方发达国家几百年完成工业化任务，也必须在短期内解决资源和环境问题，面临着非常大的压力，为此，我国采取了积极的环境治理措施，生态环境保护工作取得了显著成效，为可持续发展打下了坚实的基础。

新中国成立后，我国大力推进工业建设，由于技术较为落后，资源消耗和环境污染现象开始出现，加之缺乏环境保护意识，环境治理效率一直不高。直到1972年，中国加入联合国环境会议，才算是正式开始关注环境问题。1973年在北京召开了第一次全国性的环境保护会议，制定了保护环境工作方针，制定了十条环境保护措施，为之后的环境治理工作提供了方向，环境治理工作正式开始。此后，我国环境治理主要是针对城市中的工业污染进行的，对工业生产中的废水、废气及废渣进行处理，取得了一定成效。这一时期是计划经济体制，经济形式和管理手段较为单一，环境污染治理完全是行政命令式。

改革开放以来，我国经济开始快速增长，经济发展和环境保护之间的矛盾凸显，导致环境污染逐渐严重，环境治理工作逐步提上日程。1979年《中华人民共和国环境保护法（试行）》颁布，1989年12月正式颁布《中华人民共和国环境保护法》，环境治理开始走上法治化道路。1983年，环境保护开始作为我国的基本国策之一，这一阶段环境治理的手段以终端控制为主，制定了一些新的环保制度，包括"环境保护目标责任制""城市环境综合整治定量考核""排污许可证"等，环境治理注重末端控制和结果导向。应该说，我国政府对环保问题的关注在世界范围内是比较早的。然而，在改革开放初期，环境保护事实上服从于经济建设，这一时期工业发展模式粗放，社会的环保意识普遍淡薄，环保法规流于形式的现象普遍存在。

针对日益严峻的环境污染问题，自20世纪90年代我国开始尝试建立环境责任体系，陆续颁布了很多与环境相关的法律、行政法规、规章制度。1993年在上海召开了全国第二次工业污染防治工作会议，调整了总体环境治理理念，一是不再只以终端控制为主，而是转向对整个过程进行监控；二是对污染排放物不只进行强度控制，还注重总量控制，避免出现强度控制引发的逆向选择现象；三是把分散控制和集中管理相结合，避免分散管理带来的低效。这一阶段还引入了市场机制，利用市场激励引导经济主体进行环境治理，同时，把环境治理的范围从工业领域污染防治扩展到生态建设，开始在全国各地建立生态省、生态县、示范区等。1996年国务院发布《关于环境保护若干问题的决定》，要求地方政府对环境保护问题负责，但由于缺乏必要的落实措施和实施细则，加之各地把经济增长作为工作的重中之重，部分地区的环境污染问题愈演愈烈。

进入 21 世纪后，我国工业经济发展更加迅速，污染防治任务更加繁重，环境保护压力更大。我国借鉴国际经验和多年环保工作的实际，对环境保护的法治建设进行了完善。此时，环境治理的范围也扩大到广大农村地区，提出只有考虑到整个城乡地区的环境问题，才能实现整个中国环境的良性循环①。

2005 年，国务院颁布了《关于落实科学发展观　加强环境保护的决定》，明确将环境保护纳入领导干部的考核内容，要求对环境保护主要任务和指标实行年度目标管理，并建立问责制，对因决策失误造成重大环境事故、严重干扰正常环境执法的领导干部和公职人员追究责任。生态环境是一种典型的公共品，保护环境是政府的一项重要职能和任务。我国政府逐步建立和完善环境保护考核制度，特别是针对领导干部的环境保护责任考核制度，以驱动和激励各级政府和各个部门为保护环境而努力，提高环境保护效能。② 国家"十一五"规划中将环境污染物排放目标量作为绩效考核指标，实行严格的环保绩效、环境执法责任制和责任追究制。2007 年，国务院颁布了《关于印发节能减排综合性工作方案的通知》，进一步明确将环境保护纳入领导干部考核，建立与干部考核体系挂钩的环保政绩考核体系。2008 年，国家环境保护总局升格为环境保护部，成为国务院组成部门，强化了环境保护的权力，更加凸显国家对环境保护的重要程度。

此后，中央和各级地方政府对环境保护和节能减排进行目标管理和任务考核成为常态工作，《国务院关于印发"十二五"节能减排综合性工作方案的通知》设定了"十二五"期间各地区节能目标和化学需氧量、氨氮、二氧化硫和氮氧化物等主要污染物排放总量控制计划。继而，《国务院关于印发"十三五"节能减排综合工作方案的通知》也设定了国家"十三五"期间各地区能耗总量和强度"双控"目标以及化学需氧量、氨氮、二氧化硫、氮氧化物以及重点地区挥发性有机物排放总量控制计划，确定各省区市的节能减排目标。相应地，各地方省市也都出台了有地方特色和针对性的环境保护规章制度，以确保国家分配的节能减排目标能够顺利完成，并在很多方面推出了一些创新举措，为全国环境治理工作作出贡献。但是绿色发展没有真正受到全社会的重视，生态环保和经济发展的关系没有理顺，部分地区的环境污染问题较为突出，严重影响到经济的可持续发

① 蒋金荷，马露露. 我国环境治理 70 年回顾和展望：生态文明的视角［J］. 重庆理工大学学报（社会科学），2019，33（12）：27－36.

② 王贤彬，黄亮雄. 中国环境治理绩效的微观政治基础——基于地方干部激励制度与行为的分析［J］. 深圳社会科学，2022，5（1）：84－95.

展，对人民生活产生较大影响。

二、中国生态文明建设

2007 年，党的十七大报告将"建设生态文明"作为全面建设小康社会的新要求，提出："建设生态文明，基本形成节约能源资源和保护生态环境的产业结构、增长方式、消费模式。循环经济形成较大规模，可再生能源比重显著上升。主要污染物排放得到有效控制，生态环境质量明显改善。生态文明观念在全社会牢固树立。"建设生态文明，是深入贯彻落实科学发展观、全面建设小康社会的必然要求和重大任务，为保护生态环境、实现可持续发展进一步指明了方向。建设生态文明，本质上是选择发展方式的问题，是用什么办法、靠什么途径实现发展、持续发展的问题。建设生态文明，不仅仅是防治污染和环境保护，不是通过停止发展来保护环境，而是要用绿色、循环、低碳的方式实现发展，做到生产方式和生活方式的绿色转变，在各个环节减少污染物的产生和排放，实施资源永续和环境自净。通过这条环境友好型的发展之路，才能实现由"环境换取增长"向"环境优化增长"的转变，真正做到经济建设与生态建设同步推进，产业竞争力与环境竞争力一起提升，物质文明与生态文明共同发展，才能既培育好"金山银山"成为新的经济增长点，又保护好"绿水青山"，在生态建设方面取得新的进展。

2012 年，党的十八大报告把生态文明建设纳入"五位一体"总体布局，提出加快建立生态文明制度，健全国土空间开发、资源节约、生态环境保护的体制机制，推动形成人与自然和谐发展现代化建设新格局。大力推进生态文明建设的战略决策，体现在了"优""节""保""建"四大战略任务。"优"即要优化国土空间开发格局，"节"就是要对各种资源的使用进行节约，"保"是要加大对环境的保护力度，加快环境治理基础建设的构建，"建"则是加快制度机制的建设，无论是保护机制还是奖惩机制。经过五年实践之后，我国生态文明建设在理论思考和实践举措上均有了重大创新。2016 年出台的《生态文明建设目标评价考核办法》正式将生态文明建设目标评价考核纳入地方政府考核体系中。同年，国家发展改革委等部门制定了《绿色发展指标体系》和《生态文明建设考核目标体系》，作为生态文明建设评价考核的依据，将环保绩效与干部任用挂钩，并且作为干部选拔任用的重要依据。

党的十九大报告提出了构成新时代坚持和发展中国特色社会主义基本方略的"十四条坚持"，其中就明确地提出"坚持人与自然和谐共生"。报告进一步提出，建设生态文明是中华民族永续发展的千年大计，必须树立和践行绿水青山就是金山银山的理念，坚持节约资源和保护环境的基本国策，像对待生命一样对待生态环境，统筹山水林田湖草系统治理，实行最严格的生态环境保护制度，形成绿色发展方式和生活方式，坚定走生产发展、生活富裕、生态良好的文明发展道路，建设美丽中国，为人民创造良好生产生活环境，为全球生态安全作出贡献。生态环境的治理和维护由此成为新时代中国共产党的重要历史使命之一。

党的二十大报告提出推动绿色发展，促进人与自然和谐共生。尊重自然、顺应自然、保护自然，是全面建设社会主义现代化国家的内在要求。必须牢固树立和践行绿水青山就是金山银山的理念，站在人与自然和谐共生的高度谋划发展。我们要推进美丽中国建设，坚持山水林田湖草沙一体化保护和系统治理，统筹产业结构调整、污染治理、生态保护、应对气候变化，协同推进降碳、减污、扩绿、增长，推进生态优先、节约集约、绿色低碳发展。

生态文明建设功在当代、利在千秋。党中央还规划了我国生态文明建设的中长期目标，中国要走人与自然和谐共生的现代化道路，坚持可持续发展，坚持节约优先、保护优先、自然恢复为主的方针，像保护眼睛一样保护自然和生态环境，坚定不移走生产发展、生活富裕、生态良好的文明发展道路，实现中华民族永续发展。提出要牢固树立社会主义生态文明观，推动形成人与自然和谐发展现代化建设新格局，为保护生态环境作出当代人的努力。党的二十大报告把生态文明建设作为党的执政方略的重要组成部分，在全面建设社会主义现代化国家新征程过程中，从二○二○年到二○三五年的第一个阶段，基本实现社会主义现代化。到那时，广泛形成绿色生产生活方式，碳排放达峰后稳中有降，生态环境根本好转，美丽中国目标基本实现。从二○三五年到本世纪中叶的第二个阶段，把我国建成富强民主文明和谐美丽的社会主义现代化强国。

美丽中国是生态文明建设的目标和梦想，也是生态文明建设的根本指引，意味着经济发展、生态良好、社会和谐、政治进步。首先，美丽中国是发展的中国。中国还是一个发展中国家，经济发展水平还有很大提升空间，发展不充分不平衡现象仍然较为突出，发展仍是我国今后较长时期内的第一要务。其次，美丽中国是资源节约和环境友好的中国。中华民族要永续发展，必须推进生态文明建设，应当全面落实节约资源和保护环境的基本国策，在资源和环境承载能力前提下，要加快推动中国式现代化建设，走上以人为中心、全面协调可持续的科学发展轨道。最后，美丽中国是和谐的中国。建设美丽中国，在新时代面临新的社会主要矛盾，只有提高环境质量改善生态系统，提供更多更优的生态产品，才能满足人民群众享有美好生态环境的愿望，这是中国式现代化的根本要求。美丽中国意味着人与自然之间和谐，经济与环境和谐，和谐共处、互惠共存。

三、中国生态文明建设的国际贡献

1. 主动承担环境保护责任

中国的工业经济已经崛起，在国际上占据非常重要的地位。中国的崛起、中国梦的实现和中国式现代化道路，与西方发达国家的发展道路不相同。中国式现代化是基于中华民族美好愿望和坚定意志，是以和平发展、科学发展为基本路径和基本方式，中国的发展不是建立在掠夺和侵犯他国利益的基础上，而是与其他国家和民族携手发展、和谐发展、共同发展、共享繁荣。追求美好生活、改善生态环境是各国的共同奋斗目标，让人民群众过上享受自然美好的生活是各国的共同期许。中国经济发展和工业化引起的环境问题，由中国人自己承担解决，不会选择"以邻为壑"的方式转移污染问题。要坚定地推进生态文明建设，并且呼吁和带动其他国家也加强生态文明建设，共同保护地球这个"人类共同家园"，担当起各自的环境责任。

2. 生态文明制度创新

建设生态文明是一场涉及生产方式、生活方式、思维方式和价值观念的革命性变革。实现这样的根本性变革，必须依靠制度和法治。我国生态环境保护中存在的一些突出问题，大多与体制不完善、机制不健全、法治不完备有关，需要推动生态文明制度创新。"只有实行最严格的制度、最严密的法治，才能为生态文明建设提供可靠保障。"[①] 生态文明建设要以制度建设为保障，推进生态文明建设的体制机制改革，加快生态文明建设的制度创新，通过顶层制度设计和地方实践经验相结合，建立科学的制度体系和管理体系，实行最严格的生态环境保护制度，建立起有利于生态文明建设的长效机制。环境保护工作不能只靠环保部门来完成，而是需要全社会的共同努力，坚持"五位一体"总体布局，注重生态文明建设制度创新，全面实施"党政同责"，把环境保护作为党委工作的重点内容，落实好各级党委政府的属地环保责任。推进体制机制改革，狠抓顶层设计，全面

---

① 习近平. 坚持节约资源和保护环境基本国策　努力走向社会主义生态文明新时代［N］. 人民日报，2013 – 05 – 25.

推行"党政同责""一岗双责"，最大限度地拓展各级政府和业务部门参与环境保护的广度和深度。"环境治理是一个系统工程，必须作为重大民生实事紧紧抓在手上。"①

"从制度上来说，我们要建立健全资源生态环境管理制度，加快建立国土空间开发保护制度，强化水、大气、土壤等污染防治制度，建立反映市场供求和资源稀缺程度、体现生态价值、代际补偿的资源有偿使用制度和生态补偿制度，健全生态环境保护责任追究制度和环境损害赔偿制度，强化制度约束作用。"② 健全自然资源资产产权制度和用途管制制度，加快建立国土空间开发保护制度，健全能源、水、土地节约集约使用制度，强化水、大气、土壤等污染防治制度，建立反映市场供求和资源稀缺程度、体现生态价值和代际补偿的资源有偿使用制度和生态补偿制度，健全环境损害赔偿制度，强化制度约束作用。

"最重要的是要完善经济社会发展考核评价体系，把资源消耗、环境损害、生态效益等体现生态文明建设状况的指标纳入经济社会发展评价体系，使之成为推进生态文明建设的重要导向和约束。要建立责任追究制度，对那些不顾生态环境盲目决策、造成严重后果的人，必须追究其责任，而且应该终身追究。要加强生态文明宣传教育，增强全民节约意识、环保意识、生态意识，营造爱护生态环境的良好风气。"③ 科学的考核评价体系犹如"指挥棒"，在生态文明制度建设中是最重要的。要把资源消耗、环境损害、生态效益等体现生态文明建设状况的指标纳入经济社会发展评价体系，建立体现生态文明要求的目标体系、考核办法、奖惩机制，使之成为推进生态文明建设的重要导向和约束。要把生态环境放在经济社会发展评价体系的突出位置，如果生态环境指标很差，一个地方一个部门的表面成绩再好看也不行。资源环境是公共产品，对其造成损害和破坏必须追究责任。对那些不顾生态环境盲目决策、导致严重后果的领导干部，必须追究其责任，而且应该终身追究。不能把一个地方环境搞得一塌糊涂，然后拍拍屁股走人，官还照当，不负任何责任。要对领导干部实行自然资源资产离任审计，建立生态环境损害责任终身追究制。通过党政同部署、党政同责任、党政同考核等"三个同步"，有力地推动地方主要领导切实负起本地区生态环境保护的主要责任，确保属地责任落实到位。

---

① 习近平. 在建设首善之区上不断取得新成绩［N］. 人民日报，2014－02－27.
② 习近平. 建设美丽中国，改善生态环境就是发展生产力［N］. 人民网，2016－12－01.
③ 习近平. 坚持节约资源和保护环境基本国策　努力走向社会主义生态文明新时代［N］. 人民日报，2013－05－25.

3. 以人民为中心的生态文明建设目标

美丽中国是生态文明建设的目标指向，建设生态文明是实现美丽中国的必由之路。美丽中国赋予我国生态文明建设前所未有的广度和深度。美丽中国的建设目标意味着反对西方发达国家在生态环境上曾经主张并实践的"先污染，后治理，再转移"的理念，而是选择"尊重自然、顺应自然、保护自然的生态文明理念"。在当前全球化、城市化和工业化背景下，中国不能也不会再重复资本主义国家"先污染，后治理，再转移"的老路，而是要走一条新的生态文明之道路。美丽中国意味着中国将不再延续过去多年实践并取得经济增长成功的粗放式的增长老路，高投入、高排放、高污染的传统模式已经难以为继，资源环境的承载力不容许，人民的身心健康和对美好生活的向往也不允许。美丽中国的目标就是要求建设社会主义生态文明，坚持节约资源和保护环境的基本国策，坚持节约优先、保护优先、自然恢复为主的方针，实质就是要求加快转变经济发展模式，实现经济的集约化高质量增长，实现生态环境的更好保护和能源资源的更高效利用。美丽中国意味着中国有必要改变"唯增长速度"和"唯政绩化"的发展观念，必须以人民为中心，从公众幸福感和满意度出发，从满足人民群众对美好生活的向往出发，把高质量的生态环境作为发展的必要前提，从而保障经济社会的长治久安。

第二章

环境治理绩效的理论逻辑

自1978年改革开放以来，中国经济一直保持高速增长，目前经济总量在世界上排名第二，仅次于第一的美国。由于中国仍然处于工业化发展进程的中后期阶段，技术水平虽然有大幅度提升，但大部分领域的技术应用水平仍然较弱，经济发展方式仍以粗放式发展为主，工业化和城市化进程的快速推进，导致对资源能源消耗的迅速增长，污染排放也随之大幅度增加，对生态环境造成较大的影响，各种环境问题层出不穷，环境承载力和环境质量的压力非常大。各种生态环境问题不仅给民众生活带来了困扰，影响人民群众身心健康和对美好生活的向往，也影响到了经济发展质量，从长远角度来看不利于可持续发展。党和国家长期以来非常重视生态环境保护工作，出台了一系列节能减排政策，采取了越来越严格的环境污染防治措施。党的十九大报告中提出要加快生态文明建设，建设美丽中国，不仅是为这一代人的幸福生活着想，也是国家持续发展所需的必要条件之一。近年来，国家全方位、全地域、全过程加强生态环境保护，生态文明制度体系更加健全，污染防治攻坚向纵深推进，绿色、循环、低碳发展迈出坚实步伐，生态环境保护发生历史性、转折性、全局性变化。经过多年治理，生态环境保护工作取得显著成绩，城乡人居环境明显改善，美丽中国建设成效显著。

党的二十大报告提出尊重自然、顺应自然、保护自然，是全面建设社会主义现代化国家的内在要求。要坚持可持续发展，坚持节约优先、保护优先、自然恢复为主的方针，像保护眼睛一样保护自然和生态环境，坚定不移走生产发展、生活富裕、生态良好的文明发展道路，实现中华民族永续发展[1]。因此，生态环境

---

[1] 习近平. 高举中国特色社会主义伟大旗帜 为全面建设社会主义现代化国家而团结奋斗 [N]. 人民日报，2022 – 10 – 26.

重在治理，重在制度创新和体制机制改革，要发挥政府在生态环境保护中的主导作用，加强环境治理能力建设，如何使环境治理工作高效地达到预期效果，需要从理论和实践的角度进行深入分析。

第一节　资源配置效率

一、资源配置的经济学基础

在经济学中，资源一词有着狭义和广义之分。狭义的资源即自然资源，例如水、木材、土壤等；广义的资源不仅包括自然资源，还加入了人类的因素，例如：劳动、技术等。① 根据马克思主义经济学原理，所有这些自然资源和社会资源的价值都可以归结为一定量的社会劳动，以社会劳动时间来表示。相较于不同时间的各个社会需求来说，整个社会能够投入生产中的社会劳动是有限的，即稀缺的，人类经济活动的本质便是在资源稀缺性的约束下，尽可能生产出更多的劳动产品满足人类的无限欲望。在经济学中，"稀缺"一词并非数量上的绝对大小，而是被用来描述资源的有限可获得性，稀缺是经济物品的特征之一，想要得到一种物品，就必须用其他经济物品进行交换，即用一种商品的价值交换另一种商品的价值。资源配置以稀缺为基础，它使稀缺资源无论在使用的方向和数量上看，都能最大程度处于一个最优解，目的在于通过资源配置，提高资源运用所带来的产值，以适应日益增长的需求。② 因此马克思强调"社会劳动时间可分别用在各个特殊生产领域内的份额的这个数量界限"，并且认为这个数量界限决定着社会"不仅在每个商品上只使用必要的劳动时间而且在社会总劳动时间中也只把必要的比例量使用在不同类的商品上"③。这是马克思主义政治经济学中有关资源配置效率的基本论述。

1. 经济学原理

经济学是有关选择的科学，理性假设下的经济人总是面临权衡与取舍，某种东西的成本是为了得到它所放弃的东西。由于社会资源稀缺而人类对于资源

---

① 马克思恩格斯选集（第4卷）［M］. 北京：人民出版社，2012.

② 赵学增. 《资本论》中的资源配置理论［J］. 当代经济研究，1994（3）：22－28.

③ 马克思. 资本论（第3卷）［M］. 北京：人民出版社，2002.

的欲望是无限的，想要得到一些资源时就不免失去另外一些资源用作交换，因而需要对资源进行配置。而在资源配置中，失去的资源可以看作成本，交换得到的资源可以看作收益，每一个经济主体通过最大限度提高收益并降低成本以提高经济效益，从而从总体上使社会资源配置最优化，是资源有效配置最基本的一个评价标准。

理性人会考虑边际收益，即不断将资源投入一项生产中，其边际效益是随着资源投入而下降的，因而在分析边际成本和边际收益后，对资源在某一领域数量上的合理分配是有必要的。通过有效的资源配置，可能会缩减部分领域的资源投入，但能够促进整个经济社会的效益增长。

资源配置在一定范围内实现，分工和贸易使每个经济主体都去从事自己擅长的行业，再通过交换获得其他商品，从而使每个人的状况都变得更好，整个社会资源得到有效配置。正如亚当·斯密在《国富论》中提道："我们的晚餐并非来自屠宰商、酿酒师和面包师的恩惠，而是他们来自对自我利益的关切。假使让这些人从事体育运动，那么通过劳动投入带来的利益肯定会大打折扣，这便是进行资源有效配置所带来的好处。"①

2. 资源配置方式

资源的配置有两层含义：首先是对于社会劳动进行充分合理的分配运用；其次是要尽可能用更短的社会劳动时间，即更少的劳动带来更大的价值。实现资源配置的方式主要有两种，一种是市场，另一种则是计划。市场和计划都是实现资源有效配置的手段，曼昆的十大经济学原理中有一条便是：市场通常是一种好的组织经济活动的方式。在商品经济条件下，商品的价值量由社会必要劳动时间决定，商品实行等价交换——价值规律。因此资源配置实际上是在价值规律下进行的，这与资源配置依赖市场经济分配方式不谋而合。此时资源成为市场上的商品，通过价格机制引导资源走向，在市场竞争中实现资源的有效配置。有效的市场通过"看不见的手"对各主体和资源进行引导，最终达到帕累托最优：指在不损害其他经济主体福利的情况下，便无法提高一个人的福利，从而达到社会资源配置的理想状态。然而市场也有天然的缺陷，市场会失灵，资本是逐利的，当市场还不够完善成熟时（事实证明目前的市场并非是完全有效的市场），容易出现盲目性，导致资源在一段时间内过度流向某一领域，甚至可能放弃长远的利益考虑而只顾短期的效益，导致市场秩序的混乱②。

---

① 亚当·斯密. 国富论 ［M］. 北京：商务印书馆，2019.
② 魏杰，韩志国，洪银兴. 论资源的有效配置与经济调节 ［J］. 学术月刊，1987（9）：18 – 22.

另一种分配方式便是计划方式，纯粹的计划方式在苏联以及中国早些年比较常见，国家对于各种资源的使用走向进行把控，通过政府这只"有形的手"发布行政指令将资源调配到各个领域。正如曼昆在十大经济原理中的另一条：政府有时可以改善市场结果。前面提到的非有效市场下导致的市场混乱是原因之一，同时帕累托最优还引出了效率与公平这一对矛盾关系。帕累托虽然是资源分配的理想状态，但如果在这一理想状态下部分经济主体因此而无法生存时，也可能带来社会的混乱。而政府这只"有形的手"的介入，能够有效缓解效率与公平带来的问题。然而纯粹的计划方式也有不足之处，虽然这样可能有利于初始阶段经济的快速发展，但从长远来看，部分资源可能会被长期占有却不能带来较高的效益，资源的不合理配置导致浪费和短缺并重，资源配置效率低下。

我国的改革是以市场导向的，特别是党的十四大确定了建立社会主义市场经济体制的目标，提出要使市场对资源配置起基础性作用，此后我国市场化改革取得了很大进展，社会主义市场经济体系基本确立并不断完善。党的十八届三中全会提出使市场在资源配置中起决定性作用，进一步明确了我国社会主义市场经济体制改革的方向和重点。在市场经济中，通过市场规则保障公平竞争，市场价格提供资源配置的正确信号和激励机制，而市场竞争则促进优胜劣汰、转型升级。市场在资源配置的这些决定性作用，是其他机制所无法替代的。[1]

计划和市场都是资源配置的手段，任何单独一种手段多少都会存在各种问题和不足，在不同国家和不同发展阶段，以及不同的经济制度对经济体制都有不同的要求，所以，在强调市场决定性作用的同时，也要更好地发挥政府的作用。问题的关键是如何正确理解政府的作用。概括地说，政府在市场经济中的作用主要表现在保护产权、保障公平竞争、提供公共服务、加强社会治理、促进可持续发展和宏观调控等方面。政府发挥这些作用是为市场更好地发挥作用创造环境、提供服务，而不是替代市场的作用。[2]

从资源配置效率的角度来看，政府在经济结构转型过程中，最重要的任务是在关注市场失灵的同时，致力于营造良好的市场竞争环境，让资源能够在企业间、产业间、区域间自由流动，让市场在资源配置中发挥决定性作用。这样，就能够实现由于资源配置效率改善带来的整体生产率水平提高。[3]

---

① 刘世锦. 把市场在资源配置中的决定性作用落到实处 [J]. 经济研究，2014 (1)：11－14.

② 李建平. 认识和掌握社会主义市场经济三个层次的规律 [J]. 经济研究，2016 (3)：30－32.

③ 李艳，杨汝岱. 地方国企依赖、资源配置效率改善与供给侧改革 [J]. 经济研究，2018 (2)：80－94.

二、效率学说发展

资源配置效率一直是经济学研究的核心问题，资源配置效率是指在一定的技术水平条件下各投入要素在各生产主体的分配所产生的效益。宏观资源配置效率是通过整个社会的经济制度安排实现的，微观资源配置效率是通过生产单位内部生产管理和提高生产技术实现的。资源配置效率也可谓经济效率，是指对稀缺资源的使用量与使用所带来的收益量之间的对比关系。简单地说，就是成本与收益或效用的比例，它不直接涉及"资源由谁使用"和"收益由谁获取"的问题，即本身不包含资源量及其收益在不同主体之间分配问题。从这个意义上说，资源配置效率是一种技术关系——投入与产出的关系①。

第二次世界大战以后，世界经济开始复苏和发展，对经济运行进行统计分析的需求日益增加，理查德·斯通（Richard Stone）等人撰写了关于国民收入和相关总量的研究报告，以此作为联合国发布国民经济账户体系（SNA）的雏形。此后国民经济账户体系（SNA）不断发展和完善，不但使各国经济统计有了统一的标准和方法，而且为研究部门和行业经济效率提供了客观指标数据，特别是行业间投入产出分析，反映了各部门的经济效率。1951 年美国经济学家 T. C. 库普曼斯将线性规划学科首次引入了经济学中，并提出了用线性规划的方法来解决计算资源配置效率方面的问题，为研究资源配置效率奠定了基础。

近年来，越来越多的学者开始研究资源配置对全要素生产率的影响，大多认为发展中国家的要素市场不够发达、行政干预较多等导致其资源配置效率不高，妨碍了全要素生产率的提高。②③④

巴纳吉（Banerjee）和摩尔（Moll）对资源配置不当进行分类，认为若在位企业边际产出不相等，那么通过在位企业间的资源重新配置可以提高总产出，这意味着此时存在狭义资源配置不当；若可以通过将在位企业的资本重新配置给其他潜在的生产者来提高经济的总产出，那么此时存在广义的资源配置不当。皮特

---

① 黄少安. 资源配置效率标准的多元性与一致性原理——兼论帕累托效率标准［J］. 经济评论，1995（3）：45－51.

② Restuccia, D. , Rogerson R. Policy Distortions and Aggregate Productivity with Heterogeneous Establishments［J］. Review of Economic Dynamics，2008，11（4）：707－720.

③ Hsieh, C. T. , Klenow P. Misallocation and Manufacturing TFP in China and India［J］. Quarterly Journal of Economics，2009，124（4）：1403－1448.

④ Peter Klenow，Huiyu Li，Albert Bollard. Entry Costs Rise with Development［J］. Meeting Papers 471，Society for Economic Dynamics，2013.

（Peters）认为资源配置不当会改变企业的研发行为和进入决策从而影响经济增长，基于微观数据的实证分析表明资源配置不当所造成的动态效率损失是静态时的 4 倍之多。① 霍彭哈恩（Hopenhayn）同样将要素市场扭曲同企业进入退出行为联系起来，揭示了要素市场扭曲通过广义资源配置不当对长期经济增长产生影响。②

国内很早开展了这方面研究，取得了不少研究成果。李凤梧和荆林波认为资源配置效率包括两方面含义，即资源的充分利用和资源的最优组合。资源的充分利用是指各种资源一同达到其最大边界，而不是为了一方面造成另一资源大量闲置，资源的最优组合指各种资源以最优方式形成组合，两方面是联系的不是独立的，一方面没有达到时只谈另一方面是没有意义的③。黄少安认为资源配置效率从不同角度可以分为多个层次，从经济主体范围划分可分为微观效率和宏观效率，按照时间来划分可分为长期效率和短期效率或静态效率和动态效率。资源配置效率虽然可以定量计算出来，但是对其评判依然包括了价值判断，这种价值判断体现在两个方面：首先就是投入资源后带来的结果是什么，这种结果有好有坏，可能会满足经济主体的需求，也可能为经济主体带来一定困扰，这是对资源配置效率评价的基础。其次，资源配置效率的高低本身便是一种判断，事实上这种价值判断也有一定主观的色彩，同一种资源配置方式，带来同一种结果，对于不同的经济主体来说效用是不同的，有人会觉得好，有人则会持有相反意见④。王国平认为经济制度结构会从三个方面对资源配置效率造成影响：一是对经济总量造成影响，进而导致经济周期性波动；二是作用于经济运行机制；三是对企业的交易管理问题造成影响⑤。

随着我国全面建设社会主义市场经济，对资源配置中市场的研究也日益增加，高国顺借鉴了冯·哈耶克经济自由主义的思想，认为要想使资源配置效率达到较高的水平，需要赋予个人充分的经济自由，也有助于形成良好的市场经济秩

---

① Peters，M. Heterogeneous Mark—ups，Growth and Endogenous Misallocation ［J］. Working Paper，2013.

② Hopenhayn，H. A. Firms，Misallocation，and Aggregate Productivity：A Review ［J］. Annual Review of Economics，2014（6）：735 – 770.

③ 李凤梧，荆林波. 资源配置效率与资源配置模式的转变 ［J］. 山西财经学院学报，1988（4）：26 – 29.

④ 黄少安. 资源配置效率标准的多元性与一致性原理——兼论帕累托效率标准 ［J］. 经济评论，1995（3）：45 – 51.

⑤ 王国平. 资源配置效率与经济制度结构 ［J］. 学术月刊，2001（2）：46 – 51.

序①。郑建平认为利率市场化进程能够促进资源配置效率的提升②。方军熊研究发现，随着市场化进程的深入，我国资本配置的效率有所改善。③ 游家兴借鉴了乌尔格（Wurlger）的资源配置效率估算模型，得出了有效的市场能够提升资源配置效率这一结论④。郭凌晨认为资源配置效率只是对于资源使用状况的评价，不同经济主体对其的评判标准也不同。由于受很多因素的影响，单纯从其数值的高低作为经济指标进行评判是不行的，传统的福利经济学中将资源配置效率作为福利最大化的标准是不够的，仍需要加入相应的价值判断⑤。龚关和胡关亮、邵宜航等主要考察了使在位企业边际产出相同时全要素生产率的改进空间，即狭义的要素配置不当。⑥⑦ 李青原研究发现：资本账户开放显著提升了资源配置效率，资本账户开放通过缓解融资约束、改善信息环境，以及促进竞争和研发等途径促进资源配置效率提升。异质性检验发现，在增长机会更相近、法律规则更完善，以及金融监管更为严格的国家，资本账户开放会引致资源配置效率更大程度的改善。⑧

由于市场体系不完善，导致价格扭曲从而使得资源错配，主要包括资本市场扭曲、劳动力市场扭曲以及外部影响，如政策扭曲、投入品质量差异或者产品需求面差异等。曹亚军研究发现要素市场扭曲显著提高了企业加成率分布的泰尔指数，不利于中国要素资源的合理配置，并且上述影响在长期更为显著。⑨ 刘汶荣研究发现，劳动和资本要素市场扭曲显著影响中国制造企业的高质量发展，降低了制造企业的要素资源配置效率。⑩ 王雅琦等研究发现，最终品生产企业的中间品进口比例会随地区要素市场扭曲度提高而增加，本币升值对位于高要素市场扭

---

① 高国顺. 经济自由与资源配置效率——兼评冯·哈耶克经济自由主义思想 [J]. 湖北大学学报（哲学社会科学版），2001（2）：29－36.

② 郑建平. 利率市场化与我国资源配置效率分析 [J]. 学海，2003（3）：71－76.

③ 方军雄. 市场化进程与资本配置效率的改善 [J]. 经济研究，2006（5）：50－61.

④ 游家兴. 市场信息效率的提高会改善资源配置效率吗？——基于 R^2 的研究视角 [J]. 数量经济技术经济研究，2008（2）：110－121.

⑤ 郭凌晨. 对以资源配置效率为核心的福利研究的反思 [J]. 生产力研究，2009（23）：26－28.

⑥ 龚关，胡关亮. 中国制造业资源配置效率与全要素生产率 [J]. 经济研究，2013（4）.

⑦ 邵宜航，步晓宁，张天华. 资源配置扭曲与中国工业全要素生产率——基于工业企业数据库再测算 [J]. 中国工业经济，2013（12）.

⑧ 李青原，吴滋润. 资本账户开放与资源配置效率——来自跨国样本的经验证据 [J]. 中国工业经济，2022（8）：82－98.

⑨ 曹亚军. 要素市场扭曲如何影响了资源配置效率：企业加成率分布的视角 [J]. 南开经济研究，2019（6）：18－36，222.

⑩ 刘汶荣. 要素市场扭曲对制造业高质量发展的影响 [J]. 经济问题，2021（9）：74－82.

曲度地区（高中间品进口比例）的企业更有利。① 盖庆恩等从广义视角研究了要素市场扭曲对全要素生产率的影响，强调要素市场扭曲不仅通过影响在位企业的资源配置效率直接降低全要素生产率，而且会通过垄断势力改变企业的进入退出行为间接降低全要素生产率。②

三、资源配置效率评价

1. 资源配置效率评价方法

资源的种类很多，有自然资源、人力资源、资本以及新型的一些科技资源，数字经济时代，数据也成为一种最有活力的生产要素，等等。不同资源的配置和使用，是生产和消费行为决策所关注的焦点，资源配置效率的高低，也成为决策的依据，需要采取科学的方法进行测算。基于客观统计数据和数学模型，人们提出不同的方法来测算资源配置效率。1951 年美国经济学家 T. C. 库普曼斯将线性规划学科首次引入了经济学中，并提出了用线性规划的方法来解决计算资源配置效率方面的问题。赛尔昆提出了部门结构分析法，在全要素生产率增长率的框架内，提出了总的资源配置公式。③ 谢长泰（Hsieh）和克莱诺（Klenow）④ 对资源配置效率与全要素生产率（total factor productivity，TFP）的关系进行了研究，建立起要素配置扭曲同全要素生产率间的关系，提出可以使用全要素生产率的离散程度来衡量资源配置效率。

钱志坚认为线性规划即用最优的配置方式对资源进行配置，以达到最优效果，产生最大的经济效益⑤。郑秉文认为对于资源配置效率公认的评价标准——帕累托最优在实现上是有难度的，主要原因有以下几点：一是完全计划情况，即政府对于市场所有的商品都规定一个明确且合理的定价，同时市场上还存在着完全竞争，这种情况过于极端理想化，现实中难以达到；二是完全集中调节，即寻找到一组物价指数使得市场上任意商品达到供需平衡的市场出

① 王雅琦，卢冰，洪圣杰. 汇率变动、要素市场扭曲与企业绩效［J］. 中国工业经济，2021（12）：127－145.

② 盖庆恩，朱喜，程名望，等. 要素市场扭曲、垄断势力与全要素生产率［J］. 经济研究，2015，50（5）：61－75.

③ Syrquin，M. Resource Reallocation and Productivity Growth［J］. Economic Structure and Performance，1984：75－101.

④ Hsieh，C. T. Klenow P. Misallocation and Manufacturing TFP in China and India［J］. Quarterly Journal of Economics，2009，124（4）：1403－1448.

⑤ 钱志坚. 线性规划的基本原理及其应用［J］. 外国经济参考资料，1979（11）：25－28.

清状态，在现实中要实现也是有难度的；三是庇古提出的完全歧视性垄断价格制度，在现实中也是很难达到的；最后便是西方经济学提倡的完全竞争市场，但是完全自由竞争的市场是不存在的，而且还会出现市场失灵的状态，需要政府的干预①。

周宏通过建立数学模型分析，认为在资源配置中，尤其是创新技术资源的配置中，政府存在一定的主观性，容易造成资源配置效率低下，但同时仅仅依靠市场主体也会存在诸多问题，因而政府和市场应当一同进行资源配置，有助于提高资源配置效率②。丁从明和陈仲常借鉴了凯恩斯主义理论，经过构建计量模型进行实证分析，认为稳定的价格波动能通过创造一个稳定的宏观经济环境来促进资源配置效率的提高③。

理查森建立计量模型，先估计企业本年的合理投资水平，然后计算过度投资来衡量企业投资效率。④ 在劳动力配置效率方面，曾庆生和陈信元也是建立计量模型，估计超额雇员，研究发现国家控股公司比非国家控股公司雇用了更多的员工，超额雇员和高工资率共同导致国家控股公司承担了比非国家控股公司更高的劳动力成本。⑤

2. 最优资源配置效率

判断资源配置效率高低需要一定的依据，才使得不同情境下对资源的配置和使用效率具有可比性，作为提升资源配置效率的参考。虽然关于资源配置效率高低有不同的观点，但帕累托最优是西方经济学中公认的资源配置最优效率，它是指资源分配的一种理想状态，即除非以牺牲其他人的福利为代价，没有任何其他资源分配的方法来使整体状态提升，这样的状态就是帕累托最优。结合众多理论和研究观点，对资源配置效率评价分析达成了一些共识：一是提高资源配置效率，需要尽量地减少资源的使用，即产出不变的情况下减少投入，尤其是对于稀缺资源来说，能够减少使用量意味着资源有更长的使用年限，资源配置更有效率。二是投入同样数量的资源能够得到更高的效益，即一定的投入得到更高的产出，这可以认为是相对的评价标准，毕竟每一个行业或每一家企业经营范围不一

① 郑秉文. 帕累托最优的实现途径及其困难 [J]. 辽宁大学学报（哲学社会科学版），1992（6）：59 - 62.

② 周宏. 市场结构与创新资源配置 [J]. 数量经济技术经济研究，1993（1）：29 - 35.

③ 丁从明，陈仲常. 价格波动与资源配置效率研究 [J]. 统计研究，2010，27（6）：22 - 28.

④ Richardson S. Over-investment of Free Cash Flow [J]. Review of Accounting Studies，2006，11（2 - 3）：159 - 189.

⑤ 曾庆生，陈信元. 国家控股、超额雇员与劳动力成本 [J]. 经济研究，2006（5）：74 - 86.

样，生产的产品价值也不一样，如果单从绝对总量来评价效率的高低有失公平，而相对评价标准具有可比性。三是仅从投入产出比较来评价是不够的，还要考虑政策导向，比如当前国家想要大力发展的行业方向，或是针对当前发展存在的问题，如环境和经济发展的问题，就不能单纯考虑投入产出效率。西方国家两次工业革命后，经济飞速发展但带来资源逐渐匮乏，加之长期以来对于自然环境的破坏，最终会影响到经济的发展，甚至会倒逼经济倒退，因而对于环境治理以及绿色环保和新能源发展等行业就显得更为重视，这些行业发展需要得到更多资源投入和倾斜，虽然在初始阶段可能带来的回报并不是很高，短期内资源配置效率上可能会比较低，但从长期来看有利于可持续发展，更加有利于长远的资源配置效率。

3. 资源配置效率评价标准的多元化

虽然资源配置效率可以用定量方法评价，但是对不同微观个体或者不同类别的资源而言，需要考虑不同的因素，最优资源配置效率并没有统一的最佳标准，而资源配置效率高低的评价标准之所以存在多元化的特性，主要是由于以下几个差异造成的：

（1）需求的差异。恩格斯将需求分为三个层次：生存的需要、发展的需要以及享受的需要。满足这三种需求的难易程度不同，每个人或者群体处于不同的发展阶段，对需求的满足程度不同。不同人的效用函数是不同的，因而如果将个人满足自己需求时所达到的最优资源配置效率进行加总，得到的整体资源配置效率对于整个社会来说未必是最优的结果，因此个人和社会整体之间存在不一致性。

（2）经济形式的差异。经济形式分为自然经济、市场经济以及产品经济。自然经济的调节方式是自然调节和人的需要的调节相结合，在这种经济形式下，人们自给自足程度较高，资源配置效率相对较高。市场经济是通过市场价格信号传导，调节商品的生产和消费，市场主体的利益计算更加精确，由于每个人的需求差异较大，因而资源配置效率评价标准呈现多元化，没有一个较为统一的标准。产品经济即马克思、恩格斯提出的共产主义经济，产品按需分配情况下个体需求都得到极大满足，此时虽然个体需求仍然存在差异，但资源配置效率评价标准能够较好地统一起来。

（3）生产资料所有制差异。在公有制下，资源配置效率是从全社会整体利益角度分析的，而在私有制下，最先考虑的是个体的利益，特别是资本主义国家，为了资本的利益，可以牺牲劳动者的利益以及整个社会的利益，因而公有制和私有制两种制度下对资源配置效率的评价会存在很大差异。

（4）文化传统和习俗的差异。不同国家和民族都有着各自的宗教信仰或者文化信仰，社会行为的评价标准不同，在一些资源的使用上有着不同的观点，同一种资源在这个民族中可能会大量使用，但在另外一个民族中可能会被供奉起来不准使用，这会影响生产和消费行为，使得不同主体对资源配置效率的评价标准产生分歧。

（5）经济学理论的差异。经济学是一门复杂且多元的学科，不同理论学派以及个体学者使用不同理论基础和研究方法，从不同的经济主体和利益倾向出发，对资源配置效率的看法当然不同。同时经济学以及整个社会是不断发展的，因而理论及方法会不断推陈出新，因而对资源配置效率的评价标准也就会不断变化①。

第二节　环境治理绩效的逻辑基础

一、环境的市场外部性问题

外部性作为经济学范畴，又称外部经济，源于 1980 年马歇尔的《经济学原理》一书，虽然直到现在仍然没有一个非常明确权威的定义，而且不同经济学家对其有不同的解释，但大多认为外部性是指经济主体的行为对其他主体造成影响，使其获得了收益或造成了损害，而这些其他主体没有完全赞同直接或间接导致该事件的行为。外部经济又分为外部经济（正向）和外部不经济（负向），从资源配置效率角度来看，外部性问题其实是一种资源配置错位，甚至效率低下的表现。

外部性问题有很多种，其中环境的外部性问题最具有代表性，主要表现在企业生产过程中排放污染物对环境造成损害，但没有承担相应的责任，而是由整个社会来承担环境污染带来的损失。环境的负外部性问题主要包括一些有毒有害气体及粉尘等大气污染、固体废弃物导致的土地污染、工业废水和生活垃圾导致水资源的污染等。

环境具有公共属性，而个体企业生产的外部性对环境造成损害，从经济学理

---

① 黄少安. 资源配置效率标准的多元性与一致性原理——兼论帕累托效率标准 [J]. 经济评论，1995（3）：45 – 51.

论来看，具有以下几个方面的原因。

1. 公地悲剧

诺贝尔经济学奖获得者哈丁提出的公地悲剧理论认为，近乎所有的环境资源其实都属于公共资源。公共资源的使用往往存在着"搭便车"行为，经济个体并不需要付出成本就可以免费地使用公共资源。资本是逐利的，为了实现利益最大化，每个主体都希望尽可能多地占用公共资源，因而造成公共资源无法得到有效的配置以获取更高的收益，最终公共资源会被破坏甚至会枯竭。比如人类赖以生存的空气，无论空气质量的好坏，没有人会为空气付费，因此，当企业排放废气造成空气污染时，没有为此额外付出成本。

2. 技术水平低下

生产生活中不可避免地会产生一些废气、废水及垃圾，且产生这些废物数量的多少会和生产效率的高低呈一定负相关关系，生产效率的高低又会和技术水平相关。当技术水平较低时，对于资源的使用率以及生产废物的过滤净化率会偏低，进而造成更大的环境污染，即环境的负外部性。

3. 囚徒困境

囚徒困境是博弈论中的一个例子，许多经济学家认为环境的外部性问题根源于囚徒困境这一博弈问题。尽管节约资源、保护环境是每一个人应尽的责任义务，但是在个人利益和社会利益面前，仍然会选择优先满足个人利益，而忽视或者损害社会整体利益，最终导致环境资源配置效率低下，造成负外部性。

4. 市场失灵及政府管控不力

按照经济学原理，帕累托最优实现的前提条件之一便是市场有效，当市场失灵时就会出现市场无效，存在外部性问题。大多数环境和资源是没有一个有效市场进行交易的，如空气、森林、海洋等，没有一个明确的价格，也没有一个有效的市场。政府对于经济主体破坏环境的惩罚力度不够，尽管很多经济主体都会上缴一定比例的环境税收，但是税收太低或者征收力度不足以弥补对环境造成的损害，甚至一些企业为了弥补环境税收增加的成本，会加重对环境的破坏。

5. 经济发展水平

其实经济发展水平和环境问题是互相影响的，处于不同发展阶段，政府、企业和社会对环境问题的认识也不尽相同，采用不同的措施。例如一些较贫困的地区，主要从事的还是第一产业和第二产业，这就免不了出现滥用环境资源的现象，一些工厂还会因为缺乏资金等原因，只能从事一些重污染的制造业，会进一步加重对环境的破坏①。只有当经济发展到较高水平以后，人民生活水平提高，对生态环境的要求随之提高，倒逼企业加大环境污染治理力度，而企业也有能力承担环境保护带来的成本压力。

二、环境治理的途径和工具

环境治理途径与治理工具是相辅相成的，不同的治理途径运用的工具不同，一般可将治理工具分为三种：直接管制工具、市场激励型工具以及鼓励公众参与。借鉴现有研究，本书将环境治理途径分为以下几个方面②③。

1. 政府管制

政府管制是指政府针对当下环境问题，提出相应的环境治理规划，出台相关政策，对整个环境治理工作进行直接管控的方法。主要是直接出台措施对企业或个人的行为进行规范限制，例如对于一定期间内排放污染物规模的限制、对排放污染物种类的限制、对于资源使用的限制、对于污染物处理的方法等，这里使用的各种治理工具便属于直接管制工具。通过政府管制的途径进行环境治理工作具有强制性、规范性、较强针对性等特点，能够对企业生产和居民生活的各种行为产生直接效应，往往短时间内能取得良好的效果。但政府管制在环境治理过程中也存在着诸多问题，首先便是行政成本问题，政府在实施各类政策和措施的过程中，需要大量的人力物力进行管控，也需要大量的财政成本，长期来看容易造成资源配置效率下降情况。其次，仅依靠政府管制还会出现信息不对称情况，政府获取的信息相对滞后，获取信息成本较高，容易导致政府失灵，从而影响到整个环境治理工作。最后，政府管制措施需要行政人员来执行，而执行效率的高低受到各种因素影响，特别是政府人员行政能力和个人素质有很大差别，治理工作难免带有主观性，执行过程难免偏颇。

2. 法律规范

法律规范是指由国家根据环境治理需要颁布的相应法律法规体系，设定环境标准，对企业和个人的环境行为进行规范，对违反法律规定者进行处罚。法律可以说是环境治理过程中的一个底层依靠，将环境治理工作纳入法律体系中使治理

---

①　李寿德，柯大钢．环境外部性起源理论研究述评 [J]．经济理论与经济管理，2000 (5)：63－66.

②　曾光辉．不同导向下的环境治理途径评析 [J]．长春工程学院学报（社会科学版），2006 (3)：30－33.

③　杨洪刚．中国环境政策工具的实施效果及其选择研究 [D]．上海：复旦大学，2009.

工作更具约束力和规范性，也直接将环境治理变为了经济主体应尽的责任与义务，也加大了损害环境的成本。法律规范作为直接管制类工具，具有强制性和约束性，但执行标准可能不够科学精确、灵活，具有滞后性，不能适应快速变化的形势，需要和其他治理工作结合起来运用。

3. 市场机制

市场机制手段是把市场失灵导致的环境外部性，通过各种途径变成企业内部成本，从而影响价格信号来改变企业环境行为的决策，达到企业自愿节约资源、减少污染排放的目的。市场机制手段主要包括征收庇古税和排污权交易两类，每一类都可以衍生出不同的具体政策。庇古税是指根据污染的程度对造成污染者征收一定税收，用税负来弥补个体成本及社会成本之间的差距。按照新古典经济学的观点，环境的负外部问题主要是资源配置效率不高时，个体边际成本小于社会边际成本造成的，因而其主要思想则是"谁造成了污染，谁为此埋单"。相比较政府通过行政手段直接管制的方法，庇古税体现了公平性，由污染者付出相应代价，体现了权责对等，而且能够激励污染者更加注重环境保护工作。排污权交易制度是由科斯提出的，他认为由于环境资源产权的不确定性造成了环境的负外部性问题，因而提出根据环境状况的不同确定一定规模的排污许可给经济主体，经济主体可以在许可范围内合法排污。如果排污许可和实际排污需求有差异，可以在市场上进行交易，这就给经济主体带来很大的减排积极性，因为减少排污后产生的许可盈余可以通过交易获得额外收益，无疑会增强各经济主体尽力减少排污的主动性。

这两种都属于市场激励型工具，但也都有缺陷。征收庇古税实际上还会有政府的管控，包括税率的确定、税收的监管等，政府失灵的情况仍然会出现。对于环境资源产权的确定有一些难度，例如海洋、大气等事实上属于公共资源，很难界定产权，而且排污权的配额大小也不易确定。对于一些相对垄断的企业来说，无论是庇古税还是产权费用，完全有能力将其转嫁给消费者，这时约束和激励企业的环保政策就失去了效果。

4. 公众参与

无论是政府管制还是市场机制的环境政策，归根到底要看政策实施效果，关键是经济主体能否很好地执行环境政策，不管是主动还是被动，需要相应主体承担其环境责任，因而让公众参与环境治理是一个较为有效的途径，可以在很大程度上弥补政府失灵与市场失灵现象。一是通过宣传环境保护工作的重要性以及环保方法，激励和引导公众在日常生活、生产工作中采取环保方式，提高环保意识，养成绿色生活习惯。二是社会公众环保意识增强，增加对绿色产品的需求，也会倒逼企业采取绿色技术生产，满足公众的需要，而且通过公众的监督，可以约束企业切实履行环保责任，弥补政府监管不到位等问题。

三、环境治理的经验和教训

1. 环境治理与经济发展双赢

西方国家在工业化时期为了发展经济，大量消耗资源能源，排放大量污染物，忽略了环境治理，致使出现了严重的环境问题。如今世界各国都意识到了环境治理的重要性，但面临经济发展和环境约束的冲突，部分国家和地区仍然只顾经济发展而牺牲环境治理，采取先污染再治理的发展路径，留下来环境污染的隐患。为了人类的可持续发展和永续发展，环境治理和经济发展应该是互相促进关系而非对立关系，环境治理应当注重可持续发展战略，通过发展循环经济、绿色经济和低碳经济，坚持资源的循环利用，减少或避免污染排放，可以实现既享受环境治理带来的好处，又能推动经济健康高质量发展①。

2. 政府管控和市场调节并用

众多理论和实践证明，政府管控和市场调节都是环境治理的有效途径，但都存在各自的缺点。大多数环境资源属于公共资源，有效市场缺乏和产权结构不清晰的特点意味着环境治理必定需要政府的行政干预，当然市场调节机制比政府管控措施更加注重公平和效率。因此将这两种治理途径做有效的结合，一同进行环境治理，才能发挥优势，避其缺点②。

3. 注重公众参与

环境治理的最终目的也是满足可持续发展和公众对美好环境的需要，环境治理和环境保护的协调能够让人民生活更加幸福。任何环境治理手段最后执行者还是要依靠公众，如果没有公众支持，仅仅依靠政策对公众进行约束规定，还是难以达到目标。只有公众整体提高了环保意识，将绿色生活、保护环境视为正常行为，环境政策便会得到公众支持，企业和个人的生产生活中都会自然而然考虑到环境问题，环境政策实施起来就会异常顺利，因而要提高公众参与环境治理工作的积极性和便利性。

---

① 姜爱林，钟京涛，张志辉. 美、德、日等国城市环境治理若干措施及其经验［J］. 兰州商学院学报，2008（4）：28 - 35.

② 石峰可. 近代英国环境治理的主要教训及其对我国生态文明建设的启示［J］. 湖北经济学院学报（人文社会科学版），2020，17（1）：18 - 20.

4. 注重科技投入

科学技术是经济发展的第一动力，也是生态环境保护的核心手段，要实现经济发展和生态环境改善，必须依靠科技创新。在环境治理中加大科技投入能够促进科技创新，提高资源能源利用效率，减少污染排放，有利于提高环境治理效果，改善环境治理结构等。将科学技术融入环境治理可以使环境治理工作变得更加简易，起到事半功倍的效果①。

5. 加强国际合作

环境问题已然成为世界性问题，国际公共问题就应当由各国共同努力，在技术、资金、监管、政策等方面加强合作，在这个全球化发展的时代，仅靠自身努力是不够的。② 加强环境治理的国际合作能够分享成功经验，带来新的治理思路，避免各种弯路，同时还能集各国之力共同促进新技术的研发和运用，共同提升环境治理水平。中国经济长期高速发展，也面临着较为严峻的环境问题，在长期环境治理中积累了丰富的经验，但相较于发达国家长期在经济发展和环境治理中形成的经验，中国在很多方面仍需向其他国家学习，同时也可以与世界各国分享环境治理的中国经验。

第三节　环境治理绩效内涵和影响因素

一、环境治理绩效内涵

效率是经济学的基本概念之一，指要素投入转化为产出的有效程度。如果经济运行达到一种有效的状态，投入产出的配置就是最优的，即投入一定的情况下产出最大化，或者产出一定的情况下投入最小化。一般而言，总经济效率包括技术效率和配置效率两个方面，其中技术效率是指一定投入下产出最大化或在一定产出下投入最小化的能力，即对资源进行最优配置和利用的能力。配置效率是指在一定的价格和生产技术条件下，对投入或产出进行优化的能力。由于现有统计体系难以估算出全部投入要素的精确价格，特别是各种资本的价格无法确定，导

---

① 王友明. 巴西环境治理模式及对中国的启示 [J]. 当代世界，2014（9）：58 - 61.

② 陈嘉龙. 从"环境威权主义"到"环境民主"：新加坡生态环境建设经验探究 [D]. 武汉：华中师范大学，2018.

致无法计算配置效率。因此，现有研究中一般把技术效率当作生产效率，即在给定的投入要素水平下，生产单位的实际产出与最大可能产出的比值。戴维斯在他的《生产率核算》一书中首次提出了"全要素生产率"概念，是指在考虑资本、劳动力、水、土地、能源等投入因素的前提下，将投入因素转化为产出因素的效率，反映了经济发展的质量、管理能力和效率。全要素生产率的增长是指在消除资本、劳动力等投入因素的作用后，所有其他因素所带来的产出增长率，一般是由于技术进步和技术效率提高带来的影响。

随着经济发展过程中环境问题日益突出，测算经济效率也需要把资源消耗和污染排放等因素考虑进来，使效率测算更为全面，因此学界相继提出了环境效率、绿色效率、环境绩效等概念。环境效率是测度经济效率的时候，将投入的各种能源与排放的环境污染物同时纳入，得到的效率值可以用来反映经济与环境的协调发展水平。[①]

环境治理绩效，也有环境管理绩效、环境规制绩效等相关概念，是通过各种手段、政策解决治理环境问题所达到的成效结果，以及整个治理过程的效率高低。从环境治理过程来看，环境治理绩效不能完全等同于环境效率，更应该突出"治理"，也就是说环境绩效的内涵和测度更应该考虑环境治理的过程，突出政府和企业等环境主体在环境治理过程中的行为因素，突出政策实施过程和各种环境治理举措的成效，而且能够对不同主体在环境治理过程中产生的作用有所区分。

从环境治理的结果来看，环境治理绩效反映的就是环境绩效，即涵盖资源能源消耗和环境污染的总体经济效率。从这个广义角度来看，环境治理绩效就是环境效率或者绿色效率。从环境类型来看，又可以细分到水环境绩效、大气环境绩效、土地环境绩效等。从行业来看，可以分为农业环境绩效、工业环境绩效和服务业环境绩效，甚至更详细的细分领域。从层次来看，又可以分为国家环境绩效、区域环境绩效、城市环境绩效、企业环境绩效和农村环境绩效等。这些分类，都是研究对象的细化，没有本质上的区别。

二、环境治理绩效的影响因素

1. 环境规制

环境规制是影响环境治理绩效的重要因素，特别是政府的环境监管能力和环境规制强度，是影响环境治理绩效的关键所在。政府通过制度性的压力对环境监

---

① 丁庆燊. 中国区域环境治理绩效的统计测度及空间特征［D］. 大连：东北财经大学，2019.

管组织和环境治理中的利益相关人提供激励和惩罚，这种制度性的压力主要包括制定环境相关的法律、法规、政策、规定等方面。① 对于环境治理这类典型的基本公共服务，各国政府普遍采用基于环境分权的制度设计来实施环境管理工作，一般中央政府做好顶层设计，通过制定环境保护法规和政策，并把环境责任和目标转移给地方政府，地方政府实际承担了大部分环境政策法规的执行以及环境污染的监察监测等具体事务，地方政府的环保机构成为环保事务主要力量。环境分权是政府实行环境公共治理的一项重要制度安排，从各国管理实践来看，环境保护职责主要通过行政科层制在各级政府之间实现合理配置，环境集权类国家表现出更好的环境质量，财政分权有助于提高环境治理绩效，但随着政府层级数量的增加则显著弱化环境分权治理的执行效果。②

2. 经济发展水平

环境库兹涅茨曲线反映变量之间的非线性倒"U"形关系，被广泛用于分析环境与经济之间的关系。众多研究提到经济发展水平会影响到环境治理绩效，并构建了相关的计量模型对两者间的关系进行分析。根据环境治理中的"U"形曲线，经济发展水平和环境治理绩效的关系分为两个阶段，首先在经济发展初期，对于经济发展的偏好要高于环境治理，这一阶段由于致力于经济快速发展，环境治理能力和效果不太明显，环境治理绩效会随着经济发展水平提高而下降。当经济发展到一定的水平时，社会对环境质量提出更高的要求，环境治理的偏好要高于经济发展，也更加注重环境治理水平的提升，在确保经济保持稳定增长的同时，由于技术水平提升和环境治理经验更加丰富，环境治理绩效会随着经济发展水平而提升，呈正相关关系。

3. 产业结构

默蒂等在探究印度环境治理状况时提出采取热力发电的方式会增加环境治理成本③，有学者提出二、三产业在经济总量中的比重会对环境治理绩效产生影响。国内也有诸多学者对第二产业比重对环境治理绩效影响做了模型分析，认为第二产业的规模与环境治理绩效呈负相关关系④。众所周知第二产业包括工业和建筑

---

① 龙文滨，李四海，宋献中．环保规制与中小企业环境表现——基于我国中小板与创业板上市公司的经验研究［J］．公共行政评论，2015（6）：25－58.

② 盛巧燕，周勤．环境分权、政府层级与治理绩效［J］．南京社会科学，2017（4）：20－26.

③ Murty，M. N. et al. Measuring Environmental Efficiency of Industry：A Case Study of Thermal Power Generation in India［J］．Environmental Resource Economy，2007（38）：31－50.

④ Feng Wu Cui，Biao Gao. Analysis on Gray Correlation between Environmental Pollution Level and Influence Factors in Jilin Province［J］．Advanced Materials Research，2014，3246（962）.

业，工业中冶炼和制造业等是资源能源消耗的主要领域，工业生产过程中产生大量的工业废料、废水、废气，带来了诸多的环境问题。而第三产业发展过程中，污染排放则小得多，对环境的影响远不如第二产业。所以，一国或者一个地区中工业占比过高，最容易产生环境污染问题，也是影响环境治理绩效的重要因素，因为在重工业占比过高，或者污染密集型产业比重过高的情况下，环境治理的难度更大，环境治理绩效就难以得到提升。

4. 科技水平

科学技术是经济发展的第一动力，也是产业转型升级和经济高质量发展的核心要素。要保持经济增长过程中有效治理环境污染，根本途径还在于科技进步。发展的问题依靠科技进步，污染治理也要依靠技术创新。只有科技创新，才能更好地提高能源利用效率，研发出新工艺新材料，才能采用新的工艺和新的方法，更好地处理污染排放，降低生产过程中污染排放水平。充分利用科技进步的力量，促进企业技术更新，促进行业升级，提高政府治理水平，迅速提升环境治理绩效。

5. 城镇化水平

城镇化进程是人类文明发展的大势所趋，能够形成资源要素集聚，有效提高资源利用效率，提高经济发展水平。但是城镇化人口急剧增加，工业、交通和生活垃圾等对环境也带来显著影响，因此，分析环境治理绩效时需要考虑城镇化带来的影响。例如陈明在探究财政分权对环境治理绩效的影响时，考虑了城镇化水平的因素[①]。张亚斌等在研究中国 31 个省投资对环境治理绩效影响时也提到了城镇化水平的影响[②]。金学荣和张迪也研究了城镇化对环境治理绩效的影响[③]。沈月娣探究了城镇化水平对环境治理造成的障碍[④]。大量研究发现，随着城镇化进程加快推进，建成区面积不断扩大对土地资源的侵占，减少森林和耕地面积，以及第二产业和第三产业快速发展，迅速增加资源消耗和污染排放，都会降低环境质量，有可能导致环境治理绩效下降。但是从另一方面来看，城市化也是资源高度聚集和高效利用的发展方式，特别是科技发展和应用水平较高，组织管理能力很强，在环境治理和生态环境保护方面有很好的政策和技术，从投入

---

① 陈明. 财政分权增加了政府环境治理效率吗？来自我国 31 省市的证据 [J]. 当代经济与管理，2014（11）：66 - 71.

② 张亚斌，马晨，金培振. 我国环境治理投资绩效评价及其影响因素 [J]. 经济管理，2014（4）：171 - 180.

③ 金荣学，张迪. 我国省级政府环境治理支出效率研究 [J]. 经济管理，2012（11）：52 - 159.

④ 沈月娣. 新型城镇化背景下环境治理的制度障碍及对策 [J]. 浙江社会科学，2014（8）：86 - 93.

产出比的角度来看，其环境治理绩效也有可能提升。

6. 社会关注度

在社会关注层面，国内外学者从不同角度对其进行了分析。张龙平及吕敏康提出媒体关注不仅能在实际中起到监督作用，对环境事件进行跟踪报道也能起到十分重要的舆论导向作用。① 这些媒体通过信息公开，引发社会民众的广泛关注，可以融入公众参与的影响力，对环境治理产生积极效应。贾峰认为公众是通过媒体报道环境治理事件来参与环境治理的，媒体促进了广大民众监督机制的生成。② 曾润喜、杜洪涛及王晨曦认为媒体关注能够提高公众的环保意识，让公众参与到环境治理中去，进而影响政府的抉择行动来提高环境治理绩效。③ 还有一些学者是从媒体自身利益角度出发，认为对环境状况的报道能够吸引更多的关注，提升自己的关注度和利益。国内外大量研究认为，媒体关注的作用是通过影响公众或是企业来实现的，从而健全外部监督机制，促进环境治理工作有效进行，对环境治理绩效起到正向的促进作用。

7. 社会资本

社会资本与人力、物质等资本不同，被认为是社会中的个人或组织所形成的社会关系，是组织和个人通过互帮互助、相互协调形成一个团体组织，从而达成一种力量以提高工作的效率。④ 在环境治理中，无论是个人层面还是团体组织层面的社会资本，都能将不同个体紧密联系在一起，在生态环境保护方面的主动性以及环境污染治理模式上都能够达成趋于一致的意见，能大大提高环境治理绩效。

当然，对环境治理绩效的影响因素还有很多，除了这里列举出来的一些主要因素，无论是政府、企业、社会组织还是个人，都能够发挥自身优势来影响环境治理工作，对环境治理绩效产生影响。同时，一个国家或者地区的经济社会发展、制度法规、民族文化、所处发展阶段等因素都能发挥作用，形成影响环境治理绩效的综合因素，而且，这些因素也是随着经济和科技发展不断变化的，其影响大小不会固定不变，还会有很多新的影响因素不断涌现出来，各因素之间也是相互影响、相互制约的，需要用动态、系统的方法进行分析。

---

① 张龙平，吕敏康. 媒体意见对审计判断的作用机制及影响 [J]. 审计研究，2014（1）：53-61.

② 伊莎贝尔·希尔顿，贾峰，等. 促进中国绿色发展的媒体与公众参与政策 [R]. 中国环境与发展国际合作委员会，2013-11-13.

③ 曾润喜，杜洪涛，王晨曦. 互联网环境下公众议程与政策议程的关系及治理进路 [J]. 管理世界，2016（10）：180-181.

④ 刘晓峰. 社会资本对中国环境治理绩效影响的实证分析 [J]. 中国人口·资源与环境，2011，21（3）：20-24.

第三章

综合评价在环境治理绩效
测度中的应用及拓展

第一节　综合评价方法与环境治理绩效测度

学术界对绿色发展指数的研究始于 20 世纪 70 年代，联合国等国际机构基于当时国际社会对"增长的极限"问题的探讨，尝试对绿色国内生产总值（GDP）进行核算，但实际进展较为缓慢，推广运用程度并不高。20 世纪 90 年代初，美国学者鲍勃·霍尔（Bob Hall）等建立了一套绿色指数，对全美各个州的环境质量进行评估。[①] 虽然这一指标体系与中国实际情况相差较大，但仍具有一定的参考借鉴意义。

很多学者从不同角度对绿色发展进行研究，对绿色发展进行评价，"绿色发展指数""绿色经济发展指数""生态效率"等都是评价绿色发展的相关概念和范畴，很多都建立了绿色发展指标体系进行定量评价和分析。

在国内，较早进行绿色发展评价研究的是中国科学院可持续发展战略研究组，构建了一套资源环境绩效评价指标体系，包含了资源消耗强度指标、污染物排放强度指标 2 个一级指标、7 个二级指标，并对中国各省份的资源环境绩效进行分析。[②] 2007 年国家发展改革委会同国家环保总局、国家统计局等有关部门编

---

① ［美］鲍勃·霍尔，玛丽·李·克尔. 绿色指数：美国各州环境质量的评价 ［M］. 北京：北京师范大学出版社，2011.

② 中国科学院可持续发展战略研究组. 2006 中国可持续发展战略报告——建设资源节约型和环境友好型社会 ［M］. 北京：科学出版社，2006.

制了《循环经济评价指标体系》，主要是从宏观层面和工业园区分别编制，侧重于资源和能源的产出和消耗、资源的综合利用和废弃物的排放量，但是对于能源的使用效率、企业的经济行为对环境造成的负面影响，没有深入细化的评价指标。北京师范大学 2009 年发布了《中国绿色发展指数报告》，该报告设计的绿色发展指数包括经济增长绿化度、资源环境承载潜力、政府政策支持度 3 个一级指标，以及 9 个二级指标和 60 个三级指标。[①] 李军军以低碳经济竞争力要素模型为基础，构建了 4 个二级指标，即低碳环境竞争力、低碳产业竞争力、低碳效率竞争力和低碳创新竞争力，反映一国低碳经济竞争的竞争资产和竞争过程多指标评价体系，对 G20 国家低碳经济竞争力进行评价。[②]

在这之后，向书坚等设计了包括生产、消费、生态三个方面的绿色经济发展指数，对 2006～2010 年中国绿色经济发展水平进行了测度，并得出了中国绿色经济发展水平较低的结论。[③] 由于该指数的测度时间较早，未能反映新时代绿色发展的重要特征，并且指标设计未充分厘清"发展"和"绿色"之间的逻辑关系，例如"人均能源消费"指标，很难说该指标是衡量绿色水平还是发展水平的，指标方向不清晰。张旺等运用主客观赋权法测算出我国 GDP 排名在前 110 名的地级市的低碳绿色指数，并对低碳绿色水平进行比较分析。[④]

随着绿色发展受重视程度的提高，对全国和各地区绿色发展水平进行量化评估变得日益迫切。2016 年 12 月，中共中央办公厅、国务院办公厅印发《生态文明建设目标评价考核办法》，按照绿色发展指标体系实施年度评价，主要评估各地区资源利用、环境治理、环境质量、生态保护、增长质量、绿色生活、公众满意程度等方面的变化趋势和动态进展，生成各地区绿色发展指数。相应地，国家发展改革委、国家统计局、环境保护部、中央组织部制定了《绿色发展指标体系》和《生态文明建设考核目标体系》，其中《绿色发展指标体系》设置了资源利用、环境治理、环境质量、生态保护、增长质量、绿色生活、公众满意程度 7 个方面共 56 项评价指标。[⑤] 基于该指标体系，有关部门对全国 31 个省级行政区域的绿色发展指数进行了测算并排名。《绿色发展指标体系》一经发布，就在社

---

① 李晓西 . 2011 中国绿色发展指数报告摘编（上）总论［J］. 经济研究参考，2012（13）.

② 李军军 . 中国低碳经济竞争力研究［M］. 北京：社会科学文献出版社，2015.

③ 向书坚，郑瑞坤 . 中国绿色经济发展指数研究［J］. 统计研究，2013（3）.

④ 张旺，周跃云，谢世雄 . 中国城市低碳绿色发展的格局及其差异分析——以地级以上城市 GDP 值前 110 强为例［J］. 世界地理研究，2013，22（4）：73，134 - 142.

⑤ 国家发展改革委，等 . 绿色发展指标体系［R］. http：// www. gov. cn/xinwen/2016 - 12/22/content_5151575. htm，2016.

会上引起了广泛的关注，同时也引发了较大的争议。

国内学者对此进行了进一步研究，林卫斌等基于绿色 GDP 理念设计了一套绿色发展指数，并分解为经济发展、资源消耗和环境污染三个方面。[①] 该指标体系虽然建立了发展和绿色之间的关系，能够同时反映发展水平和绿色程度，但是对非化石能源消耗、碳排放等可持续发展问题的关注不足。段茜茜和张烨从经济发展、资源利用、绿色政策 3 个维度构建中国绿色发展综合评价体系。[②] 边恕和王智涵选取经济、社会、资源配置、环境保护等 4 个绿色发展维度，构建人类绿色发展指数评价体系。[③] 张楠基于资源利用、环境治理、环境质量和生态保护 4 个维度构建和测算了我国省域绿色发展指数。[④] 邹一南等[⑤]构建新时代中国经济绿色发展指数，选取可持续发展、资源利用和环境保护三者作为二级指标，再分别设置了 10 个三级指标，对"十三五"期间全国和各省份经济绿色发展水平进行测算。

此外，还有一些绿色发展指数的研究仅关注某个省份或某一经济区域，[⑥⑦⑧]有些关注行业绿色发展评价，崔元锋等从生态效益水平、经济效益水平和社会效益水平三个方面分别建立评价指标子系统，最后通过各子系统的整合得出了我国绿色农业发展水平综合评价体系。[⑨] 郭迷构建了农业绿色发展的评价指标体系，并运用该指标体系对我国 30 个地区的农业绿色发展水平进行了测算。[⑩] 郭菁菁等从经济发展、社会发展以及生态环境 3 个方面共提取 15 个具体指标，构建了京津冀农业绿色发展评价指标体系，并基于 2000～2019 年京津冀地区的省级面板数据，测算北京、天津、河北 3 个地区的农业绿色发展水平，发现当前京津冀地区在农业绿色发展过程中存在生态效益与经济效益无法兼顾、区域农业绿色发展

①　林卫斌，苏剑，张琪惠．绿色发展水平测度研究——绿色发展指数的一种构建 [J]．学习与探索，2019（11）：106－113.

②　段茜茜，张烨．基于熵值法的中国省际绿色发展综合评价与分析 [J]．科技和产业，2021，21（12）：254－260.

③　边恕，王智涵．人类绿色发展指数测度与分析——以辽宁省为例 [J]．林业经济，2021，43（9）：5－19.

④　张楠．生态文明视角下绿色发展对城乡居民消费结构的影响——基于省域面板数据的计量分析 [J]．商业经济研究，2022（9）：43－46.

⑤　邹一南，韩保江．新时代中国经济绿色发展指数研究 [J]．行政管理改革，2022（9）：31－43.

⑥　李军军，周利梅．福建省低碳经济竞争力评价及提升对策 [J]．综合竞争力，2011（3）：75－80.

⑦　朱帮助，张梦凡．绿色发展评价指标体系构建与实证 [J]．统计与决策，2015（17）：36－39.

⑧　杨顺顺．长江经济带绿色发展指数测度及比较研究 [J]．求索，2018（5）：88－95.

⑨　崔元锋，严立冬，陆金铸，等．我国绿色农业发展水平综合评价体系研究 [J]．农业经济问题，2009，30（6）：29－33.

⑩　郭迷．中国农业绿色发展指标体系构建及评价研究 [D]．北京：北京林业大学，2011.

协同水平低等问题。[①] 张彩霞和马春旺改进的评价体系包含经济、资源、环境、科技和社会 5 个方面内涵，共 22 个相关指标，用以测度区域工业绿色发展水平。[②] 马金山在分析煤炭工业绿色发展内涵的基础上建立了河南省煤炭工业绿色发展的评估指标体系，包括绿色发展的经济增长及社会发展、资源环境承载力以及绿色发展支持度等 3 大类指标，最后给出了煤炭工业绿色发展的评估方向及适宜的绿色发展评估方法。[③] 这些研究大大丰富了绿色发展评价的研究，但指标体系的设计都有一些侧重点，主观意愿较强，指标体系的适应性和普及性有待提高。

第二节 评价指标体系和模型设计

一、环境治理效率评价指标体系

1. 环境治理效率评价的依据

从前述环境治理绩效的内涵来看，环境治理绩效是通过各种手段解决治理环境问题所达到的成绩结果，环境绩效测度既要看环境治理的过程，也要体现环境治理的结果。环境治理的实质是提高资源利用效率和优化能源结构，实现经济发展的低能耗、低污染和低排放，核心是通过技术创新、制度创新，以及生产方式和消费方式的转变，推动经济发展方式的根本转变，实现经济高质量发展。不管从生产方式还是生活方式来看，各种经济资源都是稀缺的，要实现经济可持续发展和高质量发展，必须获得并优化配置这些资源，并且尽量降低污染排放，减少污染排放对环境的影响，确保经济高质量和环境高质量的协调同步。不同区域和个体企业为了实现资源获取和高效配置，必然存在资源的竞争、市场的竞争以及环境的竞争，也就存在资源利用效率和生态环境质量的差异，也就是环境治理效率的差异，这种差异是全过程和全方位的，所谓过程，既包括生产过程的资源获

① 郭菁菁，黄映晖. 京津冀地区农业绿色发展评价指标体系构建及实证分析 [J]. 农业展望，2022，18（2）：50 – 56.

② 张彩霞，马春旺. 区域工业绿色发展水平评价指标体系研究 [J]. 统计与管理，2021，36（1）：108 – 113.

③ 马金山. 河南省煤炭工业绿色发展的瓶颈及绿色指标体系 [J]. 技术与创新管理，2018，39（1）：111 – 116.

取、配置、利用和商品市场的竞争，也包括污染排放的控制和生态环境保护，还包括生活过程的商品需求、商品消费和污染排放及控制，总之是生产、流通、分配和消费的全过程。环境治理效率差异的全方位，既包括经济要素投入产出方面的经济生产效率的差异，也包括创新投入产出的科技效率差异，自然也包括环境治理投入产出方面的环境效率差异，涵盖政府、科技、产业、环境和能源等，涉及面非常广。

环境治理是一个极为复杂的系统，决定和影响环境治理绩效的因素很多，各因素之间存在复杂的关系，对它进行系统的综合分析评价不是一件容易的事，必须要建立一个综合评价体系，才能把各种主要因素纳入评价结果中来，评价结果才能比较全面、准确，具有指导性和可操作性。综合评价体系的关键是要建立一套能够客观、准确地反映各地区环境治理绩效差异的指标体系，以及一个科学、合理的数学评价模型，这是对环境治理绩效进行综合评价、分析和研究的基础。

2. 指标体系构建的主要原则

环境治理绩效是对环境治理成效的客观评价与反映，因此构建评价指标体系要遵循综合评价指标体系的一般原则，更重要的是还应根据环境治理绩效的特点来确定，需要遵循以下原则：

一是科学性和客观性原则。评价指标体系的设计要符合生态环境治理和绿色发展的客观规律，要反映环境效率的基本特征和要求，更要能体现环境治理绩效的内涵、内在结构、现实状况和发展趋势。要以环境治理绩效的理论逻辑为基础，充分吸收构建综合评价指标体系的思路，比较全面地反映要素对环境治理绩效的贡献和影响。纳入指标体系的各个指标必须有明确的涵义、统计口径和范围，尽可能采用国际上通用的名称或者概念，能够为学界所熟悉和接受，能够对评价对象在时间和空间上进行比较。指标必须具有客观性和可比性，指标数据有权威、可靠的统计来源，使指标的统计、计算、比较和分析都具有客观依据，以保证评价结果的客观性和可信度。

二是整体性和完备性原则。环境治理绩效包含经济、科技和环境等多个方面的内容，也涉及政府、企业、居民和整个社会，各个子系统之间相互影响、相互制约，内部关系非常复杂。综合评价的优势是通过一套指标体系较为全面地反映评价对象，指标体系作为一个整体应该比较全面地反映环境治理绩效的各个方面和各个要素，要能全面、科学、准确地描述反映环境治理绩效的水平和特征。

三是逻辑性和层次性原则。指标体系不是把相关指标简单地罗列在一起，而是要按照一定的逻辑关系组合在一起，体现出合理的逻辑结构关系。所选择的指标要尽量从不同角度全面完整地反映环境治理绩效，要反映对象的主要信息，力求指标的相对独立性，尽可能不互相重叠，更不能出现相互包含的关系，以尽可能少的指标涵盖尽可能多的信息，反映评价对象的实际状况。考虑到评价对象的复杂性，需要将评价内容分解为多个层次、多个子系统，即采用逐层分解的方法，将指标体系构造成一个有层次性和系统性的合理体系，反映处于不同层次指标的从属关系和相互作用。

四是动态性和前瞻性原则。环境治理是动态过程，环境治理绩效是动态可变的，指标体系必须要能够反映这种动态性特点，要充分考虑到生态环境治理的发展趋势和未来状况。需要选择具有预见性的前瞻性指标，这些指标不仅能够反映评价对象的过去和当前的状态，也能够反映未来的发展趋势。从综合评价来看，指标体系既要体现环境治理绩效的当前水平，也要体现其潜在的能力和动态变化。

五是普遍性和导向性原则。环境治理绩效是一个相对概念，效率的高低及其变化都是不同个体相互比较的结果，只有一个对象是没有办法进行评价的。环境治理绩效需要在多个区域或者对象之间进行比较，所选择的指标就要能够适应所有评价对象，具有普遍性，不能有所偏重。环境治理绩效评价的关键还在于引导作用，所选取的指标要能够引导决策者、企业和居民支持环境治理，评价的结果要有导向作用，促进人们转变生产方式和生活方式，有利于提升环境治理绩效。

3. 评价指标体系

对环境治理绩效进行评价的基础是构建一套科学客观的指标体系，既可以用客观的指标数据反映评价对象环境治理的各方面情况，也可以用模型对各评价对象的环境治理绩效得分进行综合分析，反映个体之间的差异以及评价对象各自的优劣势地位。根据前述对环境治理绩效内涵的分析，构建指标体系的目标层为环境治理绩效，设置四个准则层：资源利用效率、环境规制效率、环境保护效率和经济发展效率，每个准则层分别包含 5 个有客观数据基础的三级指标，总共 20 个指标，具体见表 3-1。

根据环境治理绩效的内涵和特征，依照指标体系构建原则，采取自上而下、逐层分解的方法，建立一个由三个层次指标构成的综合评价指标体系。第一个准则层即资源利用效率准则层包含 5 个三级指标，分别从能源、水和化肥等资源的利用出发，衡量工业和农业对资源的利用效率，还采用一般工业固体废物综合利用率衡量工业废弃物的综合利用，反映循环经济和绿色经济发展水平。第二个准

表 3 – 1　　　　　　　　　　环境治理绩效评价指标体系

二级	三级	指标单位	指标说明	方向
资源利用效率	单位 GDP 能源消耗	万吨/亿元	能源消耗总量/GDP	负
	单位 GDP 碳排放	万吨/亿元	碳排放总量/GDP	负
	单位工业增加值用水量	万吨/亿元	工业用水量/工业增加值	负
	工业固体废物综合利用率	%	一般工业固体废物综合利用率	正
	单位耕地面积化肥使用量	吨/千公顷	化肥使用量/耕地面积	负
环境规制效率	化学需氧量排放总量下降率	%	化学需氧量排放总量比往年下降幅度	正
	氨氮化物排放总量下降率	%	氨氮化物排放总量比往年下降幅度	正
	二氧化硫排放总量下降率	%	二氧化硫排放总量比往年下降幅度	正
	氮氧化物排放总量下降率	%	氮氧化物排放总量比往年下降幅度	正
	二氧化碳排放总量下降率	%	二氧化碳排放总量比往年下降幅度	正
环境保护效率	化学需氧量排放强度	万吨/亿元	化学需氧量排放总量/GDP	负
	氨氮化物排放强度	万吨/亿元	氨氮化物排放总量/GDP	负
	二氧化硫排放强度	万吨/亿元	二氧化硫排放总量/GDP	负
	氮氧化物排放强度	万吨/亿元	氮氧化物排放总量/GDP	负
	生活垃圾无害化处理率	%	生活垃圾无害化处理率	正
经济发展效率	GDP 增长率	%	GDP 实际增长率	正
	人均 GDP	元	人均 GDP	正
	居民人均可支配收入	元	居民人均可支配收入	正
	研发经费支出占 GDP 比重	%	研发经费支出/GDP	正
	环境污染治理投资占 GDP 比重	%	环境污染治理投资/GDP	正

则层环境规制效率包括了 5 个主要的环境污染排放指标，这些指标都是国家在"十二五"规划和"十三五"规划期间明确规定的约束性指标，并通过任务分解要求各省以及地方政府完成一定的目标，具有强制性和指导性，对各地方政府的环境政策和实施力度有显著影响，通过这些指标反映各地环境规制强度和效率。第三个准则层环境保护效率包括了 4 个环境污染排放强度和 1 个生活垃圾无害化处理率指标，反映地区环境污染排放与经济总量之间的协调关系。第四个准则层经济增长效率包括 GDP 增长率和人均 GDP，以及居民人均收入，也

包括研发经费投入和环境污染治理投入与 GDP 比重，反映了经济增长的同时，也考虑居民收入、科技投入和环境保护投入等指标，衡量了经济增长的质量和效率。

二、评价模型的确定

1. 指标权重的确定

在经济系统中，各因素之间的因果关系各不相同，反映到指标体系中，同一层次的多个指标对上一级指标的作用大小是各不相同的，评价过程和结果要反映这种指标作用的差异性，就需要给各级指标设定不同的权重。各指标的权重用以反映不同指标在指标体系所起作用的大小程度，确定每个指标的权重是保证指标体系完整性的必备条件，给指标设置不同的权重，会导致最后评价结果有所不同，所以，合理确定指标权重对评价结果有着至关重要的影响。确定指标权重的常用方法主要有客观法和主观法两大类，每一类又有多种不同的具体方法，还有一种是把主观赋权法和客观赋权法结合起来，称为组合赋权法。当然也有一种简单的处理办法是等权重法，即给各指标设定相同的权重。

一般的主观法又称为专家法，就是邀请相关领域多名专家对指标体系直接给定各指标的权重，然后采用平均法测算各指标权重。这种方法能够吸纳各方面专家意见，有较强的权威性，容易获得较为广泛的认可。但专家法要求对评价对象有比较深入的认识，而且不同专家的主观性太强，容易受到个人学识和研究的影响，操作过程也是费时费力。也有用层次分析法（AHP）确定指标权重，用以避免主观赋权法中个人的偏见造成权重设置的不合理性。客观法确定指标权重是依据各指标的客观数据本身，采用一定的测算模型和技术公式，计算出各指标权重，可以避免因为人的主观性而带来的不确定性。而且客观法确定指标权重有章可循，结果明确，常用的有变异系数法、主成分法、因子分析法和熵值法等，但客观法确定指标权重的不足之处是容易受到指标数据变化的影响，不一定能准确反映各指标的作用，也没有理论上的逻辑性。所以，构建一个评价体系过程中，选择不同的方法确定指标权重，关键是要依据对评价对象的认识程度，再结合不同方法的特点，采用最有效的方法。目前有关环境治理绩效评价的研究比较多，但用指标体系进行评价的研究成果很少，人们对环境治理绩效还存在不同的理解，评价用的指标体系还存在很大差别，各种研究设计的环境投入产出指标体系有很大的随意性，更遑论对环境治理绩效评价达成共识。目前还不宜采用主观法确定环境治理绩效评价指标体系的权重，采用客观法确定指标权重更有现实意义。

综合评价时采用因子分析方法确定各指标的权重。在一组指标当中不同指标会包含相同的信息，统计上表现出各指标之间存在相关性，因子分析方法确定指标权重的原理是在一组指标里找出少数几个公共因子来代表全体指标，既可以大大减少参与数据建模的变量个数，同时也不会造成信息的大量丢失，而且能够确定各因子的权重，从而能确定各指标的权重。因子分析法正是这样一种能够有效降低变量维数，并已得到广泛应用的分析方法，可以用来设置有相关性指标的权重。

因子分析模型中，假定每个原始指标由共同因子和随机因子两部分组成，共同因子是各个原始指标所共有的因子，每个指标都是这些共有因子的线性组合，不同指标的系数有所不同，这个系数也反映出原始指标与共同因子的相关系数，也称为因子载荷。随机因子是每个原始指标所特有的因子，表示该指标不能被共同因子解释的部分。因子分析最常用的理论模式如下：

$$Z_j = a_{j1}F_1 + a_{j2}F_2 + a_{j3}F_3 + \cdots + a_{jm}F_m + U_j \ (j = 1, 2, 3, \cdots, n) \quad (3-1)$$

其中，Z_j 为第 j 个变量的标准化分数，F_i（$i = 1, 2, \cdots, m$）为共同因素，m 为所有变量共同因子的数目，因子个数 m 小于变量的个数 n，才能起到降维的作用。U_j 为变量 Z_j 的唯一因素，a_{ji} 为因子负荷量。变量 Z_j 和因子 F_i 的相关系数，反映了变量 Z_j 与因子 F_i 的相关程度。因子载荷 a_{ji} 值小于等于1，绝对值越接近1，表明因子 F_i 与变量 Z_j 的相关性越强。同时，因子载荷 a_{ji} 也反映了因子 F_i 对解释变量 Z_j 的重要作用和程度。因子载荷作为因子分析模型中的重要统计量，表明了原始变量和共同因子之间的相关关系。可以用矩阵的形式表示为 $Z = AF + U$，其中 F 为公共因子，由于它们出现在每个原始变量的线性表达式中（原始变量可以用 X_j 表示，这里模型中实际上是以 F 线性表示各个原始变量的标准化分数 Z_j）。因子可理解为高维空间中互相垂直的 m 个坐标轴，A 称为因子载荷矩阵，a_{ji}（$j = 1, 2, 3, \cdots, n$；$i = 1, 2, 3, \cdots, m$）称为因子载荷，是第 j 个原始变量在第 i 个因子上的负荷，即公共因子对原始变量的权重系数。U 称为随机因子或者特殊因子，表示原有变量不能被因子解释的部分，一般假设其均值为0，相当于多元线性回归模型中的随机误差项，同时假设 U_j 彼此间或与共同因子间不存在相关性。

共同因子之间是不相关的，相互独立地代表一部分共同信息。每个共同因子所代表信息的多少可以用其方差来衡量，选择的共同因子越多，其在总体方差中的贡献率就越大，这也为确定共同因子个数提供了判断标准。一般把共同因子按方差大小排序，较大方差的因子累积的贡献率超过一定比例即可，一般按 85% 或者 90% 为标准。共同因子数量越少,累积的方差贡献率越大,说明原始变量的相关程度就越高,公共信息也就越集中,可以用更少的共同因子来衡量。每个共同因子所占的比重,也可以用其方差在全部共同因子累积方差中所占比重来确定,也可以说是用共同因子的信息量来确定其权重,是一种比较科学的方法。

2. 评价模型

首先是指标的无量纲化处理,由于指标体系中包含指标的计量单位和量纲不同,而且往往数值相差也较大,因此不能直接进行比较或计算,必须先对各指标进行无量纲化处理,将其变换为无量纲的标准得分后,才能进行综合计算。无量纲化的方法比较多,一般采用功效系数法对指标进行无量纲化处理。当指标的变化对上一级指标的变化产生积极作用时,为正向指标,计算其无量纲化得分的功效系数公式为:

$$y_i = \frac{x_i - x_{\min}}{x_{\max} - x_{\min}} \times 100 \qquad (3-2)$$

其中,y_i 是指标的标准化得分,$x_{\max}$ 和 $x_{\min}$ 分别代表不同评价对象同一指标的最大值和最小值。无量纲化处理后,每个指标的标准化得分都在 0~100 之间,最大值指标的标准化得分为 100,最小值指标的标准化得分为 0。

当指标的变化对上一级指标的变化产生消极作用时,为反向指标或逆向指标,计算其无量纲化得分的功效系数公式为:

$$y_i = \frac{x_{\max} - x_i}{x_{\max} - x_{\min}} \times 100 \qquad (3-3)$$

符号含义同上,三级指标经过无量纲化处理以后,每个指标的标准化得分都在 0~100 之间,指标最大值的标准化得分为 0,指标最小值的标准化得分为 100。

其次是指标得分的汇总,计算出三级指标的无量纲化得分以后,就可以根据各指标权重计算二级指标的综合得分,由所涵盖的下级指标标准得分加权求和得到,公式为:

$$z_i = \sum w_i y_i \qquad (3-4)$$

其中,z_i 代表各二级指标综合得分,w_i 是各三级指标权重,y_i 是各三级指标的标准得分。这样便可以计算出二级指标得分。同理,二级指标得分再用线性加权得到一级指标得分,并进行进一步分析。

第三节　环境治理绩效评价及比较

一、一级指标环境治理绩效评价结果

1. 综合评价得分比较

以收集到的 2012～2020 年 30 个省份的相关指标数据为基础[①]，根据环境治理绩效评价指标体系和评价模型测评，得到各省环境治理绩效综合评价得分如表 3-2 所示，对各省进行排名结果如表 3-3 所示。

表 3-2　　　　　　　　　　　环境治理绩效综合评价得分

省份	2012 年	2013 年	2014 年	2015 年	2016 年	2017 年	2018 年	2019 年	2020 年
北京	81.2	86.6	85.0	80.2	79.1	86.4	72.9	81.3	76.7
天津	74.4	74.6	68.4	69.8	78.8	54.9	64.3	66.5	69.0
河北	60.3	60.2	59.9	52.5	52.8	39.0	58.6	62.7	60.7
山西	58.9	54.6	49.4	48.6	48.6	45.6	48.4	49.7	49.1
内蒙古	48.0	48.5	48.5	44.0	57.3	55.5	50.6	46.9	42.0
辽宁	65.8	64.1	55.0	47.6	55.4	41.0	58.5	58.4	50.8
吉林	53.9	53.5	44.4	40.5	59.6	43.8	51.1	47.3	54.9
黑龙江	50.2	57.2	45.2	39.5	50.3	46.3	50.1	43.3	39.0
上海	79.2	76.0	83.0	76.1	75.7	73.4	67.9	78.9	72.7
江苏	72.5	75.7	67.2	65.8	60.0	58.9	62.5	63.0	77.5
浙江	75.3	76.5	69.4	67.7	74.8	61.6	68.3	67.5	68.6
安徽	58.3	60.3	52.7	48.2	53.4	50.2	47.4	53.1	58.9
福建	66.8	64.9	55.2	57.5	59.5	58.2	53.6	53.6	67.7
江西	61.5	54.5	54.9	44.3	46.7	49.7	50.1	48.1	66.3
山东	66.0	71.9	62.5	55.2	62.9	61.4	62.9	63.9	67.7

---

①　除港澳台外，由于西藏缺失数据较多，未纳入评价，本书仅研究 30 个省份。后文如未作特殊说明，均为此情况。

省份	2012 年	2013 年	2014 年	2015 年	2016 年	2017 年	2018 年	2019 年	2020 年
河南	60.9	56.3	56.6	49.4	63.0	59.5	58.8	65.2	60.9
湖北	61.3	60.5	55.9	56.0	62.2	47.6	62.1	59.0	47.9
湖南	66.2	53.2	52.9	51.8	53.7	50.8	53.0	56.5	63.2
广东	72.2	71.6	64.9	62.1	65.8	51.5	62.7	64.8	63.8
广西	48.7	51.9	46.1	51.6	46.4	34.4	41.7	40.4	46.3
海南	36.5	52.6	38.9	44.9	56.8	41.5	54.5	60.8	57.9
重庆	62.5	59.7	53.0	52.4	67.9	54.7	59.0	66.3	54.3
四川	59.4	63.7	53.5	56.6	55.3	50.7	54.6	50.7	59.6
贵州	43.7	46.5	47.3	47.4	48.1	38.4	46.6	53.7	42.7
云南	50.9	50.3	52.1	52.4	48.5	55.6	51.4	46.4	52.0
陕西	64.8	63.2	55.4	52.2	63.9	50.4	59.8	55.8	60.2
甘肃	54.9	51.7	39.5	34.8	56.0	43.9	56.8	56.2	48.9
青海	40.4	35.5	32.9	33.8	49.1	46.1	38.3	55.3	44.7
宁夏	34.2	36.6	31.7	27.5	32.0	33.2	30.7	33.2	46.6
新疆	30.1	33.3	35.9	42.4	39.3	41.3	46.1	51.1	50.5
平均分	58.6	58.9	53.9	51.8	57.4	50.8	54.8	56.7	57.4

从综合评价得分来看，最高分在 80 分左右，其中 2016 年、2018 年和 2020 年最高分低于 80 分，其他年份最高分都高于 80 分，大多数年份是北京得分最高，只有 2020 年江苏得分最高。得分较高的其他省份也大多数是经济较为发达的东部沿海省份。最低分在 30 分左右，得分较低的多数是西部省份。最高分和最低分的差距比较明显，差距最小的是 2020 年为 38.5 分，其他年份的差距都超过 40 分，说明各省份环境治理得分差距明显。各年全部省份的平均分都超过 50 分，平均分最低的是 2017 年，为 50.8 分，虽然有所波动，但总体而言较为平稳，没有明显的上升或者下降趋势。

2. 综合评价排名比较

从综合得分排名来看（见表 3 - 3），排名靠前的大部分都是经济较为发达的东部省份，排名后面的大部分是经济较为落后的西部省份，说明环境治理绩效水平很大程度上与经济发展水平有关，但又不完全由经济发展水平决定，同时还受到资源和环境等因素的影响。以 2020 年为例，排名前十位的有 8 个省份是东部沿海省份，只有排名第 8 的江西和第 10 的湖南是中部省份。因为经济发达省份经济结构更为合理，工业发展的技术水平更高，从而资源利用和污染排放更少，在资源利用效率、环境规制和环境保护等方面做得更为成功，经济发展质量更高，综合的结果就是体现为环境治理绩效更高。

表 3 - 3　　　　　　　　　环境治理绩效综合评价排名

省份	2012 年	2013 年	2014 年	2015 年	2016 年	2017 年	2018 年	2019 年	2020 年
江苏	5	4	5	5	11	6	7	9	1
北京	1	1	1	1	1	1	1	1	2
上海	2	3	2	2	3	2	3	2	3
天津	4	5	4	3	2	10	4	4	4
浙江	3	2	3	4	4	3	2	3	5
山东	9	6	7	10	9	4	5	8	6
福建	7	8	12	7	13	7	17	19	7
江西	13	19	14	23	27	17	22	24	8
广东	6	7	6	6	12	12	6	7	9
湖南	8	21	17	15	19	13	18	14	10
河南	15	17	9	17	8	5	11	6	11
河北	16	14	8	12	21	27	12	10	12
陕西	11	11	11	11	7	15	9	16	13
四川	17	10	15	8	18	14	15	22	14
安徽	19	13	18	19	20	16	25	20	15
海南	28	22	27	22	15	24	16	11	16
吉林	21	20	25	26	12	23	20	25	17
重庆	12	15	16	14	5	11	10	5	18
云南	22	25	19	13	25	8	19	27	19
辽宁	10	9	13	20	17	26	13	13	20
新疆	30	30	28	25	29	25	27	21	21
山西	18	18	20	18	24	21	24	23	22
甘肃	20	24	26	28	16	22	14	15	23
湖北	14	12	10	9	10	18	8	12	24

省份	2012 年	2013 年	2014 年	2015 年	2016 年	2017 年	2018 年	2019 年	2020 年
宁夏	29	28	30	30	30	30	30	30	25
广西	24	23	23	16	28	29	28	29	26
青海	27	29	29	29	23	20	29	17	27
贵州	26	27	22	21	26	28	26	18	28
内蒙古	25	26	21	24	14	9	21	26	29
黑龙江	23	16	24	27	22	19	23	28	30

从综合得分和排名的动态变化来看，虽然各省总体表现较为稳定，但是也有很多波动和变化。江苏、北京、上海、天津、浙江、山东和广东 7 个省份在评价期内基本保持在前十名内，只有江苏和广东个别年份排名在第 10 名之后。而福建、江西和湖南的排名波动较为明显，特别是江西多个年份的排名在 20 名以后，也说明环境治理绩效受到多种因素的影响，特别是部分指标的波动会影响到最终排名。排名落后的省份当中，也有湖北和山西等中部省份，有些年份的得分较高，排名甚至进入前 10。

二、二级指标评价结果对比分析

1. 资源利用效率评价结果

以收集到的 2012 ~ 2020 年 30 个省份的相关指标数据为基础，根据环境治理绩效评价指标体系和评价模型测评，得到各省资源利用效率评价得分如表 3 - 4 所示，对各省得分进行排名结果如表 3 - 5 所示。

表 3 - 4　　　　　　　　　　资源利用效率评价得分

省份	2012 年	2013 年	2014 年	2015 年	2016 年	2017 年	2018 年	2019 年	2020 年
北京	18.8	20.9	20.1	22.3	24.0	20.0	18.0	22.1	22.8
天津	15.6	17.7	17.2	18.7	19.6	16.7	14.9	18.8	18.1
河北	15.2	16.5	16.0	16.7	17.9	15.3	13.0	17.6	16.4
山西	12.0	13.1	12.4	13.3	13.7	13.4	12.0	12.0	14.9
内蒙古	9.9	12.1	11.5	12.7	13.8	12.4	10.4	11.8	11.4

续表

省份	2012 年	2013 年	2014 年	2015 年	2016 年	2017 年	2018 年	2019 年	2020 年
辽宁	14.9	16.9	16.3	17.6	17.8	15.0	13.2	16.5	16.1
吉林	11.8	13.0	12.9	15.0	16.3	14.1	12.8	16.0	16.1
黑龙江	13.5	16.2	15.7	16.6	17.0	14.6	13.0	16.1	14.9
上海	15.1	16.4	16.7	18.3	19.1	15.8	14.4	18.0	16.6
江苏	14.9	16.0	15.3	17.1	17.9	14.7	13.1	17.0	15.3
浙江	16.8	18.7	18.3	20.2	21.7	17.8	15.9	19.6	19.3
安徽	12.6	14.2	14.2	15.1	16.1	13.1	12.1	16.2	14.4
福建	14.0	15.9	15.5	17.7	18.8	16.1	14.5	18.6	18.7
江西	15.8	17.5	16.8	18.1	19.8	16.2	14.3	18.0	17.7
山东	15.1	17.3	16.7	18.4	19.6	16.6	14.6	17.9	18.0
河南	14.2	16.2	15.7	17.2	19.0	16.1	14.4	18.5	17.4
湖北	12.0	15.2	15.0	17.0	17.8	15.0	13.5	17.1	15.7
湖南	14.1	16.4	16.3	17.8	18.4	14.6	12.5	16.8	17.0
广东	15.4	17.3	16.7	18.1	19.1	15.8	14.4	18.4	17.8
广西	11.0	11.2	11.3	12.7	14.0	11.9	10.7	13.9	13.4
海南	13.3	14.3	14.2	15.6	16.1	14.0	12.7	15.9	16.7
重庆	12.8	14.8	14.6	16.4	18.1	14.8	13.4	17.2	17.0
四川	16.1	18.5	18.3	19.4	20.8	17.7	16.1	20.1	20.8
贵州	8.6	13.3	12.9	14.9	16.1	14.2	12.9	16.5	16.2
云南	14.0	16.3	15.9	17.5	18.7	15.6	14.2	17.9	18.1
陕西	14.9	16.6	15.8	16.6	17.6	15.9	14.3	17.1	17.3
甘肃	13.5	15.5	15.2	15.9	17.2	14.8	13.6	17.2	16.7
青海	12.5	13.4	13.0	13.6	14.9	13.3	12.4	16.9	16.6
宁夏	7.9	8.3	7.6	8.5	9.5	8.2	7.1	7.2	7.6
新疆	13.9	14.7	13.6	13.6	13.4	12.0	11.3	13.7	13.8
平均分	13.7	15.5	15.1	16.4	17.5	14.9	13.3	16.7	16.4

从资源利用效率得分来看，最高分大多数年份在 20 分左右，其中 2018 年低至 18 分，北京得分一直是最高，得分较高的其他省份既有经济较为发达的东部沿海省份，也有四川和云南等西部省份。各省最低分不足 10 分，其中 2018 年的

最低分只有 7.1 分，得分较低的多数是中部和西部省份。最高分和最低分的得分差距没有明显的变化，2012 年和 2018 年的差距最小只有 10.9 分，其他年份的差距稍微大一些。各年全部省份的平均分总体而言较为平稳，没有明显的上升或者下降趋势，2018 年平均分只有 13.3 分。

表 3 - 5　　　　　　　　　　　　资源利用效率评价得分排名

省份	2012 年	2013 年	2014 年	2015 年	2016 年	2017 年	2018 年	2019 年	2020 年
北京	1	1	1	1	1	1	1	1	1
四川	3	3	3	3	3	3	2	2	2
浙江	2	2	2	2	2	2	3	3	3
福建	16	17	16	10	10	8	6	5	4
天津	5	4	4	4	6	4	4	4	5
云南	15	13	12	12	11	12	12	10	6
山东	9	6	6	5	5	5	5	11	7
广东	6	7	8	8	7	10	7	7	8
江西	4	5	5	7	4	6	11	8	9
河南	13	14	14	13	9	7	8	6	10
陕西	11	9	13	17	18	9	10	15	11
重庆	21	20	20	19	13	16	15	14	12
湖南	14	11	10	9	12	19	23	19	13
甘肃	18	18	18	20	19	17	13	13	14
海南	20	22	21	21	22	23	22	25	15
上海	8	12	7	6	8	11	9	9	16
青海	23	24	24	25	25	25	24	18	17
河北	7	10	11	16	15	13	19	12	18
贵州	29	25	26	24	23	21	20	20	19
吉林	26	27	25	23	21	22	21	24	20
辽宁	10	8	9	11	17	14	16	21	21
湖北	25	19	19	15	16	15	14	16	22
江苏	12	16	17	14	14	18	17	17	23
黑龙江	19	15	15	18	20	20	18	23	24

省份	2012 年	2013 年	2014 年	2015 年	2016 年	2017 年	2018 年	2019 年	2020 年
山西	24	26	27	27	28	24	26	28	25
安徽	22	23	22	22	24	26	25	22	26
新疆	17	21	23	26	29	28	27	27	27
广西	27	29	29	29	26	29	28	26	28
内蒙古	28	28	28	28	27	27	29	29	29
宁夏	30	30	30	30	30	30	30	30	30

从资源利用效率得分排名来看，排名靠前的省份在东中西部都有分布，比如2020 年排名前十的有北京、浙江、福建、天津、山东和广东属于东部地区，江西和河南属于中部地区，四川和云南属于西部地区。排名后面的省份也是分布在东中西，说明资源利用效率水平与区域的关联度不高，与经济发展水平的相关性也比较低。

从资源利用效率得分和排名的动态变化来看，虽然各省总体表现较为稳定，但是也有一些省份表现出较大的波动和变化。排名稳定的省份不太多，只有北京、四川和浙江长期稳定在前列，而山西、安徽、广西、内蒙古和宁夏则长期处于后列。排名波动较大的省份比较多，比如福建排名快速上升，从第 16 名上升到第 4 名，上升了 12 位，贵州也从第 29 名上升到第 19 名，上升的幅度很大，而河北、辽宁、江苏和新疆的排名下降幅度很大。

2. 环境规制效率评价结果

以收集到的 2012～2020 年 30 个省份的相关指标数据为基础，根据环境治理绩效评价指标体系和评价模型测评，得到各省环境规制效率评价得分如表 3 - 6所示，对各省得分进行排名结果如表 3 - 7 所示。

表 3 - 6　　　　　　　　　环境规制效率评价得分

省份	2012 年	2013 年	2014 年	2015 年	2016 年	2017 年	2018 年	2019 年	2020 年
北京	28.4	28.3	27.9	19.0	8.9	30.9	46.3	27.6	20.0
天津	27.3	22.2	17.1	15.3	17.9	8.3	50.8	20.5	21.2
河北	25.6	22.7	24.0	13.1	8.1	4.1	57.0	26.6	23.8
山西	28.7	22.3	19.7	16.9	9.9	15.6	51.3	21.3	19.2

省份	2012 年	2013 年	2014 年	2015 年	2016 年	2017 年	2018 年	2019 年	2020 年
内蒙古	20.4	17.4	18.1	9.9	14.5	21.8	54.5	18.0	12.4
辽宁	26.9	23.7	17.2	7.1	9.6	5.9	55.0	23.5	17.2
吉林	26.1	22.6	14.6	5.9	15.3	10.2	48.6	14.1	20.0
黑龙江	22.2	24.5	15.5	7.7	11.0	16.5	52.6	14.4	13.5
上海	31.7	23.8	31.3	19.2	13.6	24.1	53.9	30.1	22.1
江苏	28.1	26.9	20.3	13.3	3.9	14.9	52.3	18.9	31.1
浙江	29.6	26.0	20.2	13.1	12.7	13.3	53.7	19.6	18.4
安徽	23.8	20.9	14.6	6.1	6.2	13.5	45.0	15.4	21.0
福建	27.3	20.7	12.9	9.5	6.9	15.8	46.4	10.3	21.3
江西	25.4	15.7	17.4	2.7	3.3	15.4	48.0	13.0	27.9
山东	25.1	25.9	18.3	6.5	7.5	16.6	51.9	22.2	23.6
河南	27.5	18.8	20.1	8.5	13.9	19.2	52.6	24.2	19.8
湖北	27.2	20.8	16.5	11.7	11.0	8.0	54.2	18.8	9.5
湖南	31.7	14.3	14.8	7.3	6.1	14.0	48.7	19.3	23.9
广东	30.5	25.0	20.1	12.3	10.3	8.1	51.6	20.5	17.0
广西	19.1	20.4	15.5	16.0	7.4	5.6	45.8	12.2	17.0
海南	3.6	18.0	5.3	7.0	13.3	7.4	53.2	22.0	19.3
重庆	26.7	20.0	14.0	8.7	15.1	12.8	50.1	24.3	11.6
四川	23.9	23.4	13.9	13.3	5.9	11.6	47.9	11.1	18.0
贵州	22.6	18.3	18.1	13.2	9.3	7.8	48.1	21.3	12.8
云南	19.3	13.8	17.0	13.1	5.5	20.9	49.2	10.6	16.1
陕西	29.5	23.6	16.9	10.8	14.3	10.7	52.8	17.0	20.3
甘肃	28.2	20.6	9.7	3.3	14.7	12.4	50.3	23.0	17.5
青海	12.9	5.7	5.0	2.9	10.9	16.7	40.5	25.1	16.3
宁夏	19.6	20.2	16.0	9.3	11.7	17.2	50.5	19.2	26.4
新疆	1.1	2.2	5.7	11.7	10.1	16.5	51.5	26.8	23.8
平均分	24.0	20.3	16.6	10.5	10.3	13.9	50.5	19.7	19.4

表 3-7 环境规制效率评价得分排名

省份	2012 年	2013 年	2014 年	2015 年	2016 年	2017 年	2018 年	2019 年	2020 年
江苏	9	2	4	7	29	14	14	19	1
江西	18	26	12	30	30	13	25	26	2
宁夏	25	20	18	18	11	6	26	18	3
湖南	1	27	21	22	26	15	20	17	4
新疆	30	30	28	13	16	10	4	3	5
河北	17	11	3	10	21	30	1	4	6
山东	19	4	9	25	22	8	11	10	7
上海	2	7	1	1	8	2	10	1	8
福建	11	17	26	17	24	11	28	30	9
天津	12	14	14	5	1	23	15	14	10
安徽	21	15	23	26	25	16	29	23	11
陕西	5	9	16	15	6	21	6	22	12
北京	7	1	2	2	20	1	7	2	13
吉林	16	12	22	27	2	22	19	25	14
河南	10	22	7	20	7	5	16	7	15
海南	29	24	29	24	9	27	8	11	16
山西	6	13	8	3	17	12	18	12	17
浙江	4	3	5	9	10	17	5	16	18
四川	20	10	25	6	27	20	24	28	19
甘肃	8	18	27	28	4	19	21	9	20
辽宁	14	8	13	23	18	28	2	8	21
广东	3	5	6	12	15	24	13	15	22
广西	27	19	20	4	23	29	27	27	23
青海	28	29	30	29	14	7	30	5	24
云南	26	28	15	11	28	4	22	29	25
黑龙江	23	6	19	21	12	9	9	24	26
贵州	22	23	11	8	19	26	23	13	27
内蒙古	24	25	10	16	5	3	12	21	28
重庆	15	21	24	19	3	18	17	6	29
湖北	13	16	17	14	13	25	3	20	30

从环境规制效率得分来看,最高分大多数年份在30分左右,但是2015年和2016年的最高分较低不足20分,得分较高的省份分布较为分散,既有北京、上海、天津等经济发达省份,也有湖南、新疆等中西部省份。各省最低分在前期比较低,2017年之前都不足10分,2018年开始最低分超过10分,得分较低的多数是中部和西部省份。最高分和最低分的差距非常明显,虽然有下降趋势,但大多数年份的得分差距仍然超过20分。各年全部省份的平均分变动比较大,最低是2015年的10.5分,最高是2012年的24分。

从环境规制效率得分排名来看,排名靠前的省份大多数是东部沿海省份,比如2020年排名前十的有江苏、江西、宁夏、湖南、新疆、河北、山东、上海、福建、天津,其中江苏等6个省份是东部省份,江西和湖南是中部省份,而宁夏和新疆是西部省份。排名后面的省份大多数是西部省份,但是也有广东这样的东部经济发达省份。由于环境规制效率主要反映污染排放指标下降的幅度,体现了国家对各地下达环境污染排放减排指标的完成情况,这种指标下降幅度与经济发展水平有一定的关系,但也与基础水平有很大关系,部分经济发达省份的污染排放量水平较低,其持续下降的幅度不会太高,导致环境规则效率水平不高。

从环境规制效率得分和排名的动态变化来看,各省总体表现很不稳定,呈现出较大的波动和变化,主要是环境规制效率得分由污染排放指标的增长率测度,而指标的增长率往往容易变化,极不稳定,导致环境规制效率得分和排名波动明显。比如2020年排名靠前的江苏、江西、宁夏、湖南和新疆,很多年份的排名都在20名之后,排名变化很大。另外,北京和广东等省份在前期的排名靠前,但近几年的排名靠后,变化也很明显。

3. 环境保护效率评价结果

以收集到的2012~2020年30个省份的相关指标数据为基础,根据环境治理绩效评价指标体系和评价模型测评,得到各省环境保护效率评价得分如表3-8所示,对各省得分进行排名结果如表3-9所示。

表3-8　　　　　　　　　　环境保护效率评价得分

省份	2012年	2013年	2014年	2015年	2016年	2017年	2018年	2019年	2020年
北京	23.1	25.7	24.6	26.8	31.6	24.0	20.8	22.3	24.2
天津	20.1	22.3	21.3	23.7	30.1	22.3	19.4	20.9	22.2
河北	15.0	16.4	15.7	18.2	21.9	14.3	13.0	14.4	15.8
山西	12.6	13.4	12.3	13.6	15.4	12.2	11.2	12.2	11.9

省份	2012 年	2013 年	2014 年	2015 年	2016 年	2017 年	2018 年	2019 年	2020 年
内蒙古	9.5	10.2	9.9	11.8	19.4	14.6	12.5	12.9	9.5
辽宁	14.7	16.2	15.4	17.1	22.8	15.2	13.4	14.8	13.2
吉林	12.9	14.8	13.9	16.0	24.6	16.9	14.7	15.5	15.8
黑龙江	10.3	11.7	10.6	11.7	18.2	12.5	10.9	11.3	7.6
上海	21.6	24.2	23.5	26.2	30.1	23.1	20.2	21.7	23.9
江苏	20.7	23.1	22.2	25.0	27.6	20.5	18.0	19.2	22.1
浙江	20.7	23.0	22.1	24.8	29.4	21.9	19.3	20.7	22.1
安徽	17.2	19.4	18.8	21.1	24.2	17.7	15.4	16.4	17.9
福建	19.7	22.0	21.2	23.8	27.1	20.4	17.8	19.0	20.6
江西	15.8	17.7	17.2	19.4	18.4	13.4	11.9	12.1	16.2
山东	18.2	20.3	19.5	22.0	26.4	19.6	17.1	18.3	19.9
河南	16.6	18.4	18.0	20.5	26.2	19.9	17.6	19.0	19.8
湖北	17.5	20.0	19.5	22.2	26.7	19.4	17.3	18.6	17.7
湖南	16.8	18.6	18.1	20.8	24.6	17.9	15.4	16.6	18.0
广东	19.7	22.2	21.4	24.3	28.2	20.6	18.1	19.4	21.3
广西	15.6	17.2	16.7	19.6	22.0	14.5	12.3	12.5	13.0
海南	16.8	18.5	17.8	20.5	25.2	17.7	15.7	16.8	19.1
重庆	18.2	20.3	19.7	22.3	29.0	21.5	18.8	20.1	20.4
四川	17.4	19.6	18.9	21.1	25.2	18.4	16.1	16.8	17.8
贵州	11.3	13.4	14.0	17.3	20.7	13.6	11.9	13.3	11.6
云南	16.0	18.2	17.7	20.1	22.2	17.3	15.2	16.1	15.9
陕西	16.7	19.0	18.4	20.6	26.4	19.3	17.1	18.3	18.9
甘肃	10.0	11.5	11.4	12.3	20.5	14.5	12.5	13.6	12.0
青海	12.4	13.0	12.2	14.3	18.2	13.0	10.6	11.7	10.4
宁夏	2.0	2.6	2.5	3.1	2.3	1.9	1.9	2.0	7.1
新疆	10.1	10.7	10.2	11.4	9.0	6.9	7.1	8.3	10.8
平均分	15.6	17.5	16.8	19.1	23.1	16.8	14.8	15.8	16.6

表 3 - 9　　　　　　　　　环境保护效率评价得分排名

省份	2012 年	2013 年	2014 年	2015 年	2016 年	2017 年	2018 年	2019 年	2020 年
北京	1	1	1	1	1	1	1	1	1
上海	2	2	2	2	3	2	2	2	2
天津	5	5	6	7	2	3	3	3	3
江苏	4	3	3	3	7	7	7	7	4
浙江	3	4	4	4	4	4	4	4	5
广东	6	6	5	5	6	6	6	6	6
福建	7	7	7	6	8	8	8	8	7
重庆	8	8	8	8	5	5	5	5	8
山东	9	9	10	10	10	10	11	11	9
河南	16	16	15	16	12	9	9	9	10
海南	14	15	16	15	14	16	14	14	11
陕西	15	13	13	14	11	12	12	12	12
湖南	13	14	14	13	15	14	15	15	13
安徽	12	12	12	12	17	15	16	16	14
四川	11	11	11	11	13	13	13	13	15
湖北	10	10	9	9	9	11	10	10	16
江西	18	18	18	19	25	25	24	26	17
云南	17	17	17	17	19	17	17	17	18
吉林	22	22	23	23	16	18	18	18	19
河北	20	20	20	20	21	23	20	20	20
辽宁	21	21	21	22	18	19	19	19	21
广西	19	19	19	18	20	21	23	24	22
甘肃	28	27	26	26	23	22	21	21	23
山西	23	24	24	25	28	28	26	25	24
贵州	25	23	22	21	22	24	25	22	25
新疆	27	28	28	29	29	29	29	29	26
青海	24	25	25	24	27	26	28	27	27
内蒙古	29	29	29	27	24	20	22	23	28
黑龙江	26	26	27	28	26	27	27	28	29
宁夏	30	30	30	30	30	30	30	30	30

从环境保护效率得分来看，最高分大多数年份为 20 多分，只有 2016 年的最高分超过 30 分，得分较高一直是北京，最低得分的一直是宁夏，大多数年份得分不足 3 分，只有 2020 年达到 7.1 分。最高分和最低分的差距非常明显，虽然有下降趋势，但大多数年份的得分差距仍然超过 20 分。各年全部省份的平均分变动比较大，呈现先上升再下降的趋势，最高是 2016 年，为 23.1 分。

从环境保护效率得分排名来看，排名靠前的省份大多数是东部沿海省份，比如 2020 年排名前十的省份当中，只有河南是中部省份，重庆是西部省份，其他 8 个都是东部省份。排名后面的省份大多数是西部省份和东北省份。由于环境保护效率主要反映污染排放指标的强度，一般而言，经济较为发达的省份，经济发展水平较高，单位产出的污染排放相对较低，体现了各地区污染排放与经济发展之间的协调关系。

从环境保护效率得分和排名的动态变化来看，各省总体表现比较稳定，几乎没有呈现出较大的波动，只有少数几个省份的排名波动了较大位次，比如河南从 2012 年第 16 位上升到 2020 年的第 10 位，湖北从 2012 年第 10 位波动下降到 2020 年的第 16 位。

4. 经济增长效率评价结果

以收集到的 2012～2020 年 30 个省份的相关指标数据为基础，根据环境治理绩效评价指标体系和评价模型测评，得到各省经济增长效率评价得分如表 3-10 所示，对各省得分进行排名结果如表 3-11 所示。

表 3-10   经济增长效率评价得分

省份	2012 年	2013 年	2014 年	2015 年	2016 年	2017 年	2018 年	2019 年	2020 年
北京	10.8	11.8	12.3	12.1	14.6	11.5	9.2	9.3	9.6
天津	11.3	12.4	12.8	12.1	11.2	7.6	6.6	6.3	7.4
河北	4.5	4.5	4.3	4.5	4.9	5.3	3.9	4.1	4.8
山西	5.5	5.8	5.0	4.8	9.5	4.4	3.1	4.2	3.0
内蒙古	8.1	8.8	9.0	9.6	9.5	6.7	3.7	4.3	8.8
辽宁	9.4	7.2	6.1	5.9	5.2	4.9	4.0	3.7	4.3
吉林	3.1	3.1	2.9	3.6	3.5	2.7	1.7	1.8	3.1
黑龙江	4.2	4.9	3.4	3.4	4.0	2.7	1.6	1.6	3.0
上海	10.8	11.7	11.5	12.4	12.9	10.4	8.9	9.1	10.1
江苏	8.8	9.7	9.3	10.4	10.7	8.9	8.0	8.0	8.9

省份	2012 年	2013 年	2014 年	2015 年	2016 年	2017 年	2018 年	2019 年	2020 年
浙江	8.3	8.8	8.8	9.6	11.0	8.5	7.6	7.6	8.8
安徽	4.6	5.7	5.1	5.9	6.9	5.9	4.6	5.1	5.6
福建	5.8	6.4	5.7	6.5	6.8	5.9	5.6	5.8	7.0
江西	4.5	3.6	3.5	4.1	5.5	4.8	4.3	4.9	4.5
山东	7.7	8.3	8.0	8.3	9.3	8.5	6.8	5.5	6.2
河南	2.6	2.9	2.9	3.3	3.9	4.3	3.5	3.5	3.8
湖北	4.7	4.6	4.8	5.1	6.7	5.3	4.4	4.5	4.8
湖南	3.6	3.9	3.7	6.0	4.6	4.2	3.8	3.8	4.5
广东	6.6	7.1	6.8	7.4	8.1	6.9	6.5	6.6	7.7
广西	3.0	3.0	2.6	3.3	3.0	2.3	1.6	1.8	2.9
海南	2.7	1.7	1.5	1.8	2.1	2.4	1.4	6.2	2.8
重庆	4.8	4.7	4.6	5.0	5.7	5.6	4.5	4.7	5.3
四川	2.1	2.2	2.5	2.5	3.3	2.9	2.7	2.7	3.1
贵州	1.2	1.5	2.3	2.0	2.1	2.8	1.8	2.5	2.0
云南	1.6	2.0	1.5	1.7	2.1	1.9	1.8	1.7	2.0
陕西	3.7	4.0	4.4	4.5	5.6	4.5	3.1	3.4	3.7
甘肃	3.2	4.1	3.2	3.3	3.6	2.2	10.1	2.3	2.6
青海	2.7	3.3	2.6	3.0	5.1	3.0	1.1	1.5	1.4
宁夏	4.8	5.5	5.6	6.8	8.5	5.9	3.4	4.8	5.5
新疆	5.1	5.7	6.4	5.6	6.8	6.0	2.2	2.3	2.0
平均分	5.3	5.6	5.4	5.8	6.6	5.3	4.4	4.5	5.0

表 3-11　　　　　　　　　　　经济增长效率评价得分排名

省份	2012 年	2013 年	2014 年	2015 年	2016 年	2017 年	2018 年	2019 年	2020 年
上海	3	3	3	1	2	2	3	2	1
北京	2	2	2	2	1	1	2	1	2
江苏	5	4	4	4	5	3	4	3	3
浙江	6	5	6	6	4	4	5	4	4
内蒙古	7	6	5	6	6	8	17	15	5

省份	2012 年	2013 年	2014 年	2015 年	2016 年	2017 年	2018 年	2019 年	2020 年
广东	9	9	8	8	10	7	8	5	6
天津	1	1	1	3	3	6	7	6	7
福建	10	10	11	10	12	10	9	8	8
山东	8	7	7	7	8	5	6	9	9
安徽	16	12	13	13	11	12	10	10	10
宁夏	14	14	12	9	9	11	19	12	11
重庆	13	16	16	16	15	13	11	13	12
湖北	15	17	15	15	14	14	12	14	13
河北	18	18	18	18	20	15	15	17	14
江西	17	22	20	20	17	17	13	11	15
湖南	21	21	19	11	21	21	16	18	16
辽宁	4	8	10	12	18	16	14	19	17
河南	27	26	24	25	23	20	18	20	18
陕西	20	20	17	19	16	18	21	21	19
吉林	23	24	23	21	25	26	26	27	20
四川	28	27	27	27	26	23	22	22	21
山西	11	11	14	17	7	19	20	16	22
黑龙江	19	15	21	22	22	25	28	29	23
广西	24	25	26	23	27	28	27	26	24
海南	25	29	29	29	29	27	29	7	25
甘肃	22	19	22	24	24	29	1	24	26
新疆	12	13	9	14	13	9	23	25	27
贵州	30	30	28	28	30	24	24	23	28
云南	29	28	30	30	28	30	25	28	29
青海	26	23	25	26	19	22	30	30	30

　　从经济增长效率得分来看，最高分大多数年份在 10 分左右，但是 2019 年的最高分较低，不足 10 分，北京、上海和天津在不同年份分别达到最高分，其他得分较高的省份也大多数是东部经济发达省份。各省最低分逐步上升后再逐步下降，2016 年达到 2.1 分，其他年份的最低分都不超过 2 分，得分较低的多数是西

部省份，个别是中部省份。最高分和最低分的差距比较大，大多数年份的得分差距超过 10 分，但呈现下降趋势。各年全部省份的平均分变动不太大，最低是 2018 年的 4.4 分，最高是 2016 年的 6.6 分。

从经济增长效率得分排名来看，排名靠前的省份大多数是东部沿海省份，比如 2020 年排名前十的除了内蒙古和安徽之外，其他 8 个省份都是东部省份。排名后面的省份大多数是中西部省份，也有东北地区的省份。由于经济增长效率主要反映经济增长、居民收入分配、科技创新和环境治理投入，体现了各地区经济增长的质量，与经济发展水平有较大关系。

从经济增长效率得分和排名的动态变化来看，各省总体表现较为稳定，只有少数省份排名呈现出较大的波动和变化，比如 2020 年排名前十的几个东部省份，排名长期处于前十，只有福建个别年份排名在十名之外。

第四章

DEA 模型在环境治理绩效中的应用

第一节　数据包络分析模型原理和基本应用

一、数据包络分析（DEA）模型基本原理

绩效衡量了投入产出的数量关系，要准确地测度个体的绩效，必须客观地反映个体的投入和产出。数据包络分析（DEA）是一种用于评估一组同质决策单元（DMU）相对绩效的方法，这些决策单元将多个投入转换为多个产出。由于 DEA 模型所需的假设条件很少，适用于多个绩效指标之间的复杂关系，在很多领域得到了广泛应用。

1. DEA 模型理论基础

法雷尔（Farrell）[①] 认为传统的效率评价模型很大的局限性，因为它们不能有效地测度多投入与整体产出的关系，他提出需要开发更好的方法和模型来评估生产率，用以解决劳动生产率、资本生产率等单个指标测算面临的问题。他提出新的方法要适用于任何生产性组织，即所有的个体都有均等机会获得投入，但并不是相同的投入量，个体效率取决于每个个体的投入量和产出量，"从车间到整个经济体"都适用。基于帕累托最优的基本原理，法雷尔将"生产率"概念扩展到更一般的"效率"概念，由此产生的测度被称为"Farrell 效率测度"

---

① Farrell，M. J. The Measurement of Productive Efficiency ［J］. Journal of Royal Statistical Society，1957（120）：253－281.

（Farrell measure of efficiency），属于"技术效率"范畴，即能够在不恶化任何投入产出指标的情况下减少投入的浪费量。法雷尔还将其与经济学中的分配效率和规模效率区分开来。但法雷尔的实证工作仅局限于单个产出的情况，而且不能解释模型中非零松弛问题。尽管西德尼·阿弗里亚特（Sidney Afriat）[①]、罗纳德·谢泼德（Ronald Shephard）[②] 的早期研究尝试解决这些问题，但没有取得突破性进展。

直到查尔斯（Charnes）、库伯（Cooper）和罗得斯（Rhodes）[③] 等成功地推广了这项研究，他们在法雷尔等前人研究基础上，设计了多投入的对偶问题，并扩展到多产出和多投入情况，成功地推出了数据包络分析（DEA）模型，通过引入了与 $\varepsilon > 0$ 相关的非阿基米德元素建立模型，确保松弛总是最大化且不改变法雷尔测度值来解决问题。在最初研究中，查尔斯（Charnes）等将 DEA 描述为"应用于观测数据的数学规划模型"，就形式而言是一种针对前沿而非集中趋势的方法，提供了生产函数与有效生产可能性曲面的关系等。与回归分析试图通过拟合数据中心线不同，DEA 模型注重找到一个最优的前沿线，把所有个体都置于其下，用以比较个体之间的差距，反映的是个体之间的相对效率，因此也就不需要构建各种各样的线性和非线性回归模型，也不需要各种前提假设。DEA 模型的效率有两个定义，第一个是扩展的帕累托—库普曼斯效率（Pareto - Koopmans），即一个个体被认为是完全有效率的，当且仅当其中任何指标无法在不使其他指标恶化的情况下得到改善。但是在大多数管理和社会科学的应用中，理论上的效率水平是未知的，因此，实际中更多地用到第二个相对效率定义，即一个个体被认为是完全效率，当且仅当与其他个体相比较而言，自身的任何指标无法在不使其他指标恶化的情况下得到改善。

实际上，DEA 模型还可以处理等张性、非凹性、规模经济、分段线性、C - D 对数线性形式、自由裁量和非自由裁量投入、类别变量和序数关系等性质的问题，许多领域的研究人员很快就认识到这是一种出色且易于使用的方法，可用于对绩效评估的操作过程进行建模，从而得到迅速发展和广泛应用。相对于之前运用其他方法对决策单元或个体进行绩效评估的方法，运用 DEA 模型进行绩效评

---

① Afriat, S. Efficiency Estimation of Production Functions [J]. International Economic Review, 1972 (13): 568 - 598.

② Shephard, R. W. Theory of Cost and Production Functions [M]. Princeton University Press, Princeton, NJ, 1970.

③ Charnes, A., W. W. Cooper, and E. Rhodes. Measuring the Efficiency of Decision Making Units, European Journal of Operational Research, 1978 (2): 429 - 444.

价方法更完善，可以获得更多发现。① 目前，DEA 模型出现了大量的扩展形式，很多相关软件也被开发出来，应用领域非常广泛，成为绩效评价中最为常用的模型之一。

2. 技术效率、配置效率和整体效率

关于效率，又可以区分为技术效率、配置效率和整体效率，三种效率之间密切关联，这里做一个区分，以便更好地介绍 DEA 模型的基本原理。

如图 4 – 1 所示，假设生产过程有两种投入（x_1，x_2），连接点 ABCD 的实线段构成"等产量线"或"水平线"，线上的点表示两种投入的不同组合，但有一样的产出，这条线代表生产可能集的效率前沿，因为如果要保持在这个等量线上，就不可能在不增加另一个投入的情况下减少其中一个投入。

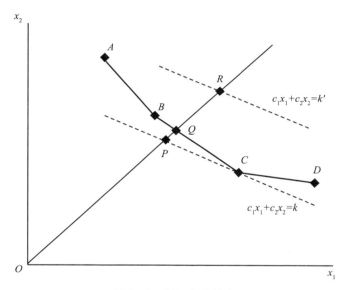

图 4 – 1　投入产出效率

虚线表示等成本线或者预算线，当两种投入的单位成本分别为 c_1 和 c_2 时，这条线上（x_1，x_2）对应的总成本是一致的。当位于 C 点上时，总成本为 k。然而，将这条预算线平行向上移动，直到与 R 的交点，成本增加到 $k' > k$。图中 k 是生产等产量线水平产出的所需的最小总成本，因为任何低于 C 的平行移动都无

① Cooper，W. W. ，Seiford，L. M. and Tone，K. Data Envelopment Analysis：A Comprehensive Text with Models，Applications，References and DEA – Solver Software ［M］. Kluwer Academic Publishers，Boston，2020.

法与生产可能集相交。因此，C 处的交点是固定产出的最小投入 (x_1, x_2)，因此点 C 被称为分配有效和技术有效。

现在让 R 表示产生相同的观测值，比率 $0 \leqslant OQ/OR \leqslant 1$ 被认为是技术效率的"径向"度量，而 $0 \leqslant 1 - (OQ/OR) \leqslant 1$ 则是技术无效率的度量。

现在考虑点 P，它是穿过 C 的成本线与从原点到 R 射线的交点，可以得到"总效率"的径向度量 $0 \leqslant OP/OR \leqslant 1$。此外可以得到配置效率。三个效率指标是相互联系，即配置效率和技术效率的乘积等于总体效率，公式表示为：

$$\frac{OP}{OQ} \times \frac{OQ}{OR} = \frac{OP}{OR} \tag{4-1}$$

3. DEA – CCR 模型

DEA 模型中，使用决策单元（Decision Making Unit，DMU）一词来指具有投入产出的评价对象，这些评价对象宏观上可以是国家、区域、城市，微观上也可以是企业、家庭、个体等。查尔斯（Charnes）等最早提出的 CCR 模型，假设有 n 个待评估的 DMU，每个 DMU 消耗 m 个不同的投入来产生 s 个不同的产出。具体而言，DMU_j 消耗投入 i 的量是 x_{ij}，产出 r 的量是 y_{ij}，其中 $x_{ij} \geqslant 0$，$y_{ij} \geqslant 0$，且每个 DMU 至少有一个正投入和一个正产出。

在 DEA 的比率形式中，投入与产出的比率被用于衡量 $DMU_j = DMU_o$ 的相对效率，并对所有的 DMU_j $(j = 1, 2, \cdots, n)$ 的效率进行评估，可以将此结构解释为将每个 DMU 的多投入/多产出情形简化为单一虚拟投入和虚拟产出。对于特定的 DMU，单一虚拟投入与单一虚拟产出的比率提供了一个乘数函数的效率测度。从数学规划形式来看，特定 DMU 的效率评估函数为上述比率的最大值，如下式：

$$\max h_o(u, v) = \sum_r u_r y_{ro} / \sum_i v_i x_{io} \tag{4-2}$$

其中，u_r 和 v_i 是权重变量，y_{ro} 和 x_{io} 分别是被评估决策单元 DMU_o 的产出值和投入值。一组标准化的约束要求包括 $DMU_j = DMU_o$ 在内的每个 DMU 的虚拟产出与虚拟投入之比必须满足小于等于 1 的条件，数学表达如下：

$$\max h_o(u, v) = \sum_r u_r y_{ro} / \sum_i v_i x_{io}$$
$$\text{s. t. } \sum_r u_r y_{rj} / \sum_i v_i x_{ij} \leqslant 1, \ j = 1, \cdots, n$$
$$u_r, v_i \geqslant 0, \ \forall i, j. \tag{4-3}$$

注：一个完全严密的推导将用 $\dfrac{u_r}{\sum\limits_{i=1}^{m} v_i x_{io}} \geqslant \varepsilon > 0$ 来代替 u_r，$v_i \geqslant 0$，其中 ε 是

非阿基米德无穷小量（即一个小于任何正实数且大于 0 的数）[1]，这个条件保证了这些变量的正数解。

上面目标函数的比率形式容易产生无穷个解，如果（u^*，v^*）是最优的，那么（αu^*，αv^*）对于 $\alpha > 0$ 也是最优的。然而，查尔斯（Charnes）和库伯（Cooper）[2] 提出的线性分式规划变换选择了一个代表性解［即 $\sum_{i=1}^{m} v_i x_{io} = 1$ 的（u，v）解］，并得到了等价的线性规划问题：

$$\max z = \sum_{r=1}^{s} \mu_r y_{ro}$$

$$\text{s. t.} \sum_{r=1}^{s} \mu_r y_{ij} - \sum_{i=1}^{m} v_i x_{ij} \leqslant 0$$

$$\sum_{i=1}^{m} v_i x_{io} = 1$$

$$\mu_r, \ v_i \geqslant 0 \tag{4-4}$$

该线性规划问题的对偶形式是：

$$\theta^* = \min \theta$$

$$\text{s. t.} \sum_{j=1}^{n} x_{ij} \lambda_j \leqslant \theta x_{io}, \ i = 1, 2, \cdots, m;$$

$$\sum_{j=1}^{n} y_{rj} \lambda_j \geqslant y_{ro}, \ r = 1, 2, \cdots, s;$$

$$\lambda_j \geqslant 0, \ j = 1, 2, \cdots, n \tag{4-5}$$

模型（4-4）有时被称为"Farrell 模型"，因为它是法雷尔在 1957 年文章中使用的模型，被认为符合"强处置"的假设，因为它忽略了非零松弛的存在，个体被称为"弱有效"。

利用线性规划的对偶定理，可以得到决策单元的效率值 $z^* = \theta^*$。可令 $\theta = 1$ 和 $\lambda_k^* = 1$，且 $\lambda_k^* = \lambda_o^*$，其余 $\lambda_j^* = 0$，所以模型（4-4）必有解，该解意味着 $\theta^* \leqslant 1$，最优解 θ^* 为 DMU 的效率值。对每个 DMU_j 都重复该过程，例如用（X_0，Y_0）=（X_k，Y_k）求解式（4-4），其中，（X_k，Y_k）表示分量为 x_{ik} 和 y_{rk} 的向量，（X_0，Y_0）表示分量为 x_{0k} 和 y_{0k} 的向量。$\theta^* < 1$ 时 DMU 无效，$\theta^* = 1$ 是 DMU 的边

---

[1] Arnold, V., I. Bardhan, W. W. Cooper and A. Gallegos. Primal and Dual Optimality in Computer Codes Using Two-Stage Solution Procedures in DEA. J. Aronson and S. Zionts, eds., Operations Research Methods, Models and Applications (Westpost, Conn: Quorum Books), 1998.

[2] Charnes, A., W. W. Cooper. Programming with linear fractional functionals, Naval Research Logistics Quarterly, 1962 (9): 181-185.

界点，代表有效。

由于存在非零松弛，有些边界点可能是"弱有效"的。但存在一个问题，即备选优化可能仅存在于部分解中，这个问题可以通过以下的线性程序来解决，其中，松弛变量取最大值。

$$\max \sum_{i=1}^{m} s_i^- + \sum_{r=1}^{s} s_r^+$$

$$\text{s.t.} \sum_{j=1}^{n} x_{ij}\lambda_j + s_i^- = \theta x_{io} \quad i=1, 2, \cdots, m;$$

$$\sum_{j=1}^{n} y_{rj}\lambda_j - s_r^+ = y_{ro} \quad r=1, 2, \cdots, s;$$

$$\lambda_j, \ s_i^-, \ s_r^+ \geqslant 0 \quad \forall i, j, r \tag{4-6}$$

s_i^- 和 s_r^+ 的选择并不影响由模型（4-4）确定的最优解 θ^*。基于"相对效率"定义，通过以上公式可以定义投入导向的 *DEA* 有效：

DMU_o 的绩效是完全效率，当且仅当满足 $\theta^* = 1$ 和所有松弛 $s_i^{-*} = s_r^{+*} = 0$ 的条件；DMU_o 的绩效是弱有效的，当且仅当 $\theta^* = 1$ 以及在部分备选最优中，对于某些 i 和 r，有 $s_i^{-*} \neq 0$ 和/或 $s_r^{+*} \neq 0$。*DEA* 有效的定义可以从投入端表示为：

$$\min \theta - \varepsilon \left(\sum_{i=1}^{m} s_i^- + \sum_{r=1}^{s} s_r^+ \right)$$

$$\text{s.t.} \sum_{j=1}^{n} x_{ij}\lambda_j + s_i^- = \theta x_{io} \quad i=1, 2, \cdots, m;$$

$$\sum_{j=1}^{n} y_{rj}\lambda_j - s_i^+ = y_{ro} \quad r=1, 2, \cdots, s;$$

$$\lambda_j, \ s_i^-, \ s_r^+ \geqslant 0 \quad \forall i, j, r \tag{4-7}$$

s_i^- 和 s_r^+ 是松弛变量，用于将式（4-7）中的不等式转化为等式。$\varepsilon > 0$ 是非阿基米德无穷小量，小于任何正实数。这相当于分两阶段求解式（4-4），首先最小化 θ，然后像式（4-6）那样固定 $\theta = \theta^*$，在不改变已确定的 $\theta = \theta^*$ 的情况下最大化松弛量。在形式上，相当于赋予式（4-7）中 θ^* 的优先权，这样，非阿基米德无穷小量 ε 被定义为小于任何正实数的正数即可，不用指定 ε 的值。

也可以从产出端考虑虚拟投入与产出比率，将式（4-3）中目标函数的最大值调整为最小值，从而得到：

$$\min \sum_{i} v_i x_{io} / \sum_{r} u_r y_{ro}$$

$$\text{s.t.} \sum_{i} v_i x_{ij} / \sum_{r} u_r y_{rj} \geqslant 1, \ j=1, \cdots, n,$$

$$u_r, \ v_i \geqslant \varepsilon > 0, \ \forall i, \ j, \ r \tag{4-8}$$

$\varepsilon > 0$ 是非阿基米德无穷小量。

同样，线性规划的 Charnes – Cooper 变换产生了以下乘数模型（4 – 9）以及对偶的包络模型（4 – 10），如下所示：

$$\min q = \sum_{i=1}^{m} v_i x_{io}$$

$$\text{s. t.} \ \sum_{i=1}^{m} v_i x_{ij} - \sum_{r=1}^{s} \mu_r y_{rj} \geqslant 0$$

$$\sum_{r=1}^{s} \mu_r y_{ro} = 1$$

$$\mu_r, \ v_i \geqslant \varepsilon, \ \forall r, \ i \tag{4-9}$$

$$\max \phi + \varepsilon \Big(\sum_{i=1}^{m} s_i^- + \sum_{r=1}^{s} s_r^+ \Big)$$

$$\text{s. t.} \ \sum_{j=1}^{n} x_{ij} \lambda_j + s_i^- = x_{io} \quad i = 1, \ 2, \ \cdots, \ m;$$

$$\sum_{j=1}^{n} y_{rj} \lambda_j - s_r^+ = \phi y_{ro} \quad r = 1, \ 2, \ \cdots, \ s;$$

$$\lambda_j \geqslant 0 \quad j = 1, \ 2, \ \cdots, \ n \tag{4-10}$$

这里使用了一个式（4 – 6）中投入导向相反的具有产出导向的模型。公式（4 – 10）的计算过程分为两个阶段，首先，通过忽略松弛量来计算 ϕ^*，然后在下面的线性规划问题中固定 ϕ^* 来优化松弛量。

$$\max \sum_{i=1}^{m} s_i^- + \sum_{r=1}^{s} s_r^+$$

$$\text{s. t.} \ \sum_{j=1}^{n} x_{ij} \lambda_j + s_i^- = x_{i_o} \quad i = 1, \ 2, \ \cdots, \ m;$$

$$\sum_{j=1}^{n} y_{rj} \lambda_j - s_r^+ = \phi^* y_{ro} \quad r = 1, \ 2, \ \cdots, \ s;$$

$$\lambda_j \geqslant 0 \quad j = 1, \ 2, \ \cdots, \ n \tag{4-11}$$

据此，可以定义产出导向的 DEA 效率：DMU_o 是有效的，当且仅当 $\phi^* = 1$ 且 $s_i^{-*} = s_r^{+*} = 0$，$\forall i, \ j$；DMU_o 是弱有效的，当 $\phi^* = 1$ 且/或 $s_i^{-*} \neq 0$ 且 $s_r^{+*} \neq 0$，对于部分 $i, \ j$ 及部分最佳备选。

表 4 – 1 和表 4 – 2 分别给出了 CCR 模型的投入导向和产出导向形式，每个形式都以对偶线性规划的形式出现。

表 4 – 1　　　　　　　　　　　　　投入导向 CCR – DEA 模型

包络模型	乘数模型
$\min\theta - \varepsilon(\sum\limits_{i=1}^{m} s_i^- + \sum\limits_{i=1}^{s} s_r^+)$ s. t. $\sum\limits_{j=1}^{n} x_{ij}\lambda_j + s_i^- = \theta x_{io} \quad i = 1, 2, \cdots, m;$ $\sum\limits_{j=1}^{n} y_{rj}\lambda_j - s_r^+ = y_{ro} \quad r = 1, 2, \cdots, s;$ $\lambda_j \geq 0 \quad j = 1, 2, \cdots, n$	$\max z = \sum\limits_{r=1}^{s} \mu_r y_{ro}$ s. t. $\sum\limits_{r=1}^{s} \mu_r y_{rj} - \sum\limits_{i=1}^{s} v_i x_{ij} \leq 0$ $\sum\limits_{i=1}^{m} v_i x_{io} = 1$ $\mu_r,\ v_i \geq \varepsilon > 0$

表 4 – 2　　　　　　　　　　　　　产出导向 CCR – DEA 模型

包络模型	乘数模型
$\max\phi + \varepsilon(\sum\limits_{i=1}^{m} s_i^- + \sum\limits_{r=1}^{s} s_r^+)$ s. t. $\sum\limits_{j=1}^{n} x_{ij}\lambda_j + s_i^- = x_{io} \quad i = 1, 2, \cdots, m;$ $\sum\limits_{j=1}^{n} y_{rj}\lambda_j - s_r^+ = \phi y_{ro} \quad r = 1, 2, \cdots, s;$ $\lambda_j \geq 0 \quad j = 1, 2, \cdots, n$	$\min q = \sum\limits_{i=1}^{m} v_i x_{i0}$ s. t. $\sum\limits_{i=1}^{m} v_i x_{ij} - \sum\limits_{r=1}^{s} \mu_r y_{rj} \geq 0$ $\sum\limits_{r=1}^{s} \mu_r y_{ro} = 1$ $\mu_r,\ v_i \geq \varepsilon > 0$

这些被称为 CCR 或者 C^2R 模型，如果附加约束 $\sum\limits_{j=1}^{n} \lambda_j = 1$，则被称为 BCC（Banker，Charnes，Cooper，1984）模型或者 BC^2 模型。这个附加的约束在对偶乘数问题中引入了一个额外的变量 μo，可能用来评估规模收益情况（增加、不变和减少）。因此，BCC 模型也被称为 VRS（可变规模收益）模型，而 CCR 模型为 CRS（不变规模收益）模型。也可以认为，CCR 模型同时评价技术效率和规模效率，而 BCC 模型只评价技术效率，两者的效率评价结果相比可以得到规模效率。

后来费尔（Fare）和格罗斯克普夫（Grosskopf）[①] 提出来 FG 模型，不但可以评价决策单元的技术有效性，还可以判断决策单元规模收益不变或者规模收益

---

① Fare R. , Grosskopf S. A Nonparametric Cost Approach to Scale Efficiency ［J］. Journal of Economics, 1985（7）：594 – 604.

递减。接着赛福德（Seiford）和思罗尔（Thrall）[1] 给出的 ST 模型在评价决策单元技术有效性的时候，还可以判断决策单元的规模收益不变或者规模收益递增。云等[2]则提出了综合 DEA 模型，设置模型参数不同取值，便得到各种基本 DEA 模型。

由于 DEA 模型测度效率是基于当前技术水平下的各个决策单元的相对效率，属于静态比较，因而在不同时段测度效率值就不能直接对比。对此，费尔（Fare）等[3]基于 DEA 模型给出曼奎斯特（Malmquist）指数方法，将 Malmquist 指数分解成为技术效率变动、技术进步和规模效率变动，从而可以反映决策单元的效率变动情况。

二、数据包络分析（DEA）模型扩展

随着 CCR 和 BCC 模型的推出，DEA 模型开始得到广泛应用，并且在很多文献中出现了扩展 DEA 模型，以更好地适应不同领域和不同数据的应用需要，使其成为一个庞大的 DEA 模型族。

1. 投入和产出非自由处置的 DEA 模型

基础 DEA 模型中隐含一个基本的假设，就是决策单元（DMU）的所有投入和产出都是可以自由调整的，即 DMU 为了提升效率，可以根据自己的需要调整投入产出。然而，可能存在外生固定的（或非自由处置的）投入或产出，比如企业的固定资产在短期内是难以改变的，不能随时调整固定资产以迅速调整产出规模，这样 DMU 不能以最小的投入消耗达到最大的产出水平，就会降低效率水平。

假设投入和产出变量都可以划分为任意（D）和非任意（N）变量的子集：

$$I = \{1, 2, \cdots, m\} = I_D \cup I_N, \ I_D \cap I_N = \varnothing$$

$$O = \{1, 2, \cdots, s\} = O_D \cup O_N, \ O_D \cap O_N = \varnothing$$

其中，I_D、O_D 和 I_N、O_N 分别指任意（D）和非任意（N）投入 I 和产出 O 变量，$\varnothing$ 是空集。需要区分自由处置和非自由处置的投入，则投入导向的 CCR

---

①　L. M. Seiford, R. M. Thrall. Recent Development in DEA, the Mathematical Programming Approach to Frontier Analysis [J]. Journal of Econometrics, 1990 (46): 7 – 38.

②　Yun Y. B., H. Nakayama & T. Tanino. A Generalized Model for Data Envelopment Analysis. European Journal of Operational Research, 2004, 157 (1): 87 – 105.

③　Fare R., Grosskopf S., Lovell C. A. K., et al. Multilateral Productivity Comparisons When Some Outputs are Undesirable: A Nonparametric Approach [J]. Review of Economics and Statistics, 1989, 71 (1): 90 – 98.

模型可以修改为：

$$\min\theta - \varepsilon\left(\sum_{i \in I_D} s_i^- + \sum_{r=1}^s s_r^+\right)$$

$$\text{s. t.} \sum_{j=1}^n x_{ij}\lambda_j + s_i^- = \theta x_{io} \quad i \in I_D;$$

$$\sum_{j=1}^n x_{ij}\lambda_j + s_i^- = x_{io} \quad i \in I_N;$$

$$\sum_{j=1}^n y_{rj}\lambda_j - s_r^+ = y_{ro} \quad r = 1, 2, \cdots, s;$$

$$\lambda_j \geqslant 0 \quad j = 1, 2, \cdots, n \qquad (4-12)$$

要注意的是，要最小化的 θ 只出现在 $i \in I_D$ 的约束中，而 $i \in I_N$ 的约束只是间接地起作用，因为 $i \in I_N$ 的投入水平 x_{io} 不受管理控制。另外，与 I_N 相关的松弛变量，即非自由裁量投入不包括在式（4-11）的目标函数中，因此这些投入的非零松弛不直接进入目标所指向的效率值。

纳入非自由处置变量后，产出导向的 CCR 模型修改如下：

$$\max\phi + \varepsilon\left(\sum_{i=1}^m s_i^- + \sum_{r \in O_D} s_r^+\right)$$

$$\text{s. t.}$$

$$\sum_{j=1}^n x_{ij}\lambda_j + s_i^- = x_{io} \quad i = 1, 2, \cdots, m;$$

$$\sum_{j=1}^n y_{rj}\lambda_j - s_r^+ = \phi y_{ro} \quad r \in O_D;$$

$$\sum_{j=1}^n y_{rj}\lambda_j - s_r^+ = y_{ro} \quad r \in O_N;$$

$$\lambda_j \geqslant 0 \quad j = 1, 2, \cdots, n \qquad (4-13)$$

2. 投入和产出分类 DEA 模型

基础 CCR 模型或者 DEA 模型假设所有的投入和产出都属于同一类别，然而实际情况并非如此，因为不同 DMU 在投入产出指标上有所不同，班克（Banker）和莫雷（Morey）[①] 对此作了详细讨论。假设投入变量可以设为 L 个级别中的其中一个，这些 L 值能够有效地将 DMU 进行分类。具体来说，DMU 的集合 $K = \{1, 2, \cdots, n\} = K_1 \cup K_2 \cup \cdots \cup K_L$，其中 $K_f = \{j \in K$ 且 f 为投入值$\}$，$K_i \cap K_j = \varnothing$，

---

① Banker, R. D., R. C. Morey. The Use of Categorical Variables in Data Envelopment Analysis [J]. Management Science, 1986, 32 (12): 1613 – 1627.

$i \neq j$，据此可以根据包含在 DMU 中的单元和所有先前类别确定的包络面来评估 DMU，在 $DMU_o \in K_f$ 情况下，模型设定为：

$$\min \theta$$

$$\text{s. t.} \sum_{j \in \cup_{f=1}^{K} K_f} x_{ij} \lambda_j + s_j^- = \theta x_{io} \quad i = 1, 2, \cdots, m;$$

$$\sum_{j \in \cup_{f=1}^{K} K_f} y_{rj} \lambda_j + s_r^+ = y_{ro} \quad r = 1, 2, \cdots, s;$$

$$\lambda_j \geq 0 \quad j = 1, 2, \cdots, n \tag{4-14}$$

因此，可以对 $l \in D_1$ 中所有 K_1 个 DMU_s 进行评估，再对所有 $l \in K_2$ 中 $K_1 \cup K_2$ 个 DMU 进行评估，依此类推，对所有 $l \in K_C$ 中 $\cup_{f=1}^{K_C} K_f$ 的 DMU 单元进行评估。这种方法不仅针对投入导向的 CCR 模型，其他任何 DEA 模型也都适用于这种合并分类变量。

3. 网络 DEA 模型

在传统的 DEA 模型中，DMU 被视为"黑箱"，即没有深入分析投入和产出之间的关系，忽略了中间步骤，更没有分析多阶段投入和产出之间的关系。[1] 为了打开"黑箱"并更深入地了解生产过程，研究人员构建了网络 DEA 模型（NDEA）来分析生产的网络结构并测算效率。菲尔（Färe）等首先引入了网络 DEA 模型，[2] 然后得到很多的改进和扩展，塞克斯（Sexton）和路易斯（Lewis）提出了两阶段 DEA 模型，[3] 并再次进行拓展，提出了多阶段的网络 DEA 模型，[4] 他们的研究为每个节点独立求解 DEA 模型。然而，这些径向模型忽略了投入和产出的松弛问题，可能与大多数实际生产过程不一致，因为它们基于投入和产出发生相同比例的变化。托恩（Tone）和简井（Tsutsui）提出了一种基于松弛变量的网络模型（NSBM），用于在投入和产出可能发生不同比例变化时评估 DMU 效率。[5] 黄简华等提出了一个名为 US - SBM 的模型，该模型将超效率、非期望产出和基于松弛变量的（SBM）结合在一起。[6]

---

[1][4]　L. Lewis, T. R. Sexton. Network DEA：Efficiency Analysis of Organizations with Complex Internal Structure [J]. Computers and Operations Research, 2004, 31 (9)：1365 - 1410.

[2]　R. Färe, S. Grosskopf, C. K. Lovell, S. Yaisawarng. Derivation of Shadow Prices for Undesirable Outputs：a Distance Function Approach [J]. The Review of Economics and Statistics, 1993, 75 (2)：374 - 380.

[3]　T. R. Sexton, H. F. Lewis. Two-stage DEA：an Application to Major League Baseball [J]. Journal of Productivity Analysis, 2003, 19 (2)：227 - 249.

[5]　K. Tone, M. Tsutsui. Network DEA：a Slacks-based Measure Approach [J]. European Journal of Operational Research, 2009, 197 (1)：243 - 252.

[6]　J. H. Huang, et al. A Comprehensive Eco-efficiency Model and Dynamics of Regional Eco-efficiency in China [J]. Journal of Cleaner Production, 2014, 67：228 - 238.

在基本的两阶段网络 DEA 模型中，将每个 *DMU* 设为串联的两个子 *DMU*，第一阶段子 *DMU* 消耗投入生产中间产品，这些中间产品又是第二阶段子 *DMU* 的投入，后者使用它们得到最终的产出。两阶段 DEA 模型的目标是评估每个 *DMU* 及其子 *DMU* 的相对效率。

为了说明网络 DEA 模型的基本原理，这里先对各变量做一个定义，X_{di} 是 DMU_d 的第 i 个投入，Y_{dp} 是 DMU_d 的第 p 个中间产出并被消耗，Z_{dr} 是 DMU_d 的第 r 个最终产出，λ_{dk} 是第一阶段 DMU_d 在第一阶段 DMU_k 的作用权重，μ_{dk} 是第二阶段 DMU_d 在第二阶段 DMU_k 的作用权重，π_{dk} 是评估 DMU_k 整体效率时第二阶段 DMU_d 在第二阶段 DMU_k 的作用权重。这样，对于第 k 个 *DMU*，其第一阶段效率公式为：

$$\max \theta_{1k}$$
$$\text{s. t.}$$
$$\sum_{d=1}^{D} \lambda_{dk} X_{di} \leqslant X_{ki} \; ; \; i = 1 , \cdots , I$$
$$\sum_{d=1}^{D} \lambda_{dk} Y_{dp} - \theta_{1k} Y_{kp} \geqslant 0 \; ; \; p = 1 , \cdots , P$$
$$\sum_{d=1}^{D} \lambda_{dk} = 1$$
$$\lambda_{dk} \geqslant 0 \; ; \; d = 1 , \cdots , D$$
$$\theta_{1k} \geqslant 0 \qquad\qquad (4-15)$$

其第二阶段效率公式为：

$$\max \theta_{2k}$$
$$\text{s. t.}$$
$$\sum_{d=1}^{D} \mu_{dk} Y_{dp} \leqslant Y_{kp} \; ; \; p = 1 , \cdots , P$$
$$\sum_{d=1}^{D} \mu_{dk} Z_{dr} - \theta_{2k} Z_{kr} \geqslant 0 \; ; \; r = 1 , \cdots , R$$
$$\sum_{d=1}^{D} \mu_{dk} = 1$$
$$\mu_{dk} \geqslant 0 \; ; \; d = 1 , \cdots , D$$
$$\theta_{2k} \geqslant 0 \qquad\qquad (4-16)$$

这样，把第一阶段和第二阶段综合起来考虑，第 k 个 *DMU* 的整体效率为：

$$\max\theta_k$$

s. t.

$$\sum_{d=1}^{D} \pi_{dk} Y_{dp} \leqslant Y_{kp}^{*} \; ; \; p = 1, \cdots, P$$

$$\sum_{d=1}^{D} \pi_{dk} Z_{dr} - \theta_k Z_{kr} \geqslant 0 \; ; \; r = 1, \cdots, R$$

$$\sum_{d=1}^{D} \pi_{dk} = 1$$

$$\pi_{dk} \geqslant 0 \; ; \; d = 1, \cdots, D$$

$$\theta_k \geqslant 0$$

$$Y_{kp}^{*} = \sum_{d=1}^{D} \lambda_{dk}^{*} Y_{dp} \; ; \; p = 1, \cdots, P \qquad (4-17)$$

4. 动态 DEA 模型

经典 DEA 模型只能对一个时期内的不同 DMU 相对效率进行评价，也就是说 DEA 模型是静态分析。考虑经济活动的动态延续性，静态 DEA 模型只能评价单期中 DMU 的效率，不利于跨期的比较分析，有必要建立多期的动态 DEA 模型。托恩（Tone）和简井（Tsutsui）[1] 建立了动态 DEA 模型，弗朗西斯科（Francisco）等[2]对其做了拓展。

动态 DEA 模型考虑了在 t 个时间段（$t = 1, \cdots, T$）上的 n 个 DMUs（$j = 1, \cdots, n$）情况，经济活动中不同时期之间有联系，主要是通过投入产出变量的结转，前一期的产出作为后一期的投入。在时期 t 时，每个 DMU 被赋予一组 m 个时期 t 投入（$I = 1, \cdots, m$）和从上一个时期 $t-1$ 开始的称为链接的结转活动，这两种投入都用于得到周期 t 的产出集合 S（$i = 1, \cdots, s$），同时向下一个周期 $t+1$ 发送结转。在周期 t 处 DMU_j 的投入和产出集合分别用 x_{ijt}（$i = 1, \cdots, m$）和 y_{ijt}（$i = 1, \cdots, s$）表示。

动态 DEA 模型与标准静态 DEA 模型的主要区别在于存在连接不同时期之间的结转，结转活动分为四个不同类别：（1）期望的链接 Z^{good}，作为一种产出，如果缺乏这类链接被认为是无效率的。（2）非期望链接 Z^{bad}，被视为一种投入，过多的投入是无效。（3）自由处置链接 Z^{free}，DMU 可以自由增加或减少，这类

---

① Kaoru Tone, Miki Tsutsui. Dynamic DEA: A Slacks-based Measure Approach [J]. Omega, 2010, 38（3 – 4）: 145 – 156.

② Francisco J. S. et al. A Dynamic Multi-stage Slacks-based Measure Data Envelopment Analysis Model with Knowledge Accumulation and Technological Evolution [J]. European Journal of Operational Research, 2019（278）: 448 – 462.

链接将影响跨期的效率。（4）非自由处置链接 Z^{fix}，不受 DMU 处置，这类链接也会影响跨期的效率。

只考虑期望链接和非期望链接情况下，某一个 DMU_0（$0 = 1$，$\cdots$，n）的生产约束公式表示如下：

$$x_{iot} = \sum_{j=1}^{n} \lambda_j^t x_{ijt} + s_{it}^- \quad (i = 1, \cdots, m; \ t = 1, \cdots, T)$$

$$y_{iot} = \sum_{j=1}^{n} \lambda_j^t y_{ijt} - s_{it}^+ \quad (i = 1, \cdots, s; \ t = 1, \cdots, T)$$

$$z_{iot}^{good} = \sum_{j=1}^{n} \lambda_j^t z_{ijt}^{good} - s_{it}^{good} \quad (i = 1, \cdots, ngood; \ t = 1, \cdots, T)$$

$$z_{iot}^{bad} = \sum_{j=1}^{n} \lambda_j^t z_{ijt}^{bad} + s_{it}^{bad} \quad (i = 1, \cdots, nbad; \ t = 1, \cdots, T)$$

$$\sum_{j=1}^{n} \lambda_j^t = 1 \quad (t = 1, \cdots, T)$$

$$\lambda_j^t \geq 0, \ s_{it}^- \geq 0, \ s_{it}^+ \geq 0, \ s_{it}^{good} \geq 0, \ s_{it}^{bad} \geq 0 \quad (\forall i, \ t) \qquad (4-18)$$

其中，$\lambda_j^t \in R^n$（$t = 1$，$\cdots$，T）是密度向量，s_{ik}^-，s_{it}^+，s_{it}^{good}，s_{it}^{bad} 是分别表示投入过剩、产出不足、链路不足和链路过剩的松弛变量，在两个连续的时期 t 和 $t+1$ 之间结转的连续性是通过施加下面一组约束条件来保证，确保不同类型结转都能够使生产可能集保持一致性。

$$\sum_{j=1}^{n} \lambda_j^t z_{ijt}^{\alpha} = \sum_{j=1}^{n} \lambda_j^{t+1} z_{ijt}^{\alpha} \quad (\forall i; \ t = 1, \cdots, T-1; \ \alpha = good, \ bad)$$

投入导向的模型侧重于最大限度地减少投入和非期望链接的松弛变量，产出导向的模型侧重于最大化产出和理想链接的松弛变量，非定向的模型侧重于同时减少与投入相关的因素和扩大与产出相关的因素，在一个独特的框架内包括以投入和产出为导向的模型。考虑到规模收益可变（VBS）情况，以投入导向模型测度 DMU_0 效率的目标函数为：

$$\theta_0^* = \min \frac{1}{T} \sum_{t=1}^{T} w^t \Big[1 - \frac{1}{m+nbad} \Big(\sum_{i=1}^{m} \frac{w_i^- s_{it}^-}{x_{iot}} + \sum_{i=1}^{nbad} \frac{s_{it}^{bad}}{z_{iot}^{bad}} \Big) \Big] \qquad (4-19)$$

式中，w_t 和 w_i^- 是分别根据时间周期 t 和投入 i 的相对重要性分配的外生权重，并且满足如下约束条件：

$$\sum_{t=1}^{T} w^t = T, \ \sum_{i=1}^{m} w_i^- = m$$

当然，也可以假设所有的周期和投入变量是同等重要的，赋予的权重相同。基于投入和链接的相对松弛度来定义 DMU_0 在周期 t 的效率，其值位于 0 和 1 之间，如果所有的松弛量都等于零，效率最大值为 1。因此，投入导向的总体效率可以认为是在整个样本区间上效率值的加权平均值，其值也位于 0 和 1 之间。相应地，产出导向和非定向 DEA 模型可以用类似的方式定义目标函数，以获得 DMU_0 的效率得分，模型的选择是取决于决策者的需要。

第二节　基于 DEA 模型的环境治理绩效测度

一、DEA 模型在能源环境方面的应用

1. 能源环境效率评价的特点

能源是现代工业经济的"血液"，现代化生产和生活完全离不开能源，能源变革也成为历史上几次工业革命和技术进步的重要标志。能源作为生产过程中的重要投入，对生产成本有重要影响，而且煤炭、石油等化石能源又是二氧化碳等气体排放的主要来源，所以，控制能源消耗，不但有利于降低成本，也是对抗全球变暖和气候变化最简单、最具成本效益的方法之一。不管是对于提高现代企业的竞争力和降低消费者的能源成本，或者是减少温室气体排放和改善全球气候，有效的节能都是必要的，节能减排已经成为绝大多数国家和企业的战略决策。在维持经济增长和节约能源消耗的平衡战略中，提高能源消耗效率成为最有效的途径，因此，评价能源效率并找到影响能源效率的因素就显得尤为重要。目前，有很多关于国家、地区、行业和企业能源效率的评价研究，也有针对不同类型能源的评价研究，在模型和方法上也有很多的变化。

高质量生态环境是世界各国人民的共同追求，如何在发展经济的同时保持良好生态环境、实现经济和环境协调发展是各国需要共同的战略。大量环境经济问题研究也都考虑了不同组织在公司、行业、地区和国家层面的环境效率，并探索了如何提高环境效率。这些研究最重要的特点是在研究中纳入了环境指标，或者说是非期望产出的环境污染，包括二氧化碳排放量、化学物质和污染物质以及各种类型的废物排放量。

考虑到资源环境对经济发展的承载力，在衡量经济发展的投入产出效率时，把环境因素纳入进来，成为评价环境效率的基本出发点，这有利于人们了解环境绩效的差异，从而为如何提高环境绩效、改善环境保护提供了参考依据。目前文献中有环境效率、生态效率、环境绩效等不同提法，但在定量评价时都是把环境

相关指标纳入投入产出指标体系，以区分纯粹的经济效率。环境效率评价的对象分为宏观层面和微观层面，宏观层面包括国家、区域和产业等，而微观层面涉及企业层面等微观个体。①②

尽管评价环境效率的定量分析方法有很多，但数据包络分析（DEA）被认为是一种非常有效的方法，能够很好地对多个决策单元的相对效率进行评价，比传统的经济计量方法（如回归分析和简单比率分析）更适合于环境绩效的测量，能够适时地根据生产过程的不同特点对模型进行修正和扩展，从而得到广泛应用。③④ 在能源和环境领域，研究人员也推出了很多改进或者扩展 DEA 模型以适应该领域的特点，成为环境效率评价的主要模型，在其理论和实际应用方面都取得了长足进步，研究方法不断改进，研究领域越来越广泛，出现了大量研究成果。通过对 DEA 模型在能源与环境效率方面的应用进行了归纳，DEA 模型已被视为主要的环境效率分析工具。⑤⑥ 在指标方面，沙克斯（Sarkis）和塔鲁日（Taluri）⑦ 总结了 DEA 模型在生态效率评价中的应用。

评价环境效率的时候，除了考虑正常的投入产出指标外，还必须考虑一些衡量环境因素的指标，因为经济活动的产出往往伴随着非期望产出，即生产者不偏好的副产品，比如环境污染排放，这是影响环境绩效的重要内容。现有研究中，如何将非期望产出纳入 DEA 模型评价环境效率，通常有两类方法：第一类方法直接对非期望产出指标进行适当的数值变换，然后应用传统的 DEA 模型对环境效率进行评价。该类问题的四种可行解决办法，各有优缺点。⑧ 第二类方法则假

① Cicea C., Marinescu C., Popa I., Dobrin C. Environmental Efficiency of Investments in Renewable Energy: Comparative Analysis at Macroeconomic Level ［J］. Renewable & Sustain Energy Reviews, 2014, 30: 555 –564.

② Perotto E., Canziani R., Marchesi R., Butelli P. Environmental Performance, Indicators and Measurement Uncertainty in EMS Context: a Case Study ［J］. J Clean Prod, 2008, 16: 517 –530.

③ Zhu J. Quantitative Models for Performance Evaluation and Benchmarking: Data Envelopment Analysis with Spreadsheets. Springer, 2014.

④ Inman O. L., Anderson T. R., Harmon R. R. Predicting US Jet Fighter Aircraft Introductions from 1944 to 1982: a Dogfight between Regression and TFDEA ［J］. Technological Forecasting and Social Change, 2006, 73: 1178 –1187.

⑤ P. Zhou, B. W. Ang. Linear Programming Models for Measuring Economy-wide Energy Efficiency Performance ［J］. Energy Policy, 2008 (8).

⑥ Toshiyuki Sueyoshi, Yan Yuana, Mika Goto. A Literature Study for DEA Applied to Energy and Environment ［J］. Energy Economics, 2017, 62: 104 –124.

⑦ Sarkis J., Talluri S. Ecoefficiency Measurement Using Data Envelopment Analysis: Research and Practitioner Issues. Journal Environmental Assessment Policy Management, 2004 (6): 91 –123.

⑧ Seiford L. M., Zhu J. Modeling Undesirable Factors in Efficiency Evaluation ［J］. European Journal of Operational Research, 2002, 142 (1): 16 –20.

设非期望产出符合弱自由处置，并构建相应的环境生产可能集。在此基础上，菲尔（Fare）和格罗斯克普夫（Grosskopf）[1] 以及泰特卡（Tyteca）[2] 等提出了一种非线性的考虑非期望产出的 SBM 模型，托恩（Tone）[3] 提出了基于冗余的考虑非期望产出的 SBM 模型，可以对期望产出的增加和非期望产出（污染物排放）的减少同时进行测度。由于 SBM 模型解决了环境效率测度面临的污染排放问题，已经成为环境效率评价的主要方法。

2. DEA – SBM 模型

DEA – CCR 模型一般称为径向模型，要求投入和产出按同比例变化提高效率以达到生产集前沿，但在现实世界中这可能不太符合实际情况，因为生产过程中并非所有的投入或者产出都是按比例进行的，特别是很多生产要素是可以相互替代的，为了提高生产效率，减少投入或者增加产出，但不会按比例变化。相比之下，基于非径向松弛的效率度量（SBM）模型抛开了投入和产出按比例变化的假设，允许投入和产出有不同的冗余，而且不必按同比例变化，就可以提高效率。

SBM 模型也有三种类型，包括投入导向型、产出导向型和非导向型，非导向模型既表示投入导向，也表示输出导向。假设有 n 个决策单元 DMU，每个 DMU 都有 m 个投入和 s 个产出，第 j 个 $\boldsymbol{DMU}_j$ 的投入 $\boldsymbol{x}_j = (x_{1j}, x_{2j}, \cdots, x_{mj})^T$ 和产出 $\boldsymbol{y}_j = (y_{1j}, y_{2j}, \cdots, y_{sj})^T$，所有决策单元的投入和产出向量 $\boldsymbol{X} = (\boldsymbol{x}_1, \boldsymbol{x}_2, \cdots, \boldsymbol{x}_n) \in R^{m \times n}$，$\boldsymbol{Y} = (\boldsymbol{y}_1, \boldsymbol{y}_2, \cdots, \boldsymbol{y}_n) \in R^{s \times n}$，一般假设所有变量值都为正数。

对于某一个决策单元 $\boldsymbol{DMU}_0 = (\boldsymbol{x}_0, \boldsymbol{y}_0)$，投入导向型规模收益不变的 SBM 模型（SMB – I – CRS）求解效率公式为：

$$\rho_I^* = \min_{j, s^+} 1 - \frac{1}{m} \sum_{i=1}^{m} \frac{s_i^-}{x_{i0}},$$

$$\text{s. t. } x_{i0} = \sum_{j=1}^{n} x_{ij} \lambda_j + s_i^- \ (i = 1, \cdots, m),$$

$$y_{i0} = \sum_{j=1}^{n} y_{ij} \lambda_j - s_r^+ \ (r = 1, \cdots, s),$$

$$\lambda_i \geq 0 (\forall j), \ s_i^- \geq 0 (\forall i), \ x_i^+ \geq 0 (\forall r) \tag{4 - 20}$$

①　Fare R., Grosskopf S. Modeling Undesirable Factors in Efficiency Evaluation：Comment ［J］. European Journal of Operational Research，2004，157（1）：242 – 245.

②　Tyteca D. Linear Programming Models for the Measurement of Environmental Performance of Firms – Concepts and Empirical Results ［J］. Journal of Productivity Analysis，1997，8（2）：183 – 197.

③　Tone K. A Slacks Based-measure of Efficiency in Data Development Analysis ［J］. European Journal of Operational Research，2001，130（3）：498 – 509.

这里，$\mathbf{s}^- = (s_1^-, s_2^-, \cdots, s_m^-)^T \in R^m$ 和 $\mathbf{s}^+ = (s_1^+, s_2^+, \cdots, s_s^+)^T \in R^s$ 分别代表投入和产出的松弛项。ρ_I^* 代表投入型 SBM 效率，其值一般不会超过相同情况下 CCR 模型的效率值，如果为 1，则表示 SBM 有效，此时所有投入变量的松弛项皆为 0，但产出变量的松弛项不一定为 0，目标最优状态的投入产出为 $(\bar{\mathbf{x}}_o, \bar{\mathbf{y}}_o) = (\mathbf{x}_o - \mathbf{s}^{-*}, \mathbf{y}_o + \mathbf{s}^{+*})$。

对于某一个决策单元 $\mathbf{DMU}_0 = (\mathbf{x}_0, \mathbf{y}_0)$，产出导向型规模收益不变的 SBM 模型（SMB – O – CRS）求解效率公式为：

$$\frac{1}{\rho_O^*} = \max 1 + \frac{1}{s} \sum_{r=1}^{s} \frac{s_r^+}{y_{ro}},$$

$$\text{s. t.}$$

$$x_{i0} = \sum_{j=1}^{n} x_{ij}\lambda_j + s_i^- \ (i = 1, \cdots, m),$$

$$y_{ro} = \sum_{j=1}^{n} y_{rj}\lambda_j - s_r^+ \ (r = 1, \cdots, s),$$

$$\lambda_j \geq 0 (\forall j), \ s_i^- \geq 0 (\forall i), \ s_r^+ \geq 0 (\forall r) \tag{4-21}$$

相应地，ρ_o^* 代表产出型 SBM 效率，其值如果为 1，则表示 SBM 有效，此时所有产出变量的松弛项皆为 0，但投入变量的松弛项不一定为 0，达到有效时目标最优状态的投入产出为 $(\bar{\mathbf{x}}_o, \bar{\mathbf{y}}_o) = (\mathbf{x}_o - \mathbf{s}^{-*}, \mathbf{y}_o + \mathbf{s}^{+*})$。

对于某一个决策单元 $\mathbf{DMU}_0 = (\mathbf{x}_0, \mathbf{y}_0)$，非导向型规模收益不变的 SBM 模型（SMB – C）求解效率公式为：

$$\rho_{IO}^* = \min_{\lambda, s^-, s^+} \frac{1 - (1/m) \sum\limits_{i=1}^{m} (s_i^-/x_{io})}{1 + (1/s) \sum\limits_{r=1}^{s} (s_r^+/y_{ro})}$$

$$\text{s. t. } x_{i0} = \sum_{j=1}^{n} x_j\lambda_j + s_i^- \ (i = 1, \cdots, m),$$

$$y_{r0} = \sum_{j=1}^{n} y_{ij}\lambda_j - s_r^+ \ (r = 1, \cdots, s),$$

$$\lambda_j \geq 0 (\forall j), \ s_i^- \geq 0 (\forall i), \ s_r^+ \geq 0 (\forall r) \tag{4-22}$$

相应地，ρ_{Io}^* 代表非导向型 SBM 效率，其值如果为 1，则表示 SBM 有效，此时所有投入和产出变量的松弛项皆为 0。该模型可以通过 Charnes – Cooper 变换，转化为线性规划模型（SMB – C – LP）：

$$\tau^* = \min_{t, \Lambda, \mathbf{s}^-, \mathbf{s}^+} t - \frac{1}{m} \sum_{i=1}^{m} \frac{s_i^-}{x_{io}}$$

$$\text{s. t. } 1 = t + \frac{1}{s} \sum_{i=1}^{s} \frac{S_r^+}{y_{ro}},$$

$$tx_{io} = \sum_{j=1}^{n} x_{ij} \Lambda_j + S_i^- \ (i = 1, \cdots, m),$$

$$ty_{io} = \sum_{j=1}^{n} y_{rj} \Lambda_j - S_r^+ \ (r = 1, \cdots, s),$$

$$\Lambda_i \geq 0 (\forall i), \ S_i^- \geq 0 (\forall i), \ S_r^+ \geq 0 (\forall r), \ t > 0 \qquad (4-23)$$

3. SBM 模型的扩展

一是规模收益可变模型。普通的 SBM 模型也是规模收益不变（CRS），一般情况下，只要给予指标权重之和为 1 的约束，模型相应地就可以改为规模收益可变（VRS）。比如，对于投入导向型的 SBM 模型，其可变规模收益模型形式（SMB – I – VRS）为：

$$\rho_I^* = \min_{j, s^+} 1 - \frac{1}{m} \sum_{i=1}^{m} \frac{s_i^-}{x_{io}},$$

$$\text{s. t. } x_{io} = \sum_{j=1}^{n} x_{ij} \lambda_j + s_i^- \ (i = 1, \cdots, m),$$

$$y_{io} = \sum_{j=1}^{n} y_{ij} \lambda_j - s_r^+ \ (r = 1, \cdots, s),$$

$$\sum_{j=1}^{n} \lambda_j = 1,$$

$$\lambda_i \geq 0 (\forall j), \ s_i^- \geq 0 (\forall i), \ x_i^+ \geq 0 (\forall r) \qquad (4-24)$$

相应地，产出导向型和非导向型规模收益不变模型，也都可以在原模型基础上增加约束条件 $\sum_{j=1}^{n} \lambda_j = 1$，转换成规模收益可变模型。

二是加权 SBM 模型。一般模型中，都是认为投入或者产出中各变量发挥相同作用，其松弛变量在目标函数中也是发挥相同作用。可以根据需要，给各松弛变量设置不同的权重，把模型改造成为加权的 SBM 模型，主要是修改目标函数，比如非导向型规模收益不变的加权 SMB 模型（Weight – SBM – C）公式为：

$$\rho_{IO}^* = \min_{\lambda, s^-, s^+} \frac{1 - (1/m) \sum_{i=1}^{m} (w_i^- s_i^- / x_{io})}{1 + (1/s) \sum_{r=1}^{s} (w_r^+ s_r^+ / y_{ro})}$$

$$\text{s. t. } x_{i0} = \sum_{j=1}^{n} x_j \lambda_j + s_i^- \ (i = 1, \cdots, m),$$

$$y_{r0} = \sum_{j=1}^{n} y_{ij}\lambda_j - s_r^+ \ (r = 1, \cdots, s),$$

$$\lambda_j \geq 0(\forall j), \ s_i^- \geq 0(\forall i), \ s_r^+ \geq 0(\forall r) \tag{4-25}$$

目标函数中松弛变量的权重要满足 $\sum_{i=1}^{m} w_i^- = m$ 和 $\sum_{r=1}^{s} w_r^+ = s$，具体每个松弛变量的权重高低，取决于研究的需要。相应地，投入导向型和产出导向型 SBM 模型也都有转换成加权，只要相应地修改目标函数即可。

三是超效率 SBM 模型。一般 DEA 模型测算的效率得分都在 0 ~ 1 之间，多个 DEA 有效的决策单元都处在生产可能集前沿面，效率得分都是 1，但个体之间的差异没有区分开来。安德森（Andersen）和皮德森（Petersen）提出了超效率模型来解决这个问题，[①] 超效率模型与标准效率模型之间的差异在于，超效率模型的参考集合中的 DMU_0 被排除（其由 $j \neq 0$ 表示）。在超效率模型中，低效 DMU 的效率分数与标准效率模型的效率分数一致，而对于投入导向型模型中的高效 DMU 则不同，例如，如果超效率值为 130%，即使其投入按比例增加 30%，DMU 在整个决策群体中仍保持相对有效。超效率模型使得对高效 DMU 进行排序成为可能，从而为进一步的分析提供了有形和更准确的证据。为了体现 DEA 有效个体之间的差异，SBM 模型也可以转为超效率模型（Super - SBM）。对于 DEA 有效的决策单元 DMU，投入产出值 $(\bar{x}, \bar{y})$ 处于最有效率状态，非导向型规模收益不变 SBM 模型（Super - SBM - C）中 DMU_0 效率值 $\rho_{IO}^* = 1$，此时，松弛变量值 $s^- = 0$，$s^{+*} = 0$。

$$\delta^* = \min_{\bar{x}, \bar{y}\lambda} \frac{(1/m) \sum_{i=1}^{m} (\bar{x}_i/x_{io})}{(1/s) \sum_{r=1}^{s} (\bar{y}_r/y_{ro})}$$

$$\text{s. t. } \bar{x}_i \geq \sum_{j=1, j\neq 0}^{n} x_{ij}\lambda_j \ (i = 1, \cdots, m),$$

$$\bar{y}_r \leq \sum_{j=1, j\neq 0}^{n} y_r\lambda_j \ (r = 1, \cdots, s),$$

$$\bar{x} \geq x_o, \ \bar{y} \leq y_0,$$

$$\bar{y} \geq y, \ \lambda \geq 0 \tag{4-26}$$

相应地，投入导向型和产出导向型模型可以做相应的转换，也可以修正为规

---

① P. Andersen, N. C. Petersen. A Procedure for Ranking Efficient Units in Data Envelopment Analysis [J]. Management Science, 1993, 39 (10): 1261 - 1264.

模收益可变和加权的形式。

二、DEA 模型在环境绩效评价中的扩展

1. 非期望产出的 SBM 模型（U – SBM）

环境绩效评价最大的特点，就是需要考虑非期望产出等环境指标，托恩（Tone）等提出了包含非期望产出的 SBM 模型，[①] 被广泛运用在环境绩效评价的研究中。假设 N 个DMU 具有三种类型的变量，即投入、期望产出和非期望产出，向量表示为 $x \in R^m$，$y^g \in R^{v_1}$，$y^b \in R^{v_2}$，其中 m，v_1，v_2 分别代表变量的个数。定义矩阵如下：$X = [x_1, \cdots, x_N] \in R^{m \times N}$，$Y^g = [y_1^g, \cdots, y_N^g] \in R^{v_1 \times N}$ 和 $Y^b = [y_1^b, \cdots, y_N^b] \in R^{v_2 \times N}$，将 λ 设置为权重向量，并假设 $X > 0$，$Y^g > 0$ 和 $Y^b > 0$，生产可能性集如下：

$$P = (x, y^g, y^b) x \geq X\lambda, \ y^g \leq Y^g\lambda, \ y^b \geq Y^b\lambda, \ \lambda \geq 0 \qquad (4-27)$$

包含非期望产出的非导向型可变规模收益（VRS）假设下 SBM 模型（U – SBM – V）公式为：

$$\rho_o^* = \min\left(\left(1 - \frac{1}{m}\sum_{i=1}^{m}\frac{s_i^-}{x_{i_0}}\right) \times \left(1 + \frac{1}{s_1 + s_2} \times \left(\sum_{r=1}^{v_1}\frac{s_r^g}{y_{r0}^g} + \sum_{r=1}^{v_2}\frac{s_r^b}{y_{r0}^b}\right)\right)^{-1} \right)$$

$$\text{s. t. } x_0 - \sum_{j=1}^{n}\lambda_j x_j - s^- = 0$$

$$\sum_{j=1}^{n}\lambda_j y_j^g - y_0^g - s^g = 0$$

$$y_0^b - \sum_{j=1}^{n}\lambda_j y_j^b - s^b = 0$$

$$\sum_{j=1}^{N}\lambda_j = 1$$

$$\lambda, \ s^-, \ s^g, \ s^b = 0 \qquad (4-28)$$

其中，s^- 表示投入松弛向量，s^g 和 s^b 分别是期望产出和非期望产出的松弛向量。

考虑到生产前沿个体的差异，黄简华等将超效率、非期望产出和基于松弛变

---

① Tone K. Dealing with Undesirable Outputs in DEA：a Slacks Based Measure（SBM）Approach［J］. Nippon Opereshonzu，Risachi Gakkai Shunki Kenkyu Happyokai Abusutorakutoshu，2004：44 – 45.

量结合在一起，提出了名为 US – SBM 的模型。[①] 如果 DMU_0 是有效的，则在可变规模收益假设下效率公式为：

$$\rho_0^* = \min\left(\left(1 + \frac{1}{m}\sum_{i=1}^{m}\frac{s_i^-}{x_{io}}\right) \times \left(1 - \frac{1}{s_1 + s_2} \times \left(\sum_{r=1}^{v_1}\frac{s_r^g}{y_{ro}^g} + \sum_{r=1}^{v_2}\frac{s_r^b}{y_{ro}^b}\right)\right)^{-1}\right)$$

$$\text{s. t. } x_o - \sum_{j=1, \neq o}^{n}\lambda_j x_j + s^- \geqslant 0$$

$$\sum_{j=1, \neq o}^{n}\lambda_j y_j^g - y_o^g - s^g \geqslant 0$$

$$y_o^b - \sum_{j=1; \neq o}^{n}\lambda_j y_j^b - s^b \geqslant 0$$

$$1 - \frac{1}{s_1 + s_2}\left(\sum_{r=1}^{v_1}\frac{s_r^g}{y_{ro}^g} + \sum_{r=1}^{v_2}\frac{s_r^b}{y_{ro}^b}\right) \geqslant \varepsilon$$

$$\sum_{j=1, \neq 0}^{N}\lambda_j = 1$$

$$\lambda, \ s^-, \ s^g, \ s^b \geqslant 0 \qquad\qquad (4-29)$$

当测量高效 DMU 效率得分时，非期望产出的增长可能超过 100%，就有可能会使目标函数的分母为负，从而可能导致目标函数无边界，即最优目标值接近负无穷大。为了避免这种结果，附加了将目标函数的分母限制为正数的约束。

2. 网络 SBM 模型（NSBM）

菲尔（Färe）等首先引入了网络 DEA 模型，[②] 然后得到很多的改进和扩展，直到托恩（Tone）和简井（Tsutsui）提出了一种基于松弛变量的网络模型（NSBM），用于在投入和产出可能发生不同比例变化时评估 DMU 效率，[③] 并考虑生产过程中的中间产品和不同阶段。假设 N 个 DMU（$j = 1, \cdots, N$）由 K 个部门组成，设 m_k 和 v_k 分别为第 k 个部门的投入和产出值（$k = 1, \cdots, K$），设 ζ_k 为中间产品的值，k 部门到 h 部门的连接（k, h）由 L 表示。观察到的数据为 $\{X_j^k \in R_+^{m_k}\}$（第 K 部门到 DMU_j 的投入值），$\{Y_j^k \in R_+^{v_k}\}$（DMU_j 到第 k 部门的产出值）和 $\{Z_j^{(k,h)} \in R_+^{t(k,h)}\}$（部门 k 连接到部门 h 的中间产品），其中 $t(k, h)$ 是连接（k, h）里面项目个数。注意，$Z(k, h)$ 表示从部门 k 产出然后投入部门 h。

① J. H. Huang, et al. A Comprehensive Eco-efficiency Model and Dynamics of Regional Eco-efficiency in China [J]. Journal of Cleaner Production, 2014, 67: 228 – 238.

② R. Färe, et al. Derivation of Shadow Prices for Undesirable Outputs: a Distance Function Approach [J]. The Review of Economics and Statistics, 1993, 75 (2): 374 – 380.

③ K. Tone, M. Tsutsui. Network DEA: a Slacks-based Measure Approach [J]. European Journal of Operational Research, 2009, 197 (1): 243 – 252.

非导向型 NSBM 模型 DMU_0 的整体效率公式为：

$$\rho_0^* = \min \frac{\sum\limits_{k=1}^{K} w^k \left[1 - (1/m_k)\left(\sum\limits_{i=1}^{m_k} (s_i^{k-}/x_{io}^k) \right) \right]}{\sum\limits_{k=1}^{K} w^k \left[1 + (1/v_k)\left(\sum\limits_{r=1}^{v_k} (s_r^{k+}/x_{ro}^k) \right) \right]}$$

$$\text{s. t. } x_o^k - \sum_{j=1}^{n} \lambda_j^k x_j^k - s^{k-} = 0$$

$$\sum_{j=1}^{n} \lambda_j^k y_j^k - y_o^k - s^{k+} = 0$$

$$z^{(k,h)} \lambda^h = z^{(k,h)} \lambda^k$$

$$\sum_{j=1}^{N} \lambda_j^k = 1$$

$$\sum_{k=1}^{K} w^k = 1$$

$$\lambda^k, \ s^{k-}, \ s^{k+}, \ w^k \geqslant 0 \tag{4-30}$$

其中，$\lambda^k \in R_+^n$ 是对应于部门 k 的强度向量，s^{k-} 和 s^{k+} 分别是投入和产出的松弛向量。w^k 是对应于其部门 k 的相对权重。部门效率得分为：

$$\rho_k = \frac{1 - (1/m_k)\left(\sum\limits_{i=1}^{m_k} (s_i^{k-*}/x_{io}^k) \right)}{1 + (1/v_k)\left(\sum\limits_{r=1}^{v_k} (s_r^{k+*}/y_{ro}^k) \right)}$$

其中，s_i^{k-*} 和 s_r^{k+*} 分别是最佳投入和产出的松弛。

3. 非期望产出和超效率的网络模型（US – NSBM）

考虑到非期望产出和超效率问题，黄简华等把 NSBM 模型扩展到 US – NSBM 模型。[①] 设 $Y^g = [y_1^g, \cdots, y_N^g] \in R^{v_1 \times N}$ 为期望产出矩阵，$Y^b = [y_1^b, \cdots, y_N^b] \in R^{v_2 \times N}$ 为非期望产出矩阵，评估 DMU_0 的非导向型总体效率公式如下：

$$\rho_0^* = \min\left(\left(\sum_{k=1}^{K} w^k \left[1 + \frac{1}{m_k}\left(\sum_{i=1}^{m_k} \frac{s_i^{k-}}{x_{io}^k} \right) \right] \right) \times \left(\sum_{k=1}^{K} w^k \left[1 - \frac{1}{v_{1k}+v_{2k}}\left(\sum_{r=1}^{v_{1k}} \frac{s_r^{gk}}{y_{ro}^{gk}} + \sum_{r=1}^{v_{2k}} \frac{s_r^{bk}}{y_{ro}^{bk}} \right) \right] \right)^{-1} \right)$$

$$\text{s. t. } X_o^k - \sum_{j=1, \neq o}^{n} \lambda_j^k X_j^k + s^{k-} \geqslant 0$$

$$\sum_{j=1, \neq o}^{n} \lambda_j^k y_j^{gk} - y_o^{gk} + s^{gk} \geqslant 0$$

①　J. H. Huang, et al. A Comprehensive Eco-efficiency Model and Dynamics of Regional Eco-efficiency in China [J]. Journal of Cleaner Production, 2014, 67: 228 – 238.

$$y_o^{bk} - \sum_{j=1,\neq o}^{n} \lambda_j^b y_j^{bk} + s^{bk} \geqslant 0$$

$$1 - \frac{1}{v_{1k} + v_{2k}} \Big(\sum_{r=1}^{v_{1k}} \frac{s_r^{gk}}{y_{ro}^{gk}} + \sum_{r=1}^{v_{2k}} \frac{s_r^{bk}}{y_{ro}^{bk}} \Big) \geqslant \varepsilon$$

$$z^{(k,h)} \lambda^h = z^{(k,h)} \lambda^k$$

$$\sum_{j=1,\neq o}^{N} \lambda_j^k = 1$$

$$\sum_{k=1}^{K} \omega^k = 1$$

$$\lambda^k, \ s^{k-}, \ s^{gk}, \ s^{bk}, \ w^k \geqslant 0 \qquad\qquad (4-31)$$

这个模型可以通过使用 Charnes – Cooper 变换将其转换为线性程序来求解。由于非期望产出是第二阶段的一部分，而不在第一阶段，因此，每个阶段的分部效率得分计算如下：

$$\rho_o^{*1} = \frac{1 + (1/m_1)\big(\sum_{i=1}^{m_1} (s_i^{1-*}/x_{io}^k) \big)}{1 - (1/\zeta)\big(\sum_{r=1}^{\zeta} (s_r^{1+*}/z_{ro}) \big)},$$

$$\rho_o^{*2} = \frac{1 + (1/\zeta)\big(\sum_{r=1}^{\zeta} (s_r^{1+*}/z_{ro}) \big)}{1 - (1/(v_{12}+v_{22}))\big(\sum_{r=1}^{v_{12}} (s_r^{g*}/y_{ro}^g) + \sum_{r=1}^{v_{22}} (s_r^{b*}/y_{ro}^b) \big)}$$

其中，ζ 是中间产品的值，s_i^{1-*} 和 s_i^{1+*} 分别是最优投入和产出的松弛变量，s_r^{g*} 和 s_r^{b*} 分别是期望产出和非期望产出的最优松弛变量，v_{12} 和 v_{22} 分别是第二阶段的期望产出值和非期望产出值。

第三节 基于 SBM 模型环境治理绩效测度及影响因素分析

经济增长在于要素投入和科技进步，资本和劳动等要素投入是生产活动和经济产出的基础，科技进步能够提高各种要素的利用率，进而提升整体投入产出率。随着经济发展和科技水平提升，各种要素的配置不断优化，从而调整经济增长方式，经济产出的形式也会随之改变。关于经济增长的要素贡献问题，国内外学者进行了深入研究。索洛（1956）首次提出技术进步是经济增长的主要动力和源泉，丹尼森（1985）指出知识进展是发达国家最重要的增长因素，格里利彻斯（1986）认为经济增长与要素投入的增加和生产率提高均有关系。因此，投入产出效率的提升，意味着相同的要素投入可以得到更多产出，实现经济增长。如果要素投入增加的同时，投入产出效率也得到提升，则在双重作用下，经济产出的增长速度大大提高。

但传统经济增长模型注重产出数量的增加，只考虑能带来效用的经济产出，而忽略了给环境带来破坏的各种污染物排放，这种非经济产出是有害的、负效用的，也称为非期望产出。经济增长过程中伴随着环境污染问题，沙菲克（Shafik）[①]、弗里德尔和盖茨纳（Friedl & Getzner）[②]、格罗斯曼和克鲁格（Grossman & Krueger）[③] 等研究表明，经济增长与环境污染之间密切关联，环境污染随着经济发展呈现先恶化后改善的趋势，即通常所说的环境库兹涅茨倒 "U" 形曲线（EKC）。污染排放也可以看成是环境成本，是由经济活动产生的，造成环境污染并使环境服务功能下降，具有明显的外部性，但没有合理地纳入经济核算体系。大量研究表明，如果把环境成本内部化，即在衡量产出的时候扣除污染排放对环境造成的影响，产出水平会有明显下降。因此，在衡量投入产出效率的时候，如果不考虑环境污染这些非期望产出，就会高估投入产出效率。

环境效率是度量考虑污染排放和环境损害情况下的投入产出效率，是以环境生产前沿面的决策单元为参照面，在保持投入产出不变时，污染排放能在现有基础上减少的潜力。它用来衡量一个经济体（地区）在等量要素投入和产出条件下，其污染排放离最小污染排放的距离[④]。要考察环境效率，就是既要衡量经济产出，也要衡量污染排放等非经济产出，是考察扣除污染排放的投入产出效率。但普通 DEA 模型的投入产出都是正向，不能分析经济产出的同时存在部分非期望产出的情况。因此，考虑非期望产出的 DEA – SBM 模型得到广泛运用，国内较多文献用其评价省域环境效率。大量研究结果表明，在考虑环境变量之后，全

---

① Shafik N. Economic Development and Environmental Quality：An Econometric Analysis ［J］. Oxford Economic Papers，1994，46：757 – 773.

② Friedl B.，M. Getzner Determinants of CO$_2$ Emissions in a Small Open Economy ［J］. Ecological Economics，2003，45（1）：133 – 148.

③ Grossman G. M.，Krueger A. B. Economic Growth and the Environment ［J］. Quarterly Journal of Economics，1995，110（2）：353 – 377.

④ Zhang T. Frame Work of Data Envelopment Analysis – A Model to Evaluatethe Environmental Efficiency of China's Industrial Sectors ［J］. Biomedical and Environmental Sciences，2009，21：8 – 13.

国范围内的区域投入产出效率水平均有一定程度降低①；各省环境效率值基本呈逐年递增趋势；环境效率较高的省份均集中在东部地区，环境效率值在东、中、西部呈递减，且三大区域差异明显②③；全国区域环境效率存在绝对收敛，收敛存在较强的空间联动性和依赖性，且空间溢出效应较为明显④；也有认为东部地区不存在收敛，中、西部地区存在收敛，东北各省的环境效率值已普遍低于西南各省，且差距有扩大的趋势⑤。对于影响环境效率的因素，大多认为能源的过多使用以及二氧化硫（SO_2）和化学需氧量（COD）的过度排放是环境无效率的主要来源，人均 GDP、外商直接投资（FDI）、结构因素、政府和企业的环境管理能力、公众的环保意识对环境效率有不同程度的影响⑥，也有认为产业结构、人均收入以及对外贸易水平与环境效率正相关，政府规制与环境效率负相关，且影响效果存在较大的区域差异⑦。京津冀地区整体的生态环境规制效率在波动中有所上升，但上升幅度很小，仍有提升空间，技术进步和规模效率是影响内在增长潜力的主要因素，产业结构、对外开放程度和空间发展是驱动生态环境规制效率提升的外部因素。⑧ 经济增长目标压力和激励显著降低了地方环境治理效率。在东部地区和低行政等级的城市，经济增长目标的环境效应更加强劲，但 2013 年之后，经济增长目标的环境效应明显减弱。⑨ 在空间效应方面，有研究表明环境规制与区域生态效率之间呈倒"U"形关系，且环境规制政策的实施存在空间溢出效应，产生明显的财政分权门槛效应，环境规制对区域生态效率的影响效果具有空间异质性，在西部地区的实施效果较为显著。⑩

① 白永平，张晓州，郝永佩，等. 基于 SBM – Malmquist – Tobit 模型的沿黄九省（区）环境效率差异及影响因素分析［J］. 地域研究与开发，2013，32（2）：90 – 95.
②⑥ 王兵，吴延瑞，颜鹏飞. 中国区域环境效率与环境全要素生产率增长［J］. 经济研究，2010，45（5）：95 – 109.
③⑦ 王连芬，戴裕杰. 中国各省环境效率及环境效率幻觉分析［J］. 中国人口·资源与环境，2017，27（2）：69 – 74.
④ 李佳佳，罗能生. 中国区域环境效率的收敛性、空间溢出及成因分析［J］. 软科学，2016，30（8）：1 – 5.
⑤ 杨俊，邵汉华，胡军. 中国环境效率评价及其影响因素实证研究［J］. 中国人口·资源与环境，2010，20（2）：49 – 55.
⑧ 孙钰，苗世青，崔寅，等. 京津冀生态环境规制效率测度与驱动因素分析［J］. 统计与决策，2022，38（16）：66 – 71.
⑨ 王凡凡. 经济增长目标对地方环境治理效率的影响——基于我国地级以上城市面板数据的实证分析［J］. 城市问题，2022（9）：76 – 86.
⑩ 邵慰，金泽斌，陈子琦. 环境规制对区域生态效率的空间效应研究：基于财政分权的调节作用［J］. 财经论丛，2022（11）：1 – 12.

一、模型的设定

1. 考虑非期望产出的 SBM 模型

由于传统的 DEA – CCR 模型是径向的，没有考虑投入产出的松弛性问题，导致测度经济效率失真。而处理非期望产出的 DEA – SBM 模型将松弛变量考虑到目标函数中，一方面解决了传统 CCR 模型不能解决的投入产出的松弛性问题，另一方面考虑了非期望产出对效率测度的影响，比较适合于测度包含污染排放的环境效率。这里将不考虑污染排放非期望产出的投入效率值为经济效率，将考虑了非期望产出得到的投入产出效率值认为是环境效率。

假定系统里共有 n 个决策单元 DMU，每个决策单元都有投入、期望产出、非期望产出 3 个向量，分别表示成 $x \in R^m$、$y^g \in R^{s1}$、$y^b \in R^{s2}$，定义矩阵 X、Y^g、Y^b，变量和效率测度公式下：

$$X = (x_1, \ x_2, \ \cdots, \ x_n)_{m \times n}$$

$$Y^g = (y_1^g, \ y_2^g, \ \cdots, \ y_n^g)_{s_1 \times n}$$

$$Y^b = (y_1^b, \ y_2^b, \ \cdots, \ y_n^b)_{s_2 \times n}$$

$$(\text{CCR}) \begin{cases} h_{j0} = \max \dfrac{\mu^T Y_{j0}^g}{\upsilon^T X_{j0}} \\ \dfrac{\mu^T Y_j^g}{\upsilon^T X_j} \leqslant 1, \ j = 1, \ 2, \ \cdots, \ n \\ \mu \geqslant 0, \ \upsilon \geqslant 0 \end{cases} \quad (4-32)$$

$$(\text{U}-\text{SBM}) \begin{cases} \rho^* = \min \dfrac{1 - \dfrac{1}{m}\sum\limits_{i=1}^{m}\dfrac{\overline{s_i}}{x_{i0}}}{1 + \dfrac{1}{s_1 + s_2}\left(\sum\limits_{r=1}^{s_1}\dfrac{s_r^g}{y_{r0}^g} + \sum\limits_{r=1}^{s_2}\dfrac{s_r^b}{y_{r0}^b}\right)} \\ x_0 = X\lambda + \bar{s} \\ y_0^g = Y^g\lambda - s^g \\ y_0^b = Y^b\lambda - s^b \\ \bar{s} \geqslant 0, \ s^g \geqslant 0, \ s^b \geqslant 0, \ \lambda \geqslant 0 \end{cases} \quad (4-33)$$

2. 考虑时间序列的曼奎斯特（Malmquist）指数

不管是 CCR 模型还是 SBM 模型，更适用于对横截面数据进行效率的平行评价，在时间序列角度上，CCR 模型和 SBM 模型会造成各期的生产前沿面不同，不能对各项数据进行时序纵向上的评价，而 Malmquist 模型可以很好地弥补这种缺陷，成为测量效率变动的常用方法。该方法可将全要素生产率（tfpch）变化分解为技术进步变化（tech）、技术差距变化（tecch）、规模效率变化（sech），而技术效率变化（tecch）又可以进一步分解为纯技术效率变化（ech）和技术效率变化（effch），用以测量每个 DMU 在各个不同时期的效率变化状况，具体公式为：

$$M_i(t_1,\ t_2) = \sqrt{\left(\frac{D_{it_1/t_2}^C}{D_{it_1/t_1}^C}\right)\left(\frac{D_{it_2/t_2}^C}{D_{it_2/t_1}^C}\right)} = \frac{D_{it_2/t_2}^C}{D_{it_1/t_1}^C} \times \sqrt{\left(\frac{D_{it_1/t_2}^C}{D_{it_2/t_2}^C}\right)\left(\frac{D_{it_1/t_1}^C}{D_{it_2/t_1}^C}\right)} = \Delta Eff \times \Delta Tech$$

$$= \frac{D_{it_2/t_2}^V}{D_{it_1/t_1}^V} \times \frac{D_{it_2/t_2}^C/D_{it_1/t_1}^C}{D_{it_2/t_2}^V/D_{it_1/t_1}^V} \times \sqrt{\left(\frac{D_{it_1/t_2}^V}{D_{it_2/t_2}^V}\right)\left(\frac{D_{it_1/t_1}^V}{D_{it_2/t_1}^V}\right)} \times \sqrt{\left(\frac{D_{it_1/t_2}^C/D_{it_1/t_2}^V}{D_{it_2/t_2}^C/D_{it_2/t_2}^V}\right)\left(\frac{D_{it_1/t_1}^C/D_{it_1/t_1}^V}{D_{it_2/t_1}^C/D_{it_2/t_1}^V}\right)}$$

$$= \Delta techch \times \Delta sech \times \Delta ech \times \Delta effch \qquad (4-34)$$

其中，D_{it_1/t_2} 表示以第 t_1 期的技术水平表示的第 t_2 期的效率水平；D_{it_2/t_2} 表示以第 t_2 期的技术水平表示的当期的效率水平；D_{it_1/t_1} 表示以第 t_1 期的技术水平表示的当期的效率水平；D_{it_2/t_1} 表示以第 t_2 期的技术水平表示的第 t_1 期的效率水平。

二、指标体系和数据

1. 指标体系

关于投入指标，除了基本的资本和劳动要素投入外，还增加能源消耗作为投入指标。其中，劳动要素投入选择各省历年从业人员数，考虑到一年内从业人员的变化，年初和年末从业不同，为了更科学地反映从业人员的投入，采取折中的方法，取年初和年末从业人员平均值作为年度从业人员数据。资本要素投入采用资本存量，目前国家统计体系没有公布实物资本存量数据，根据大多数研究的经验，采取估算的方法得到资本存量。资本存量的处理则采用永续盘存法处理，测算公式是 $K_{i,t} = (1-\delta) K_{i,t-1} + I_{i,t}$，其中 $K_{i,t}$ 和 I_{it} 分别表示 i 省 t 年的资本存量和实际固定资本形成总额，δ 表示折旧率，按单豪杰（2008）[①] 的方法确定以10.96% 为折旧率，采用当年固定资本形成总额除以基期以后五年的实际固定资本形成总额的年均增长率和折旧之和的商作为资本存量的初始值，另外实际固定

---

① 单豪杰. 中国资本存量 K 的再估算：1952～2006 年 [J]. 数量经济技术经济研究，2008，25（10）：17-31.

资本形成总额是经固定资产投资价格指数平减为以 2000 年为基期的不变价格固定资本形成总额，相关数据均来源于历年各省统计年鉴。能源数据采取国家统计局公布的历年各省实际能源消耗数据，主要是各种能源消耗转化为标准煤为单位估算。

关于产出指标，分为期望产出和非期望产出：将各省地区生产总值（GDP）作为期望产出，并根据平减指数转化为 2000 年不变价数据；将各种污染排放包括固体废弃物、废水、废气等排放量作为非期望产出，由于 SO_2 是废气中最主要的污染排放物，受到我国各省的严密监测，其数据具有良好的统计性，因此废气的排放数据采用 SO_2 的作为替代指标，化学需氧量作为废水中主要的代表性污染物，这里选作非期望产出的污染物。环境效率指标体系各指标类型名称见表 4 - 3。

表 4 - 3　　　　　　　　　　环境效率指标体系

指标类型	指标名称	单位
投入指标	资本存量（capital）	亿元
	从业人员（labor）	万人
	能源消耗（energy）	万吨标煤
产出指标	地区生产总值（GDP）	亿元
	固体废弃物（waste）	万吨
	二氧化硫（SO_2）	万吨
	化学需氧量（COD）	万吨

2. 研究对象和数据

由于我国是在"十一五"规划期间正式确定各省的节能减排目标，并把节能减排目标分解到各省作为约束性任务，这里研究中国"十一五"到"十三五"期间省域环境效率，时间范围 2004～2020 年，数据来源于历年中国统计年鉴、各省统计年鉴及生态环境部的环境公报，另外，除港澳台外，由于西藏数据缺失比较多，未纳入评价，仅研究 30 个省级行政区（本书后面如未作特殊说明，也是此种情况）。各指标的简要描述统计如表 4 - 4 所示。

表 4 - 4   指标简要描述统计

变量	样本数	均值	标准差	最小值	最大值
GDP	540	17620. 2	18084. 7	385	111151. 6
labor	540	2614. 0	1688. 1	286. 5	7141. 6
capital	540	32568. 8	30745. 6	1096. 7	171987. 3
energy	540	12845. 0	8398. 5	742	41826. 0
COD	510	51. 1	41. 4	1. 97	198. 2
SO$_2$	510	61. 5	45. 3	0. 19	200. 2
waste	540	9096. 5	8846. 3	91	52037

资料来源：中国国家统计局（data. stats. gov. cn）。

三、实证分析结果

1. DEA - CCR 模型测度经济效率结果

首先采用 CCR 模型对不考虑污染排放的指标进行分析，以得到全国 30 个省份的效率，这里称为经济效率，采用产出导向的规模报酬可变模型进行分析，用 Stata16. 0 软件进行操作，软件代码见本书附录一。表 4 - 5 列出各省份经济效率值，考虑篇幅因素，只列出主要年份。

表 4 - 5   主要年份各省经济效率值和排名

省份	2005 年	2010 年	2015 年	2020 年	2004 ~ 2020 年平均	平均分排名
北京	1. 000	1. 000	1. 000	1. 000	1. 000	1
天津	0. 885	0. 628	0. 562	0. 706	0. 666	21
河北	0. 727	0. 673	0. 577	0. 527	0. 636	23
山西	0. 919	0. 741	0. 491	0. 618	0. 692	17
内蒙古	0. 802	0. 495	0. 451	0. 463	0. 546	27
辽宁	0. 789	0. 570	0. 483	0. 558	0. 599	24
吉林	0. 676	0. 395	0. 351	0. 317	0. 429	30
黑龙江	0. 788	0. 611	0. 436	0. 357	0. 561	26
上海	1. 000	1. 000	0. 986	1. 000	0. 999	4
江苏	0. 863	1. 000	1. 000	1. 000	0. 962	5

续表

省份	2005 年	2010 年	2015 年	2020 年	2004～2020 年平均	平均分排名
浙江	0.843	0.886	0.959	0.929	0.912	6
安徽	0.944	0.930	0.834	0.723	0.882	8
福建	0.806	0.748	0.694	0.730	0.742	15
江西	0.855	0.864	0.847	0.634	0.832	9
山东	0.726	0.738	0.740	0.688	0.724	16
河南	0.907	0.654	0.565	0.561	0.668	20
湖北	0.687	0.810	0.781	0.688	0.759	14
湖南	0.877	0.863	0.802	0.709	0.826	10
广东	1.000	1.000	1.000	1.000	1.000	1
广西	0.872	0.579	0.465	0.464	0.599	25
海南	1.000	1.000	1.000	1.000	1.000	1
重庆	0.751	0.775	0.806	0.654	0.765	12
四川	0.753	0.808	0.810	0.799	0.807	11
贵州	0.630	0.738	0.726	0.498	0.681	18
云南	0.772	0.726	0.551	0.501	0.653	22
陕西	0.719	0.716	0.635	0.555	0.674	19
甘肃	0.828	0.789	0.693	0.659	0.760	13
青海	0.614	0.645	0.304	0.335	0.486	28
宁夏	0.472	0.552	0.378	0.368	0.485	29
新疆	1.000	1.000	1.000	0.447	0.906	7

从经济效率来看，效率最高的是北京、广东和海南三地，一直是处于 DEA 有效状态，效率得分保持为 1。接下来是上海、江苏、浙江和新疆四地，平均得分都超过 0.9 分。总体来看，东部经济较发达地区的经济效率更高，西部和东北地区的经济效率更低，但也有一些特殊情况，经济效率的高低不完全与经济发展水平一致。

2. DEA - SBM 模型测度环境效率结果

然后把污染指标纳入效率评价的投入产出指标体系，采用 SBM 模型测度各省环境效率。表 4－6 列出各省环境效率值，考虑篇幅因素，只列出主要年份结果。

表 4 - 6　　　　　　　　　　　　主要年份各省环境效率值和排名

省份	2005 年	2010 年	2015 年	2020 年	2004～2020 年平均	平均分排名
北京	1.000	1.000	1.000	1.000	1.000	1
天津	0.847	0.596	0.550	0.582	0.735	9
河北	0.335	0.282	0.240	0.216	0.272	30
山西	0.437	0.343	0.301	0.333	0.383	17
内蒙古	0.425	0.325	0.288	0.314	0.370	20
辽宁	0.410	0.288	0.264	0.284	0.314	28
吉林	0.402	0.320	0.335	0.361	0.351	23
黑龙江	0.434	0.324	0.295	0.307	0.337	26
上海	1.000	1.000	0.694	0.717	0.868	8
江苏	0.647	0.801	1.000	1.000	0.868	7
浙江	0.681	0.640	0.569	0.541	0.626	10
安徽	0.505	0.409	0.373	0.325	0.437	13
福建	0.561	0.449	0.409	0.384	0.474	12
江西	0.472	0.433	0.434	0.375	0.437	14
山东	0.421	0.401	0.351	0.300	0.378	18
河南	0.446	0.299	0.251	0.243	0.305	29
湖北	0.362	0.363	0.360	0.325	0.358	21
湖南	0.415	0.360	0.356	0.328	0.370	19
广东	1.000	1.000	1.000	1.000	1.000	1
广西	0.416	0.311	0.309	0.292	0.339	25
海南	1.000	1.000	1.000	1.000	1.000	1
重庆	0.450	0.431	0.488	0.497	0.491	11
四川	0.349	0.326	0.320	0.299	0.331	27
贵州	0.302	0.339	0.397	0.341	0.353	22
云南	0.383	0.340	0.325	0.290	0.342	24
陕西	0.398	0.384	0.381	0.341	0.387	16
甘肃	0.377	0.365	0.384	0.422	0.392	15
青海	1.000	1.000	1.000	1.000	1.000	1
宁夏	1.000	1.000	1.000	1.000	1.000 *	5
新疆	1.000	1.000	1.000	0.332	0.884	6

　　注：*：宁夏由于部分年份效率值低于1，使平均分不足1，但非常接近于1，由于四舍五入原因，仍然显示为1。

从环境效率得分来看，海南和宁夏的环境效率一直处于前沿位置，效率得分值一直为1，领先其他省份。接下来是北京、广东和青海，环境效率得分非常接近于1。总体来看，也是东部地区环境效率得分较高，中西部和东北地区省份的环境效率得分较高，但也有部分西部省份环境效率得分较高，这个结果与现有大部分研究的结果比较一致。随着区域间产业转移，高投入、高排放的"黑色"产业在加快西部经济发展的同时，也带来了严重的环境污染问题，从而大大拉低了总体的环境效率。

3. 经济效率和环境效率评价结果比较

为了更好地了解考虑环境因素对经济效率的影响，分析两个模型分别测度的经济效率（Eco – EFF）和环境效率（En – EFF）变化趋势，并对得分进行比较，如图4 – 2所示。

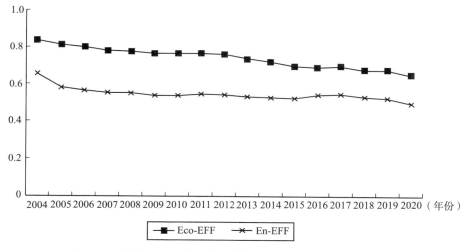

图4 – 2　2004～2020年各省经济效率和环境效率平均得分趋势

通过比较两个模型测算结果可以看出，30个评价省份中，绝大多数省经济效率普遍高于环境效率，环境效率得分更高的只有天津、青海和宁夏三个省份。两个效率指数得分都在0.9分以上的有北京、广东、海南、青海和甘肃五地，说明这五个省份不管经济效率还是环境效率都很高，具有很大的优势。经济效率和环境效率得分相差较大的省份有河北、山西、安徽、江西、山东、河南、湖北、湖南、四川、云南和甘肃，得分差距超过0.3，大多数是中部地区，说明这些省份在环境治理方面需要加大力度，切实提升经济发展和生态环境的协调性。而青海和宁夏的环境效率得分比经济效率得分高得多，平均得分差距超过 0.5，表明这两个西部省份环境因素较高，但经济发展效率有待提升。

每一年 30 个省份的平均效率得分也是经济效率更高，环境效率得分更低，虽然两者都有下降的趋势，但差距都保持在 0.14 以上，有一半年份超过 0.2。这反映出环境污染问题会带来效率损失，不考虑环境污染得到的效率值是失真和不切合实际的，也说明了用 SBM 模型考察环境效率能够提高效率评价的准确性和可信度。有一个特征值得关注，就是经济效率和环境效率得分差距有缩小趋势，表明环境因素对经济效率的影响在逐步缩小，反映出我国近年来环境治理发展显著作用，生态环境质量改善成效开始显现。

4. 环境效率动态分析

根据公式（4 - 33）对各省环境效率或者环境全要素效率的变化进行分解，首先考虑各省从 2005 ~ 2020 年的效率变化情况，分解结果如表 4 - 7 所示。

表 4 - 7　　　　2005 ~ 2020 年各省环境效率 Malmquist 指数及其分解

省份	环境全要素效率变化（tfpch）	技术进步变化（tech）	技术差距变化（tecch）	规模效率变化（sech）	全要素环境效率变化
北京	1.360	1.000	1.170	1.162	4
天津	1.057	0.875	1.233	0.980	7
河北	0.655	0.664	1.195	0.825	23
山西	1.000	1.000	1.000	1.000	11
内蒙古	0.525	1.000	0.528	0.994	27
辽宁	0.579	0.675	0.975	0.880	25
吉林	0.749	0.675	1.114	0.997	20
黑龙江	0.600	0.526	1.096	1.040	24
上海	1.420	1.000	1.438	0.987	3
江苏	1.050	1.000	1.224	0.857	8
浙江	1.027	1.029	1.247	0.801	10
安徽	1.028	1.000	1.007	1.021	9
福建	0.801	0.841	1.212	0.785	17
江西	1.000	1.000	1.000	1.000	11
山东	0.782	1.000	1.000	0.782	19
河南	0.570	1.075	1.000	0.530	26

省份	环境全要素效率变化（tfpch）	技术进步变化（tech）	技术差距变化（tecch）	规模效率变化（sech）	全要素环境效率变化
湖北	1.500	1.340	1.094	1.023	2
湖南	1.107	1.091	1.002	1.013	6
广东	0.945	1.000	1.000	0.945	15
广西	0.516	0.537	1.000	0.961	28
海南	1.000	1.000	1.000	1.000	11
重庆	0.662	1.000	0.684	0.968	22
四川	1.162	1.308	1.000	0.888	5
贵州	0.512	1.000	0.512	1.000	30
云南	0.707	1.088	0.675	0.963	21
陕西	0.788	0.767	1.091	0.941	18
甘肃	0.873	1.047	1.022	0.815	16
青海	1.974	1.000	1.000	1.974	1
宁夏	0.945	1.000	1.000	0.945	14
新疆	0.516	1.000	0.522	0.989	29

可以看出，2005～2020 年各省环境全要素效率变化各不相同，第一类是排名前十位的，全要素环境效率上升，上升幅度最大的是青海，其他大多数的东部和中部省份；第二类是山西、江西和海南，3 个省份的环境全要素效率没有变化；第三类是其他 17 个省份，环境全要素效率下降，西部和东北地区省份占多数，特别是贵州和新疆等省份的下降幅度较大。

湖北、四川等省份环境全要素生产率受技术进步变化的正向影响最大，说明这些省份的原始创新能力在上升，而黑龙江、广西、河北、辽宁、吉林等省份也受技术进步变化的很大影响，但却是负面影响，反映了这些省份在创新能力虽然有进步，但相对其他省份而言，进步幅度太小，成为降低环境全要素生产率的因素；技术差距变化的影响上，各省也有很大的不同，影响较大的是上海、浙江、天津、江苏、福建等沿海经济发达地区，说明这些地区具有技术优势，而且这种技术优势对环境全要素生产率的贡献越来越大，而技术差距变化贡献更小甚至起到负面作用的也大多数是西部地区，比如贵州、新疆和内蒙古等地。从规模效应来看，贡献最大的是青海，其次是北京，其他省份的规模效应贡献都比较小，有20 个省份的规模效应对环境全要素生产率的贡献是负面的，说明我国经济亟须从外延扩张转移到内涵发展、着重提升经济效益的路径上来。

接下来对各省平均的环境全要素生产率变化进行分析，表4-8是历年各省环境效率平均值的变动及其分解情况。

表4-8　　　　　　　　　　历年环境效率指数及其分解

年份	环境全要素效率变化（tfpch）	技术进步变化（tech）	技术差距变化（tecch）	规模效率变化（sech）
2004~2005	0.958	1.003	0.944	1.012
2005~2006	0.960	1.014	0.985	0.971
2006~2007	1.047	0.978	1.064	1.018
2007~2008	1.020	0.993	0.992	1.043
2008~2009	0.909	0.993	0.929	0.988
2009~2010	1.035	0.994	1.029	1.016
"十一五" 2006~2010	1.093	1.097	0.997	0.972
2010~2011	1.088	1.001	1.100	1.015
2011~2012	0.946	1.010	0.960	0.986
2012~2013	0.956	1.003	0.948	1.011
2013~2014	0.969	0.989	0.975	1.010
2014~2015	1.097	0.987	1.008	0.988
"十二五" 2011~2015	1.091	1.098	0.955	0.992
2015~2016	1.148	1.040	1.234	0.925
2016~2017	0.987	0.991	0.968	1.039
2017~2018	1.000	1.024	0.992	0.987
2018~2019	1.042	0.989	1.064	0.998
2019~2020	0.961	0.988	0.960	1.027
"十三五" 2016~2020	1.071	1.019	1.115	1.002

从环境全要素生产率来看，三个五年规划期间都表现出效率提升，环境效率平均提高了9.3%、9.1%和7.1%，这期间，不仅是各省节能减排目标分解到位、层层落实，更是启动了中央环保督促，对各地环境污染突出问题进行督察，要求各地严格落实生态环境政策，给各地环境治理增加了压力和动力，使得环境绩效水平有明显提升。另外，技术进步变化也是在三个五年规划期间上升，而技

术差距变化和规模效率变化三个子因素也都是前两个五年规划期间有所下降，第三个五年规划期间上升。当然具体到不同年份，也表现出不同特征，特别 2010 ～ 2011 年和 2015 ～ 2016 年，都是五年规划的开局之年，国家明确了各地的节能减排目标，中央和地方政府都出台了相当多的环境政策，激发了企业的创新，表现出技术效率的提升，对环境全要素生产率起到积极作用。

四、区域环境效率影响因素动态分析

1. Tobit 面板数据模型

为了更深入地分析影响中国各省环境效率的因素，构建回归模型进行研究。由于在 DEA 模型测算得到的环境效率是相对值，介于 0 ～ 1 之间，不能用普通回归模型分析，考虑到时间跨度和样本，因此本书采用受限因变量 Tobit 动态面板数据模型，形式为：

$$Y_{it}^* = \alpha_0 + \sum \alpha_k X_{kit} + \mu_i + \varepsilon_{it}$$

$$Y_{it} = \begin{cases} 1, & Y_{it}^* \geq 1 \\ Y_{it}^*, & 0 < Y_{it}^* < 1 \\ 0, & Y_{it}^* < 0 \end{cases} \quad (4-35)$$

式中，Y_{it} 为 i 省 t 年的实际环境效率值，Y_{it}^* 则是环境效率的拟合值，X_{kit} 表示第 k 个影响因素 i 省 t 年的数据，α_0 为常数项向量，α_k 表示第 k 个影响因素的系数，μ_i 表示 i 省随机效应，ε_{it} 为残差。

2. 解释变量和指标说明

在研究环境效率的影响因素时，综合理论和文献研究，拟从四个方面确定解释变量，对各省环境效率指数进行动态回归分析（见表 4 - 9）。

表 4 - 9　　　　　　　　　　　回归模型的解释变量及定义

影响因素	解释变量	变量代号	变量定义及采用数据
经济	经济发展水平	PGDP	人均 GDP
	产业结构	SI	第二产业占 GDP 的比重
自然	人口密度	POP	人口/土地面积
	东部哑变量	EAST	东部省份为 1，其他省份为 0
	西部哑变量	WEST	西部省份为 1，其他省份为 0

影响因素	解释变量	变量代号	变量定义及采用数据
制度	外贸水平	XT	出口总额占 GDP 比重
	外资规模	FDI	FDI 占 GDP 比重
	环境管理及其滞后	EI	污染投资占 GDP 的比重
技术	研发投入及其滞后	R&D	R&D 占 GDP 的比重

注：上述各变量数据均来源于历年各省统计年鉴数据，经整理得到。

一是经济因素。环境效率是建立在经济发展基础之上的，提高经济发展水平，会增强公众与社会的环保意识，提升环境管理水平，有效提高环境效率，另外，当前污染排放主要是第二产业产生的，产业结构特别是第二产业占比也会影响环境效率。因此本书选择人均 GDP 表示经济发展水平指标，选择第二产业占 GDP 比重作为产业结构指标。

二是自然因素。自然因素是经济发展的基础，也是环境效率的重要影响因素。人口密度过高会带来各种环境问题，另外环境效率出现区域性差异，平均环境效率明显呈现出从东到西的递减趋势，因此选取人口密度和区域变量（东、中、西虚拟变量）作为代表自然因素的解释变量。

三是制度因素。虽然我国是统一的政治经济制度，但各省的情况有很大差别，管理上的差异造成各省份环境效率不同。扩大对外开放可以吸收国外技术和管理经验，提高整体管理水平和生产效率，从而影响环境效率。引进外资一方面可以扩大技术规模和效率规模，从而提高整体经济效率和环境效率，另一方面也会带来污染产业扩张，影响环境。政府对环境管理的投入，从长期来看可以改善整体的环境效率。本书选取出口总额占 GDP 比重作为外贸水平指标，选取 FDI 占 GDP 比重作为外资规模指标，选择污染治理投资占 GDP 比重作为环境管理指标。因为环境管理对环境效率的影响是长期的，将其滞后项也作为解释变量。

四是技术因素。技术一直是影响经济效率的重要因素，技术发展一方面提高经济产出水平，另一方面也抑制各种非期望产出，对环境效率的影响非常大。一般而言，提高研发投入可以带来技术水平的提高，因此选取研发投入（R&D）占 GDP 比重作为技术因素指标，考虑到研发投入带来长期技术进步，其对环境效率的影响是持久的，考虑将其滞后项作为解释变量。

3. 结果和分析

运用 Stata 软件对 Tobit – Panel 随机效应面板模型进行回归，根据解释变量不同，估计了六个模型，如表 4 - 10 所示。回归（1）考虑了所有变量以及环境管理和研发投入的滞后变量对环境效率的影响，回归（2）仅考虑了所有变量的当期变量对环境效率的影响，回归（3）则在回归（1）的基础上剔除了环境管理的二阶滞后和研发投入的一阶滞后，回归（4）同样是在回归（1）的基础上改动，但其剔除的是环境管理以及研发投入的一阶滞后，考虑到环境管理的滞后变量和研发投入的一阶滞后均不显著，因此回归（6）在回归（3）、回归（4）的基础上剔除了环境管理的所有滞后以及研发投入的一阶滞后，而考虑到西部哑变量的各个回归系数均不显著，因此回归（5）在回归（6）的基础上剔除了西部哑变量。

表 4 - 10　　　　　　　　　　面板 Tobit 模型回归结果

变量	（1）	（2）	（3）	（4）	（5）	（6）
EAST	0.213 *** - 0.062	0.250 *** - 0.073	0.213 *** - 0.063	0.214 *** - 0.063	0.255 *** - 0.058	0.212 *** - 0.063
WEST	- 0.077 - 0.055	- 0.102 - 0.063	- 0.077 - 0.055	- 0.077 - 0.056		- 0.078 - 0.055
PGDP	$-7.05e-06$ *** $-4.92E-07$	$-7.64e-06$ *** $-4.60E-07$	$-7.02e-06$ *** $-4.60E-07$	$-7.03e-06$ *** $-4.89E-07$	$-6.94e-06$ *** $-4.61E-07$	$-6.95e-06$ *** $-4.57E-07$
SI	0.413 *** - 0.115	0.098 - 0.128	0.418 *** - 0.114	0.430 *** - 0.114	0.445 *** - 0.113	0.430 *** - 0.114
POP	0.000120 *** $-4.28E-05$	$8.10e-05$ ** $-3.48E-05$	0.000122 *** $-4.29E-05$	0.000123 *** $-4.31E-05$	0.000133 *** $-4.42E-05$	0.000123 *** $-4.31E-05$
XT	0.159 ** - 0.081	0.191 ** - 0.085	0.155 * - 0.080	0.152 * - 0.080	0.148 * - 0.080	0.155 * - 0.080
FDI	0.062 *** - 0.012	0.035 *** - 0.011	0.061 *** - 0.012	0.062 *** - 0.012	0.062 *** - 0.012	0.062 *** - 0.012
EI	7.908 * - 4.051	7.540 * - 4.258	7.832 * - 4.041	6.570 * - 3.794	6.199 * - 3.764	6.361 * - 3.769
R&D	- 6.720 * - 3.557	3.466 - 2.482	- 5.415 * - 2.946	- 5.416 * - 2.958	- 5.459 * - 2.958	- 5.305 * - 2.95
EI（-1）	- 3.966 - 4.381		- 3.819 - 3.846			

续表

变量	(1)	(2)	(3)	(4)	(5)	(6)
EI (−2)	0.142 −4.496			−1.786 −3.955		
R&D (−1)	2.712 −4.133					
R&D (−2)	10.360 *** −3.453		11.610 *** −2.876	11.700 *** −2.897	11.470 *** −2.883	11.560 *** −2.881
Constant	0.407 *** −0.077	0.626 *** −0.085	0.404 *** −0.077	0.397 *** −0.077	0.340 *** −0.068	0.392 *** −0.077
sigma_u	0.116 *** −0.0184	0.133 *** −0.0211	0.117 *** −0.0185	0.117 *** −0.0185	0.123 *** −0.0192	0.117 *** −0.0185
sigma_e	0.045 *** −0.00233	0.063 *** −0.00295	0.045 *** −0.00233	0.045 *** −0.00234	0.045 *** −0.00233	0.045 *** −0.00234
Number of province	30	30	30	30	30	30
Prob ≥ chibar2	0.000	0.000	0.000	0.000	0.000	0.000

注：*** 、** 、* 分别表示在1%、5%、10%的显著水平上显著。

结果表明，各回归模型 chibar2 对应的 p 值均是 0.000，显著拒绝不存在个体效应的原假设，说明使用随机效应模型是合理的。另外，大部分变量的系数都比较显著，其中，回归（5）相比其他回归更好，各变量系数均通过 10% 的显著水平检验。

（1）经济因素。从经济因素角度来看，回归（1）～回归（6）中人均 GDP 变量的系数均为负，且均通过 1% 的显著水平检验，这与预判结果相反，一般认为人均 GDP 的增加会促进环境效率的提高，人们在经济发展水平较高的时候，会追求高质量生活水平，也会越来越重视环境的保护，而且这也意味着拥有更多资金用于生态环境，从而提高环境效率，但实际上当前经济增长很大程度上是以高投入和牺牲环境质量为代价，经济发展与环境保护之间不平衡。特别是经济进入新常态以后，调结构、促改革方面成效还未显现出来，加大投资成为各地应对经济增长速度下行的方法，人均 GDP 越提高，环境效率越受影响。而所有回归模型中，第二产业占 GDP 比重的系数均为正，且大部分通过显著性检验，不考虑回归（2）的情况下，第二产业占比每提高 1 个百分点，环境效率提高 0.413%～0.445%，特别是在最佳回归（5）中，第二产业占比对环境效率达到最大，这说明第二产业比重提高，虽然一定程度上可能带来环境损失，但却能提升经济效率和环境效率。

（2）自然因素。从自然因素角度来看，各解释变量都能通过显著性检验，人口密度对环境效率的影响是显著为正的，这说明人口密度虽然可能带来一定的环境问题，但其对经济效率的影响更大，人口密度提高所带来的生活水平、教育程度和环境意识提高对环境效率的正向作用要大于其造成的生态环境压力增大的负面作用。当然，随着人口密度的增加，城市功能、产业结构和空间布局必然要进行适应性变化，一旦人口密度超过了资源和环境承载力，就会对环境产生不可逆转的破坏作用。区域差异方面，从回归（1）~回归（6）可以看出东部哑变量的系数均为正，且均通过 1% 的显著水平检验，说明东、中、西部地区的环境效率差异是非常显著的。随着东部发达地区正逐渐从以工业为中心向服务业为主转移，在保证经济稳定增长的同时，有效减少污染的排放，同时能综合利用资金、技术和人才，大力改进生产和排污技术，并向中、西部地区转移污染产业，使得东部环境效率显著高于中、西部地区的优势将继续保持下去。

（3）制度因素。从制度因素角度来看，所有回归结果均显示外贸水平、外资规模以及环境管理水平对环境效率的影响均为正。外贸水平的系数均通过 10% 的显著水平检验，说明提高外贸水平，可以带动环境效率的提升，外贸水平每提高 1 个百分点，环境效率提高 0.148% ~ 0.191%，因此增加出口对环境效率的影响是正向的，其影响作用可能是通过"出口中学"效应，一方面，在出口过程中，国内企业可以通过学习和借鉴国际先进技术水平，改进产品生产效率；另一方面，发达国家基于产品质量和价格的需求，规定了严格的进口标准，倒逼出口企业改进技术，满足环保要求，从而提高环境效率。外资规模的系数均通过 1% 的显著水平检验，说明 FDI 对环境效率积极影响是显著的，外贸规模每提高 1 个百分点，环境效率可以提高 0.06% 以上。一方面，FDI 可以使用较清洁技术的溢出效应提升环境效率；另一方面，FDI 引致中国工业行业产出规模扩大并提高资本劳动比，从而提升效率。但 FDI 也会带来外国高污染产业，依然需要注重外资利用的质量和数量的平衡协调，最大程度地控制 FDI 的负面效应，协调好对外开放、吸引外资和环境保护的关系。各回归结果中环境管理对环境效率的影响均为正，且均通过 10% 的显著水平检验，但其滞后变量的系数不能同显著性检验，说明环境管理对环境效率的影响不具备长期效应，只在当期发生显著影响。

（4）技术因素。从技术因素角度来看，当期 R&D 变量对环境效率的影响均为负，除回归（2）在 10% 的显著水平下不显著外，其他回归结果均显著，说明当期 R&D 投入对环境效率是负面影响，这是由于研发投入是高投入、高风险的，但同样需要消耗资源，却未必会带来产出，至少难以在当期就产生积极成效，往往需要长期的投入才能实现。另外，回归结果都显示研发投入的二阶滞后变量的系数为正，且在1%的显著水平下显著，这说明研发投入具有明显滞后效应，从长期来看会促进环境效率的提高，研发投入比重每提高1个百分点，滞后两期的环境效率会提高10.36%~11.7%，影响力是非常显著的。

第四节　地区环境治理绩效测度和分析
——以福建省为例

我国目前正处在经济高速增长和工业化、城镇化进程快速推进的阶段，以"高能耗、高排放、高污染"为特征的工业发展给生态环境带来了严重破坏，虽然节能减排和环境保护工作取得一定成效，但生态环境保护压力和难度日益加大，部分地区环境污染问题比较突出，雾霾等新的环境问题不断涌现，环境保护的体制机制依然存在各种障碍，环境质量与人民期望还有很大差距。全国各地区的生态资源禀赋明显不同，加之经济基础、产业结构和环境管理水平各不相同，使得环境问题出现多样化、差异化和普遍化的特点，区域环境效率存在较大差异，新时期亟须加强环境保护的体制机制创新，加大环境保护力度，提高环境效率，真正实现经济和环境协调发展，建设美丽中国。

福建省是全国首个生态文明实验区，历来非常重视应对气候变化工作。福建省委十届十一次全会提出要深化拓展国家生态文明试验区建设，促进绿色低碳发展，制订实施力争碳排放提前达峰行动方案。福建省人大十三届五次会议提出制订实施碳排放达峰行动方案，支持厦门、南平等地率先达峰，推动碳排放权、排污权、用能权交易，加强能源消费双控工作，将为全国早日完成碳排放达峰目标做出积极贡献，成为新发展理念的福建样本。

要考察环境效率，就是既要衡量经济产出，也要衡量污染排放等非经济产出，是考察扣除污染排放的投入产出效率。在利用DEA模型测度环境效率时，为了将环境污染纳入生产模型中，菲尔（Färe）等开创性地把环境污染变量视为一种具有弱可处置性的"坏"产出[1]。在此之后，包含环境污染的效率研究开始

---

① Färe R., Grosskopf S., Lovell C. A. K., Pasurka C. Multilateral Productivity Comparisons when Some Outputs Are Undesirable: A Nonparametric Approach [J]. Review of Economics and Statistics, 1989, 71: 90 – 98.

拥有了统一分析框架，并产生了大量利用环境效率评价环境绩效的文献。

现有关于环境效率的研究成果比较丰富，但具体的影响机理还有待深入研究，特别是大多数研究聚焦于省际之间，对于省内各地级市环境效率的研究成果较少。在相同省域内，既有相对统一的管理体制和政策，也存在区域环境和经济差异，环境影响的空间效应更明显，地区环境效率的影响因素更值得研究。因此，构建非期望产出效率模型（DEA-SBM），从区域差异性角度研究福建省各地区环境效率的差异性，再构建 Tobit（面板数据）模型分析其影响因素，为提高区域环境管理效率、创新环境管理政策提供参考依据。

一、福建省区域环境效率的评价及比较

1. 福建省区域环境发展现状

福建省具备良好的生态环境基础，历届政府也非常重视环境保护工作，从2002年开展生态省建设，注重生态文明建设的制度创新，2013年被国务院批准建设生态文明先行示范区，2016年又被确定为国家生态文明试验区，率先开展生态文明体制改革综合试验，为全国生态文明建设提供了很多可复制、可推广的有益经验。"十二五"期间福建省强化环保顶层设计，推动出台生态文明体制改革系列配套方案，率先建立"党政同责、一岗双责"等制度，在经济社会快速发展的同时，全省环境质量持续保持全国领先，森林覆盖率达65.95%，持续居全国首位，水、大气、生态环境等三项指标均为"优"。其中，12条主要河流水域功能达标率为98.1%，Ⅰ~Ⅲ类水质比例为94%，比全国平均水平高出近30个百分点，23个城市空气质量均达到或优于国家环境空气质量二级标准。四项主要污染物排放指标中，化学需氧量排放量下降12.42%，氨氮排放量下降12.43%，二氧化硫排放量下降14.09%，氮氧化物排放量下降15.30%，全部完成了"十二五"规划的减排目标。"十三五"期末，福建生态环境质量继续保持全优。12条主要流域Ⅰ~Ⅲ类水质比例97.9%，同比提高1.4个百分点，比全国平均水平高14.5个百分点；县级及县级以上集中式生活饮用水水源地水质达标率100%；9市1区城市环境空气质量平均达标天数比例为98.8%，同比提高0.5个百分点，比全国平均水平高11.8个百分点；森林覆盖率为66.8%，连续42年保持全国首位。[①]

但各地市由于环境条件、经济基础和产业结构不同，环境效率有较大差异。

---

① 福建省生态环保厅.2020年福建省生态环境状况公报［R].2021-06.

从表 4 – 11 中主要污染物排放总量来看，2020 年一般工业固体废弃物排放量最大的是龙岩，达到 2107 万吨，主要是由其工业结构决定的，其次是福州和宁德，厦门比较少；废水排放总量各地比较接近，最多的是漳州，其次厦门和泉州，山区地市比较少；化学需氧量是泉州排放量最大，然后是莆田和福州两地；氨氮排放量是莆田和泉州排放量最大，是由于这两个地区的工业规模较大；二氧化硫排放量最多的是福州、泉州和南平，都超过 1.3 万吨，三明也超过 1 万吨，厦门较排放量最少；氮氧化物排放量最多的是福州和泉州，都超过 5 万吨，莆田较少；烟（粉）尘排放量最多的是南平、龙岩和福州，厦门、莆田和宁德较少。

表 4 – 11　　　　　　　　2020 年福建省各地市主要污染物排放量

地区	一般工业固体废弃物（万吨）	废水排放量（万吨）	化学需氧量排放量（吨）	氨氮排放量（吨）	二氧化硫排放量（吨）	氮氧化物排放量（吨）	烟（粉）尘排放量（吨）
福州市	839	36059	70998	3604	13977	59542	20684
厦门市	99	63265	54050	4879	549	22035	4046
莆田市	172	29132	73461	6626	4290	9481	5771
三明市	725	16859	34967	2811	10937	33484	18048
泉州市	605	40644	82983	5419	13728	51723	14790
漳州市	455	116426	32791	2715	9175	25769	12035
南平市	185	14433	33873	2755	13603	14512	25793
龙岩市	2107	13547	14560	1270	6552	25780	23053
宁德市	853	17809	49804	4054	5939	15225	6121

资料来源：历年《福建统计年鉴》。

考虑到各地经济总量的差别，综合考虑经济产出和污染排放的相对指标能更好地说明各地的污染排放情况，表 4 – 12 用各地市单位地区生产总值（GDP）的污染排放量测算污染排放强度，对各地进行比较。从排放强度来看，一般工业固体废弃物是龙岩最高，达到 7340.5 吨/亿元，远远超过其他地市，其次是宁德、厦门等地的排放强度较小。废水排放强度最高的是漳州，超过 25 万吨/亿元，其次是莆田，也超过 11 吨/亿元，其他地市较低。化学需氧量排放强度是莆田最高，其次是宁德和南平，福州、厦门等地市比较低，氨氮排放量也有类似特征。二氧化硫、氮氧化物和烟（粉）尘三个空气污染指标的排放强度都是南平和三明等山区地市较高，福州和厦门等沿海地市较低。综合污染物排放总量和相对指标来看，沿海地市的污染排放总量较高，单位产出的污染排放强度指标较低，而山区地市的情况刚好相反，说明经济发展更容易产生环境污染物，但与经济规模相比的污染排放强度更低，经济发展有利于提升环境效率。

表 4 – 12　　　　　　　2020 年福建省各地市主要污染物排放强度

地区	一般工业固体废弃物（吨/亿元）	废水排放量（万吨/亿元）	化学需氧量排放量（吨/亿元）	氨氮排放量（吨/亿元）	二氧化硫排放量（吨/亿元）	氮氧化物排放量（吨/亿元）	烟（粉）尘排放量（吨/亿元）
福州市	837.8	3.60	7.09	0.36	1.39	5.94	2.06
厦门市	155.5	9.91	8.47	0.76	0.09	3.45	0.63
莆田市	651.0	11.02	27.78	2.51	1.62	3.59	2.18
三明市	2683.6	6.24	12.94	1.04	4.05	12.39	6.68
泉州市	595.4	4.00	8.17	0.53	1.35	5.09	1.46
漳州市	1000.5	25.61	7.21	0.60	2.02	5.67	2.65
南平市	922.0	7.19	16.87	1.37	6.78	7.23	12.85
龙岩市	7340.5	4.72	5.07	0.44	2.28	8.98	8.03
宁德市	3256.1	6.80	19.02	1.55	2.27	5.81	2.34

资料来源：历年《福建统计年鉴》。

2. 环境效率测度模型和指标体系

一般采取数据包络分析 DEA 模型，衡量投入产出效率，其优势是投入产出变量的个数不受限制，也不用考虑投入与产出之间的具体关系，只是衡量评价对象之间的相对效率，具有形式多样、适应面广的特点。由于传统的 DEA – C^2R 模型是径向的，没有考虑投入产出的松弛性问题，对投入和产出的方向不加区分。而具有非期望产出的 DEA – SBM 模型将松弛变量考虑到目标函数中，既解决了传统 C^2R 模型不能解决的投入产出松弛性问题，也考虑了非期望产出对效率测度的影响，具体模型见公式（4 – 32）和公式（4 – 33）。

关于环境效率评价的投入产出指标体系，投入是资本和劳动等各类生产要素，本书选择各地市的就业人员数作为劳动投入；由于现有统计体系中缺乏各地市相关指标数据，难以对各地市的资本存量进行估算，考虑到固定资产投资是形成资本存量的主体，两者也是高度相关，这里采用固定资产投资代表资本投入；产出是经济产出及其对环境的影响，用 GDP 代表期望产出，用一般工业固体废弃物、废水排放量、烟（粉）尘排放量三个污染物排放指标代表非期望产出。评价对象为福建省 9 个地市，作为模型中的决策单元，时间跨度是 2011 ~ 2020 年，由于 SBM 模型是静态评价模型，各年度单独评价。

二、福建省环境效率区域差异的影响要素分析

1. Panel – Tobit 模型设定

影响各地环境效率的原因既有自身环境基础因素，也有经济基础和产业结构的影响，还与政府的管理水平分不开。为了分析地区环境效率的影响因素，建立面板数据模型来分析环境效率与影响因素之间的关系。由于环境效率作为被解释变量，是相对得分，其取值范围在 0 ~ 1 之间，不能采用普通回归模型，应该采用受限因变量模型（censored mode）。利用审查模型（Tobit）构建面板数据模型如下：

$$Y_{it} = \begin{cases} Y_{it}^* = \alpha_i + \sum \beta_j X_{jit} + \varepsilon_{it} \\ 0, \quad Y_{it}^* \leqslant 0 \quad or \quad Y_{it}^* > 1 \end{cases} \qquad (4-36)$$

其中，Y_{it} 是受限因变量，代表区域环境效率，也即前面用 DEA – SBM 模型评价出的得分，α_i 为截距项向量，反映个体差异性，β_j 为解释变量的参数，随机扰动项 $\varepsilon_{it} \sim N(0, \sigma^2)$，$i = 1, \cdots, 9$，代表地市；$t = 2011, \cdots, 2020$，代表年份。解释变量设置情况如下：

经济发展水平：大量研究表明，环境污染和经济增长之间存在显著关系，尽管是否存在库兹涅茨倒 "U" 形曲线仍有很大争论，但经济发展水平对环境效率的影响是肯定存在的。这里采用人均地区生产总值来衡量，模型中代表符号是 GDPP。

环境治理投资：环境治理是地方政府环境保护力度的直接体现，国内外对于环境治理的衡量主要包括环境污染治理投入、污染排放和综合评价的衡量方法，部分学者将各行业运行费用和污染减排投资总和作为环境治理强度的指标[1][2]。这里选择工业污染治理投资额代表环境管理强度，模型中代表符号为 WRTZ。

产业结构：由于几种污染排放主要都是由于工业生产引起的，产业结构的变化对环境效率有较大影响，这里采用第二产业增加值占地区生产总值的比重来衡

---

① Morgenstern R. D., Pizer W. A., Shih J. S. Jobs Versus the Environment: An Industry – Level Perspective [J]. Journal of Environmental Economics & Management, 2002, 43 (3): 412 – 436.

② Cole, M. A. R. J. R. Elliott. Do Environmental Regulations Cost Jobs? An Industry—Level Analysis of the UK [J]. The B. E. Journal of Economic Analysis and Policy, 2007, 7 (1): 28 – 48.

量，模型中代表符号是 CYJG。

外贸水平：出口导向型贸易模式在促进地区经济发展的同时，可能会进一步恶化环境质量，随着经济结构转型，内需扩大有利于改善环境质量。这里采用出口贸易额衡量外贸水平，模型中代表符号为 WMSP。

外资规模：发展中国家引进外资不可避免地接受了污染产业，一定程度上成为国际资本的污染避难所，但外资企业在遵守环保法规方面表现较好，所以外资规模与环境效率有直接关系，这里采用外商直接投资额衡量外资规模，模型中符号为 FDI。

由于被解释变量是由 DEA – SBM 模型得到的相对得分，解释变量不宜采用总量指标，故考虑分别采用对数和相对数作为解释变量。对数模型是取各指标对数作为解释变量，反映各变量增长率对效率得分的影响，对数模型（Ⅰ）形式为：

$$Y_{it} = \alpha_i + \beta_1 \ln(GDPP_{it}) + \beta_2 \ln(WRTZ_{it}) + \beta_3 CYJG_{it}$$
$$+ \beta_4 \ln(WMSP_{it}) + \beta_5 \ln(FDI_{it}) + \varepsilon_{it} \qquad (4-37)$$

另一个是相对数模型，即各解释变量是总量指标与 GDP 比较得到的相对指标，由于人均 GDP 本身就是相对指标，产业结构也是结构性指标，不再需要与地区生产总值比较，所以只有污染投资、外贸出口和外资规模三个变量与地区生产总值相比，相对数模型形式为：

$$Y_{it} = \alpha_i + \beta_1 GDPP_{it} + \beta_2 ZWRTZ_{it} + \beta_3 CYJG_{it} + \beta_4 ZWMSP_{it} + \beta_5 ZFDI_{it} + \varepsilon_{it}$$
$$(4-38)$$

指标数据均来自历年福建统计年鉴，价值指标均剔除物价水平变动的影响，外贸出口和外资数据都按当年平均汇率折算。

2. 估计结果和分析

基于截距项的不同假定，面板数据模型可以分为混合估计模型、固定效应模型和随机效应模型。如果从时间上看不存在显著性差异，而且从截面上看，不同截面之间也不存在显著性差异，那么就是混合估计模型，可以用普通最小二乘法（OLS）估计参数。如果对于不同的截面或不同的时间序列，模型的截距项不同，则为固定效应模型或者随机效应模型。如果截距项与解释变量之间是不相关的，则为随机效应模型，否则为固定效应模型。这里主要考虑随机效应模型，用 Stata16.0 软件估计参数，采取最大似然法。初步估计结果显示，产业结构（CYJG）和污染投资（WRTZ）在两个模型中的系数都不显著，去掉以后再进行估计，结果见表 4 – 13。由于主要从解释变量的系数角度分析各因素对环境效率的影响，表中省略了个体的不同截距项。

表 4 - 13　　　　　　　　　　　　　　**模型估计结果**

解释变量	对数模型（Ⅰ）		解释变量	相对数模型（Ⅱ）	
	调整前	调整后		调整前	调整后
常数项	3.9410 (7.27)***	4.1320 (8.47)***	常数项	1.0276 (4.22)***	0.9692 (9.68)***
ln(GDPP)	-0.2586 (-4.06)***	-0.2666 (-4.21)***	GDPP	-3.5E-6 (-3.7)***	-3.7E-6 (-3.94)***
ln(WMSP)	-0.1312 (0.000)***	-0.1401 (-4.56)***	ZWMSP	-0.0002 (-2.19)**	-0.0003 (-2.17)**
ln(FDI)	0.1303 (0.006)***	0.1360 (2.88)***	ZFDI	0.0061 (2.35)**	0.0062 (2.39)**
CYJG	0.0018 (0.646)	—	CYJG	-0.0012 (-0.27)	—
ln(WRTZ)	-0.0045 (0.270)	—	ZWRTZ	-0.0005 (-1.17)	—
Wald χ^2	54.17***	50.84***	Wald χ^2	27.45***	24.36***
rho	0.951	0.949	rho	0.932	0.930

注：***、**、*分别表示1%、5%和10%的显著性水平。

在对数模型（Ⅰ）和相对数模型（Ⅱ）中，人均 GDP（GDPP）、外贸水平（WMSP）和外资规模（FDI）三个变量都通过了显著性检验，说明对环境效率得分有显著影响。从系数符合来看，人均 GDP 和外贸水平的系数为负数，说明这两个因素对环境效率得分的影响是反向的，而这也证明经济较为发达的沿海地市，由于资本和劳动投入较大，经济产出规模较大，同时伴随着污染产出也比较大，使得环境效率更低。同理，沿海地市都是外向型经济，出口规模较大，在经济中的比重较高，出口依赖型产业普遍是劳动密集型和简单加工企业，具有高投入、低产出、高排放的特点，这都会降低环境效率。但外资规模的系数为正数，说明外商投资对环境效率有积极影响，这其中的原因一是外资企业具有更高的劳动生产率，大多属于高附加值产业，投入产出效率更好；二是外资企业遵循国内环保法规，污染物排放水平相对较低。所以，扩大外资规模，有利于优化产业结构，改善环境污染水平，提高投入产出效率。由于 Tobit 模型中，解释变量系数值的大小没有经济含义，这里不做分析说明。

第五章

DEA 扩展模型在环境
治理绩效中的应用

第一节　基于 DDF 模型的环境绩效分析

自从 Charnes 等[1]提出 CCR 模型，能够利用多投入、多产出指标体系评价决策单元相对效率的数据包络分析（DEA）方法得到广泛应用，并发展出种类繁多的 DEA 模型。在利用 DEA 模型处理包含非期望产出（"坏"产出）的效率评价时，有三类常用方法：第一类是对基础径向 DEA 模型进行改造，比如把非期望产出作为投入[2]，或者把非期望产出指标进行数值变换[3]等；第二类是改造非径向 SBM 模型，在目标函数中对期望产出和非期望产出的冗余项进行加权处理[4][5]，构造新的目标函数；第三类是改造方向性距离函数模型（Directional Distance

①　Charnes A. , Cooper W. W. , Rhodes E. Measuring the Efficiency of Decision Making Units [J]. European Journal of Operational Research, 1978 (2): 429 – 444.

②　Yang H. , Pollitt M. Incorporating both Undesirable Outputs and Uncontrollable Variables into DEA: The Performance of Chinese Coal-fired Power Plants [J]. European Journal of Operational Research, 2009, 197: 1095 – 105.

③　Seiford L. M. , Zhu J. Modeling Undesirable Factors in Efficiency Evaluation [J]. European Journal of Operational Research, 2002, 142 (1): 16 – 20.

④　Tone K. A Slacks-based Measure of Efficiency in Data Envelopment Analysis [J]. European Journal of Operational Research, 2001, 130 (3): 498 – 509.

⑤　Tone K. Dealing with Undesirable Outputs in DEA: A Slacks-based Measure (SBM) Approach [J]. The Operations Research Society of Japan, 2004: 44 – 45.

Function，DDF)，在约束条件中增加非期望产出指标[1][2]。第二类和第三类方法能够同时测度期望产出增加和非期望产出减少的效率改进，已经成为评价环境效率的主要方法。由于 SBM 模型假设投入或者产出指标同方向、同比例变化达到生产前沿有效水平，而 DDF 模型允许各指标沿不同方向变化达到生产前沿有效水平，但变化比例仍然相同，有学者[3]把 SBM 和 DDF 模型结合起来，从各投入产出指标的冗余项出发，提出各指标的变化方向和变化比例都不相同的方向性 Russell 测度方法。

一、DDF 模型基本原理与拓展

1. 方向性距离函数模型（DDF）

基于效率测度 DEA 模型基本原理，基本的方向性距离函数模型（DDF）形式为[4]：

$$\vec{D}_0(X, Y: G) = \sup\{\beta: Y + \beta G \in P(X)\} \qquad (5-1)$$

可以用线性规划的形式表现为：

$$\max\beta$$
$$\text{s. t. } X\lambda + \beta g_x \leqslant x_0$$
$$Y\lambda - \beta g_y \geqslant y_0$$
$$\lambda \geqslant 0 \qquad (5-2)$$

$\vec{D}_0$ 或者 β 代表决策单元与生产前沿的距离，用以测度决策单元的非有效水平，X 是投入向量，Y 是产出向量，$P(X)$ 是生产可能集，(x_0, y_0) 代表决策单元的投入产出变量值。该模型与普通 DEA 模型相比，不同在于把投入产出的冗余部分作为一个方向距离，即决策单元到生产前沿的差距不是认定为一个简单的随机数，而是由特殊向量和系数构成的，这个特殊向量 g 就是方向距离函数中的"方向"，可以根据需要设定不同投入产出指标的方向向量，而这个系数 β 代表决策单元与生产前沿的距离。

---

① Lozano S.，Gutierrez E. Slacks-based Measure of Efficiency of Airports with Airplanes Delays as Undesirable Outputs [J]. Computers & Operations Research，2011，38（1）：131 –9.

② Podinovski V. V.，Kuosmanen T. Modelling Weak Disposability in Data Envelopment Analysis under Relaxed Convexity Assumptions [J]. European Journal of Operational Research，2011，211（3）：577 –585.

③ Fukuyama H.，Weber W. L. A Directional Slacks-based Measure of Technical Inefficiency [J]. Socio – Economic Planning Sciences，2009，43（4）：274 –287.

④ Chung Y. H.，Färe R.，Grosskopf S. Productivity and Undesirable Outputs：A Directional Distance Function Approach [J]. Journal of Environmental Management，1997，51（3）：229 –240.

基于 DEA 模型基本原理, 包含非期望产出的方向性距离函数模型 (DDF) 形式为[①]:

$$\vec{D}_0(X, Y^g, Y^b: G) = \sup\{\beta: (Y^g, Y^b) + \beta G \in P(X)\} \tag{5-3}$$

$\vec{D}_0$ 或者 β 代表决策单元与生产前沿的距离, 用以测度非有效水平, X 是投入向量, Y^g 是期望产出向量, Y^b 是非期望产出向量, $P(X)$ 是生产可能集, $G = G(g_x, g_{yg}, g_{yb})$ 是投入产出指标的方向向量, g_x, g_{yg} 分别是投入和期望产出的方向向量, 一般都是非负向量, g_{yb} 是非期望产出的方向向量, 一般为负量, 用以说明效率提升过程是期望产出增长和非期望产出下降共同作用的结果。也是说, 如果一个决策单元不在生产前沿面, 不是有效的, 那么要提升它的效率, 使其能够向生产前沿面移动, 就要相应地减少投入, 或者增加期望产出, 或者减少非期望产出。方向性距离函数模型也可以用普通线性规划方式表示, 公式如下:

$$\max \beta; \quad s.\,t.\ X\lambda + \beta g_x \leqslant x_0; \ Y^g\lambda - \beta g_{yg} \geqslant y_0^g; \ Y^b\lambda - \beta g_{yb} \leqslant y_0^b; \ \lambda \geqslant 0 \tag{5-4}$$

如图 5−1 所示, 横坐标和纵坐标分别代表非期望产出和期望产出方向, 曲线为生产前沿, 位于曲线上的 A 点和 B 点是有效的。位于曲线下方的 C 点非有效, C 点要达到有效, 一种路径是向生产前沿上的 B 点移动, 期望产出的向量 g_{yg} 是正数, 非期望产出的向量 g_{yb} 是负数, 方向向量的系数 β 大小代表非有效水平。

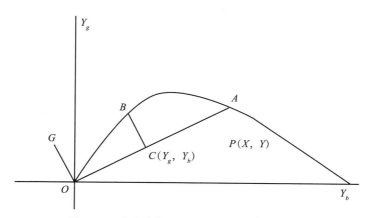

图 5−1   含有非期望产出的 DDF 模型示意图

①   Chung Y. H. , Färe R. , Grosskopf S. Productivity and Undesirable Outputs: A Directional Distance Function Approach [J]. Journal of Environmental Management, 1997, 51 (3): 229−240.

方向性距离函数模型可以视为普通径向模型的一般形式，具有以下几个特点：

（1）产出中的非期望产出与期望产出相伴相随，具有弱处置性，生产 Y^g 时，必定产生 Y^b，但两者不是固定比例关系。

（2）方向性距离函数值减少，代表决策单元更接近生产前沿，效率提高。

（3）不同于普通径向模型中假设投入产出指标同方向、同比例变化，方向性距离函数模型中的方向向量可以根据研究需要自由设定，对不同指标设置各自的方向向量，以反映投入产出指标的不同变化方向，从而更好地反映现实情况。

（4）方向性距离函数具有单调性，即在其他指标不变的情况下，投入和非期望产出增加导致距离增加，期望产出增加导致距离减少。

方向距离函数也有一定的局限性，虽然 β 可以用来度量无效性，但它的取值不是局限于 $0 \sim 1$ 之间，只有当 $g_x = x_0$、$g_y = y_0$ 和 $g_b = b_0$ 才会满足这样的一个区间限制，也就是说，只有当把评价单元本身的投入产出观察值作为方向向量的时候，度量无效性的 β 取值才会维持在 $0 \sim 1$ 之间。而是实际应用当中，当把评价单元本身的投入产出观察值作为方向向量的时候，方向距离函数与普通的径向模型是相同的。但是考虑到一般性，如果不采用这种简化方式，方向向量可以采用其他变量的时候，β 可能就不是衡量决策单元无效性的最佳合适指标，因为它的取值可能会大于 1。因此，现有的基于方向距离函数的效率度量具有双重局限性。此外，基于方向距离函数的效率度量可能还存在另一个缺点，即违反了数据包络分析（DEA）的一个基本属性，即单位不变性。

2. 广义方向性距离函数模型（GDDF）

由于普通方向性距离函数模型中测度非有效水平的 β 不是严格处于 $0 \sim 1$ 之间，在有些情况下可能会大于 1，使其在应用中存在一定的局限性。基于此，借用 SBM 模型的基本形式，提出了广义方向性距离函数模型（Generalized Directional Distance Function，GDDF），[①] 约束条件同模型（5 - 2），把目标函数改成如下形式：

$$\min\rho = \frac{1 - \dfrac{1}{m}\sum_{i=1}^{m}\dfrac{\beta g_i}{x_{i0}}}{1 + \dfrac{1}{s}\sum_{r=1}^{s}\dfrac{\beta g_r}{y_{r0}}}$$

$$\text{s. t. } X\lambda + \beta g_x \leq x_0$$

---

① Cheng Gang, Zervopoulos Panagiotis. Generalized Directional Distance Function in Data Envelopment Analysis and Its Application to a Cross-country Measurement of Health Efficiency. MPRA Paper 42068, University Library of Munich, Germany, 2012.

$$Y\lambda - \beta g_y \geqslant y_0$$
$$\lambda \geqslant 0 \tag{5-5}$$

这里，ρ 用来衡量决策单元的效率值。与一般的方向性距离函数模型不同之处在于，目标函数不再是一个简单 β 来测度非有效水平，而是构建了一个对 β 进行加权的指数，该指数的分子部分由不同决策单元的投入变量进行加权求和，分母部分由不同决策单元的产出变量进行加权求和。由于 g_x 和 g_y 都是非负向量，因此目标函数的分子一般小于1，而分母一般大于1，最终目标函数的 ρ 值一般在 $0 \sim 1$ 之间，能克服普通方向性距离函数模型的效率值可能超过1的缺陷，更好地反映决策单元的效率值。

同样地，考虑到非期望产出的情况，广义方向性距离函数模型可以进一步把目标函数修改为如下形式（U－GDDF）：

$$\min\rho = \frac{1 - \dfrac{1}{m}\displaystyle\sum_{j=1}^{m}\dfrac{\beta g_j}{x_{0j}}}{1 + \dfrac{1}{s_1 + s_2}\left(\displaystyle\sum_{p=1}^{s_1}\dfrac{\beta g_p}{y_{0p}^{g}} + \displaystyle\sum_{q=1}^{s_2}\dfrac{\beta g_q}{y_{0q}^{b}}\right)}$$
$$\text{s. t. } X\lambda + \beta g_x \leqslant x_0$$
$$Y^g\lambda - \beta g_{yg} \geqslant y_0^g$$
$$Y^b\lambda - \beta g_{yb} \leqslant y_0^b$$
$$\lambda \geqslant 0 \tag{5-6}$$

投入、期望产出和非期望产出指标个数分别是 m、s_1 和 s_2，$\dfrac{\beta g_j}{x_{0j}}$ 代表决策单元要达到生产前沿面时投入的下降比率，相应地，$\dfrac{\beta g_p}{y_{0p}}$ 和 $\dfrac{\beta g_q}{y_{0q}}$ 分别代表决策单元要达到生产前沿面时期望产出提升比率和非期望产出下降比率。

进一步地，可以给投入产出向量赋予不同的权重，以体现不同变量在指标体系中的不同地位（UW－GDDF）。

$$\min\rho = \frac{1 - \dfrac{1}{m}\displaystyle\sum_{j=1}^{m}w_j\dfrac{\beta g_j}{x_{0j}}}{1 + \dfrac{1}{s_1}\displaystyle\sum_{p=1}^{s_1}w_r\dfrac{\beta g_p}{y_{0p}} + \dfrac{1}{s_2}\displaystyle\sum_{q=1}^{s_2}w_i\dfrac{\beta g_q}{b_{0q}}}$$
$$\text{s. t. } X\lambda + \beta g_x \leqslant x_0$$
$$Y^g\lambda - \beta g_{yg} \geqslant y_0^g$$
$$Y^b\lambda - \beta g_{yb} \leqslant y_0^b$$

$$\lambda, \ g \geqslant 0$$

$$\sum_{j=1}^{m} w_j = 1, \ \sum_{p=1}^{s_1} w_p + \sum_{q=1}^{s_2} w_q = 1 \qquad (5-7)$$

这里的权重为 w，投入指标和产出指标的权重要分别设置，使其指标的权重之和为 1。

3. 超效率广义方向性距离函数模型（SGDDF）

为了更好地区分生产前沿面上不同决策单元的效率差别，在此基础上，借鉴超效率 DEA 模型的原理，可以设计广义方向性距离函数的超效率模型（Super Generalized Directional Distance Function，SU – GDDF），表达形式如下：

$$\min \rho = \frac{1 - \dfrac{1}{m} \sum_{j=1}^{m} \dfrac{\beta g_j}{x_{0j}}}{1 + \dfrac{1}{s_1 + s_2} \left(\sum_{p=1}^{s_1} \dfrac{\beta g_p}{y_{0p}^{g}} + \sum_{q=1}^{s_2} \dfrac{\beta g_q}{y_{0q}^{b}} \right)}$$

$$\text{s. t.} \ \sum_{\substack{j=1 \\ j \neq k}}^{n} \lambda_i x_{ij} + \beta g_i < x_{ik}, \ i = 1, \cdots, m$$

$$\sum_{\substack{j=1 \\ j \neq k}}^{n} \lambda_i y_{pj} - \beta g_p^{g} \leqslant y_{pk}, \ p = 1, \cdots, s_1$$

$$\sum_{\substack{j=1 \\ j \neq k}}^{n} \lambda_i y_{qj} + \beta g_q^{b} \geqslant y_{qk}, \ q = 1, \cdots, s_2$$

$$\lambda_j \geqslant 0, \ j = 1, 2, \cdots, n \ (j \neq k) \qquad (5-8)$$

4. 变量的标准化处理

尽管广义方向性距离函数确定了一个适当的无效度量，即保证了效率值在 0 ~ 1 的区间内，而不管方向向量的取值如何，但由于变量的单位和量纲有很大的不同，仍然违反了单位不变性属性。可以对投入产出变量进行标准化处理[①]，使广义方向性距离函数模型的结果更具有可比性。

$$\hat{x}_{ij} = x_{ij}/x_{i0}, \ i = 1, 2, \cdots, m$$

$$\hat{y}_{pj}^{g} = y_{pj}^{g}/y_{p0}^{g}, \ p = 1, 2, \cdots, s_1$$

$$\hat{y}_{qj}^{b} = y_{qj}^{b}/y_{q0}^{b}, \ q = 1, 2, \cdots, s_2 \qquad (5-9)$$

模型中，$\hat{x}_{ij}$ 是标准化处理的投入变量，$\hat{y}_{pj}^{g}$、$\hat{y}_{qj}^{b}$ 分别是标准化处理后的期望产出和非期望产出变量，代入前述模型后，其结果是与现有其他模型相兼容的。

---

① Cheng G., Qian Z. Data Normalization for Data Envelopment Analysis and Its Application in Directional Distance Function [J]. Systems Engineering, 2011, 29（7）：70 – 75.

5. 广义方向性距离函数模型（GDDF）的一般特性

扩展型广义方向距离函数模型具有通用性质，也即具有一般的推广性质，其他普通 DEA 模型和方向性距离函数模型（DDF）都是扩展型广义方向距离函数模型的特例。为了简化起见，先不考虑非期望投入和非期望产出的情况。

（1）当 $g_x = x_0$ 和 $g_y - y_0$ 时，模型就成为普通的非径向 DEA 模型[1]，模型形式表达如下：

$$\min\rho = \frac{1-\beta}{1+\beta}$$
$$\text{s. t. } X\lambda \leqslant (1-\beta)x_0$$
$$Y\lambda \geqslant (1+\beta)y_0$$
$$\lambda \geqslant 0 \qquad\qquad (5-10)$$

（2）当 $g_x = x_0$ 和 $g_y - 0$ 时，模型就成为经典的输入导向型 DEA – C^2R 模型[2]，模型形式表达如下：

$$\min\rho = 1-\beta$$
$$\text{s. t. } X\lambda \leqslant (1-\beta)x_0$$
$$Y\lambda \geqslant y_0$$
$$\lambda \geqslant 0 \qquad\qquad (5-11)$$

（3）当 $g_x = 0$ 和 $g_y - y_0$ 时，模型就成为经典的产出导向型 DEA – C^2R 模型，模型形式表达如下：

$$\max\rho = 1+\beta$$
$$\text{s. t. } X\lambda \leqslant x_0$$
$$Y\lambda \geqslant (1+\beta)y_0$$
$$\lambda \geqslant 0 \qquad\qquad (5-12)$$

（4）当 $g_x = 0$ 和 $g_y - y_0$ 时，模型就成为经典的 SBM 模型[3]，模型形式表达如下：

$$\min\rho = \frac{1-\dfrac{1}{m}\sum_{i=1}^{m} s_i^- /x_{i0}}{1+\dfrac{1}{s}\sum_{r=1}^{s} s_r^+ /y_{r0}}$$

① Chen J – X, Deng M. , Gingras S. A Modified Super-efficiency Measure based on Simultaneous Input-output Projection in Data Envelopment Analysis [J]. Computers and Operations Research, 2011, 38 (2): 496 – 504.

② Charnes A. , Cooper W. W. , Rhodes E. Measuring the Efficiency of Decision Making Units [J]. European Journal of Operational Research, 1978, 2 (6): 429 – 444.

③ Tone K. A Slacks-based Measure of Efficiency in Data Envelopment Analysis [J]. European Journal Operational Research, 2001, 130 (3): 498 – 509.

$$\text{s. t. } X\lambda + s^- \leqslant x_0$$

$$Y\lambda - s^+ \geqslant y_0$$

$$\lambda \geqslant 0, \quad s^-, \quad s^+ \geqslant 0 \tag{5-13}$$

这里，假设 s^{*-}，s^{*+} 是 SBM 模型的最优解。如果 $g_x - s^{*-}$，$g_y - s^{*+}$，β 的最优值为 1，目标函数的值与模型（5－5）是一致的。

二、改进的方向性距离函数模型

1. 考虑非期望投入的方向性距离函数模型

在现实中，不但把产出分为期望产出和非期望产出，还可以把投入分为期望投入和非期望投入（"坏"投入），虽然两者都是投入，在产出不变的情况投入增加会降低生产效率，从而远离生产前沿，但区别在于两者在生产过程中起到不同作用。比如资本和劳动可以作为期望投入，是生产函数中必不可少的要素，也是扩大再生产的传承要素，生产的部分最终产品可以重新转化为资本和劳动，作为下一阶段生产的投入。非期望投入虽然也是生产中必不可少的，但是在生产中投入使用就是永久消耗，之后不可再生，应当尽量降低，比如生产过程中能源消耗，可以认为是非期望投入。因此，综合考虑到节能减排实际情况，在模型中同时纳入能源消耗和污染排放指标，建立包括非期望投入和非期望产出的改进型广义方向距离函数模型（Extended Generalized Directional Distance Function，EGD-FF），具体形式如下：

$$\min \rho = \frac{1 - \dfrac{1}{m_1 + m_2}\left(\displaystyle\sum_{j=1}^{m_1} \dfrac{\beta g_j}{x_{0j}^g} + \sum_{k=1}^{m_2} \dfrac{\beta g_k}{x_{0k}^b}\right)}{1 + \dfrac{1}{s_1 + s_2}\left(\displaystyle\sum_{p=1}^{s_1} \dfrac{\beta g_p}{y_{0p}^g} + \sum_{q=1}^{s_2} \dfrac{\beta g_q}{y_{0q}^b}\right)}$$

$$\text{s. t. } \sum_{i=1}^{n} \lambda_i x_{ij}^g + \beta g_j \leqslant x_{0j}^g, \quad j = 1, \cdots, m_1$$

$$\sum_{i=1}^{n} \lambda_i x_{ik}^b + \beta g_k \leqslant x_{0k}^b, \quad k = 1, \cdots, m_2$$

$$\sum_{i=1}^{n} \lambda_i y_{jp}^g - \beta g_p \geqslant y_{0p}^g, \quad p = 1, \cdots, s_1$$

$$\sum_{i=1}^{n} \lambda_i y_{jq}^b - \beta g_q \leqslant y_{0q}^b, \quad q = 1, \cdots, s_2$$

$$\lambda_i \geqslant 0, \quad \beta \geqslant 0 \tag{5-14}$$

模型中，x_{ij}^g 和 x_{ik}^b 分别是期望投入和非期望投入，指标个数分别是 m_1 和 m_2，其对应的方向向量分别是 g_j 和 g_k，y_{ip}^g 和 y_{iq}^b 分别是期望产出和非期望产出，指标个数分别是 s_1 和 s_2，其对应的方向向量分别是 g_p 和 g_q。目标函数值即为决策单元的效率得分，取值 $0 \sim 1$ 之间，如果效率得分为 1，表明决策单元处于生产可能集前沿，效率水平最高。

改进型广义方向距离函数模型整合了径向模型和非径向模型，是两类模型的一般化形式，具有以下几个特点：

（1）效率得分与方向向量长度无关，即取方向向量 $G = (g_j, g_k, g_p, g_q)$ 或者 $\omega G = (\omega g_j, \omega g_k, \omega g_p, \omega g_q)$ 时，效率得分相同，但与方向向量的系数 β 取值有关。

（2）当把决策单元的观测值作为方向向量时，其效率得分与径向模型的效率得分相同。

（3）可以对投入产出指标设置权重，通过估计加权目标函数得到效率得分，从而提高模型的精确性和适用性。设置权重的原则是期望投入和非期望投入的权重之和等于 1，期望产出和非期望产出的权重之和等于 1。

（4）可以借鉴超效率 DEA 模型的基本方法，在模型约束条件的线性加权目标值部分去掉决策单元个体值（具体公式省略），计算改进型广义方向性距离函数模型的超效率得分，以提高评价结果的区分度。

2. 目标约束下环境治理效率的定义和测度方法

在节能减排的目标约束下，能源消耗和污染排放作为考核对象的约束性指标，不能和其他变量一样任意变化，在 DEA 模型中称为非自由处置变量。由于能源消耗和污染排放都是下降目标，可以为非期望投入和非期望产出设置上限，低于上限值则是超额完成节能减排任务。用 Ux_0^b 表示非期望投入上限，Uy_0^b 表示非期望产出上限，作出如下定义：

（1）如果能源消耗和污染排放都刚好达到上限，此时效率定义为达标效率：$\rho_{UU} = \rho(x_{0j}^g, Ux_0^b, y_{0p}^g, Uy_0^b)$；

（2）如果能源消耗低于上限，但污染排放达到上限，此时效率定义为污染达标效率：$\rho_{0U} = \rho(x_{0j}^g, x_{0k}^b, y_{0p}^g, Uy_0^b)$；

（3）如果能源消耗达到上限，但污染排放低于上限，此时效率定义为节能达标效率：$\rho_{U0} = \rho(x_{0j}^g, Ux_0^b, y_{0p}^g, y_{0q}^b)$；

（4）如果能源消耗和污染排放都未达到上限，此时效率定义为实际效率：$\rho^* = \rho(x_{0j}^g, x_{0k}^b, y_{0p}^g, y_{0q}^b)$。

根据模型（5 - 3）性质，可以发现几个效率值之间存在两个不等式关系：（1）$\rho_{UU} \leqslant \rho_{U0} \leqslant \rho^*$；（2）$\rho_{UU} \leqslant \rho_{0U} \leqslant \rho^*$。因为，存在生产可能集 $P(X \to Y)$，如果

$X' \geqslant X$，那么 $(X', Y) \in P$，在产出不变情况下，投入越大，效率越低，因此有 $EF_{X \to Y} \geqslant EF_{X' \to Y}$，据此，$\rho_{U0} \leqslant \rho^*$ 和 $\rho_{UU} \leqslant \rho_{0U}$ 成立。同理，如果 $Y' \leqslant Y$，那么 $(X, Y') \in P$，在投入不变情况下，产出越低，效率越低，因此有 $EF_{X \to Y} \geqslant EF_{X \to Y'}$，但是在非期望产出情况下，不等式方向改变，所以 $\rho_{UU} \leqslant \rho_{U0}$ 和 $\rho_{0U} \leqslant \rho^*$ 成立。当然这些不等式成立的前提是能源消耗和污染排放指标严格达标，等于或者小于上限值，如果在实际情况中，出现节能减排未达标情况，实际数据会超过上限，那么不等式就会出现相反的情况。

根据模型测算得到的效率得分，定义并计算环境治理绩效指数（Energy Saving and Emission Reduction Efficient Index，SREI）。如果某决策单位的能源消耗和污染排放实际值低于目标上限，则在一定程度上超额完成了节能减排目标，可以把实际值在模型中的效率得分与目标上限在模型中的效率得分差距作为节能减排效率，以此反映节能减排的超额贡献，公式表示为：$SREI = \rho^* / \rho_{UU}$。节能减排是节能和减排两方面共同发挥作用，可以分别定义节能效率和减排效率。基于可比性原则，把节能效率指数（Energy Saving Efficient Index，SEI）定义为其他投入产出指标相同情况下，能源消耗指标降低带来的效率提升。如果以实际值为参考，公式表示为：$SEI_0 = \rho^* / \rho_{U0}$，如果以非期望产出上限为参考，公式表示为：$SEI_U = \rho_{0U} / \rho_{UU}$。根据前述不等式关系，有 $SEI \geqslant 1$，如果 $SEI = 1$，说明能源消耗达到上限，节能水平仅仅达标，对提升节能减排效率没有贡献，反之，SEI 值越大，节能水平越高，对提升节能减排效率的贡献越大。同理，把减排效率指数（Emission Reduction Efficient Index，REI）定义为其他投入产出指标相同情况下，污染排放指标降低带来的效率提升。如果以实际值为参考，用公式表示为：$REI_0 = \rho^* / \rho_{0U}$，如果以非期望投入上限为参考，用公式表示为：$REI_U = \rho_{U0} / \rho_{UU}$，根据前述不等式关系，有 $REI \geqslant 1$，如果 $REI = 1$，说明污染排放达到上限，减排水平仅仅达标，对提升节能减排效率没有贡献，反之，REI 值越大，减排水平越高，对提升节能减排效率的贡献越大。

由于节能效率指数和减排效率指数都有两种计算方法，可以分别用两种方法计算各自指数，再结合起来计算几何平均值，作为各自的最终指数，因此，节能效率指数和减排效率指数公式分别为：

$$SEI = (SEI_0 \times SEI_U)^{1/2} = \left(\frac{\rho^*}{\rho_{U0}} \cdot \frac{\rho_{0U}}{\rho_{UU}} \right)^{1/2}$$

$$REI = (REI_0 \times REI_U)^{1/2} = \left(\frac{\rho_{U0}}{\rho_{UU}} \cdot \frac{\rho^*}{\rho_{0U}} \right)^{1/2} \tag{5-15}$$

环境治理绩效指数是由节能效率指数和减排效率指数共同作用的，三者关系可以表示为：$SREI = SEI \times REI$。

三、基于 EGDDF 模型的省域环境治理效率评价

1. 指标和数据

环境治理绩效评价指标体系中两个投入指标分别是资本和劳动。对于资本投入指标，由于目前统计体系没有公布资本存量数据，相关文献都采用永续盘存法估计。借鉴单豪杰[①]的方法和基础数据[②]，根据统计年鉴中各年固定资本形成总额和固定资产投资价格指数，估计 2007 年之后各省份资本存量数据。另外，采取比例法拆分了四川和重庆两省的资本存量，拆分比例依据当年两地的地区生产总值计算。劳动投入是各省从业人员数据，包括城镇单位从业人员以及私营和个体从业人员，因为统计年鉴提供的是年末从业人员，不能准确反映一年之中的劳动力投入，这里采用年中就业人员数作为劳动投入，处理方法是取年初和年末平均值。产出指标中的期望产出选择地区生产总值（GDP），因为 GDP 是一个地区在一定时期内的全部最终产出，代表生产结果的经济产出。

国家从 2006 年开始制定了具体的节能减排目标，在"十一五"规划中提出能源消耗强度（单位国内生产总值能耗）降低率为 20%，主要污染物（包括二氧化硫和化学需氧量两种）排放总量减少 10%。"十二五"规划中提出全国能源消耗强度降低率为 16%，并对全国各省份制定了不同的节能目标，大多处于 15% ~ 18% 之间。主要污染物中二氧化硫和化学需氧量排放总量分别下降 8%，并增加了氨氮和氮氧化物两种污染物，下降目标都是 10%，每个省份的减排目标有所差别。"十三五"规划中延续了节能减排目标的制定和分解，并增加了能源消耗的总量控制，各省减排目标有较大差距。基于国家节能减排目标，这里把能源消耗总量作为非期望投入，并根据能源消耗强度降低目标计算五年规划期末能源消耗上限，计算公式如下：

$$期末能源消耗总量上限 = 期末 GDP \times 期初能源消耗总量 \times (1 - 能源消耗$$
$$强度降低率) / 期初 GDP \qquad (5-16)$$

根据国家能源消耗强度测算方法，GDP 统一转换至 2005 年不变价格。同理，把主要污染排放物作为非期望产出指标，由于"十一五"规划中只有两种污染

---

① 单豪杰. 中国资本存量 K 的再估算：1952 ~ 2006 年 [J]. 数量经济技术经济研究，2008（10）：17 - 31.

② 该文数据截至 2006 年。

物，"十二五"和"十三五"规划中有四种污染物，所以在不同时期评价指标体系有所不同。期初期末不同污染物排放总量以各省实际排放数据为准，而期末排放上限处理方法有所不同，对于"十一五"规划期末，没有各省单独的减排目标，统一按国家减排比例计算，即二氧化硫和化学需氧量分别下降10%作为各省减排目标，并计算污染排放指标上限。对于"十二五"规划期末，依据《国务院关于印发"十二五"节能减排综合性工作方案的通知》，设置各省四种污染物排放上限。虽然"十二五"规划开始增加了碳排放强度下降目标，但由于国家没有公布各省碳排放总量和碳排放强度指标数据，一般文献中通过化石能源消耗来估算各地碳排放的结果不够完整，与实际碳排放总量有较大差别，因此本书不做分析。

用以估计资本存量的固定资本形成总额和固定资产投资价格指数、GDP、能源消耗总量和主要污染物排放总量数据分别采集自历年《中国统计年鉴》、国家统计局数据库①、《中国能源统计年鉴》和《中国环境统计年鉴》，年度从业人员数据来自历年《中国劳动统计年鉴》，能源消耗和污染物排放的下降率目标数据来自国务院印发的节能减排工作方案。由于西藏自治区指标数据缺失较多，没有纳入评价范围，因此，主要对全国30个省份2010年、2015年、2020年节能减排效率进行评价，各指标基本描述统计如表5-1所示。

表5-1　　　　　　　　　投入产出指标基本描述统计

年份	统计量	投入指标			产出指标				
		资本存量（亿元）	从业人员（万人）	能源消耗总量（万吨标煤）	GDP（亿元）	二氧化硫（万吨）	化学需氧量（万吨）	氨氮（万吨）	氮氧化物（万吨）
2005	均值	3388	2341	8782	6633	85.0	47.1	—	—
	标准差	3248	1631	5656	5434	51.0	29.2	—	—
2010	均值	7203	2541	12984	12234	75.3	44.0	8.8	75.4
	标准差	6407	1767	8172	9804	45.7	26.7	5.6	46.7
2015	均值	13452	2720	14911	19263	61.6	73.7	7.6	61.2
	标准差	11161	1832	8681	14902	36.2	46.0	4.8	36.3
2020	均值	16029	2745	15562	22173	29.2	34.0	4.6	41.9
	标准差	13301	1848	8945	17216	19.2	22.8	3.1	27.4

资料来源：国家统计局数据库。

---

① 国家统计局数据库（data. stats. gov. cn）。

2. 节能减排效率评价结果

考虑到节能减排约束指标对效率的影响，把能源消耗和污染物排放上限分别作非期望投入和非期望产出的方向向量，期望投入和期望产出以指标实际值作为方向向量，方向向量可以表示为：$G = (x_0^g, -Ux_0^b, y_0^g, -Uy_0^b)$，利用模型（5-15）计算出评价节点节能减排效率，30个省份结果如表5-2所示。再利用公式（5-15）计算得到五年规划期末节能减排效率指数、节能效率指数和减排效率指数，结果如表5-3所示。

表5-2   **30个省份节能减排效率比较**

地区	2010年				2015年				2020年			
	ρ^*	ρ_{0U}	ρ_{U0}	ρ_{UU}	ρ^*	ρ_{0U}	ρ_{U0}	ρ_{UU}	ρ^*	ρ_{0U}	ρ_{U0}	ρ_{UU}
北京	1.000	1.000	1.000	1.000	1.000	1.000	1.000	0.982	1.000	1.000	1.000	1.000
天津	1.000	1.000	1.000	1.000	1.000	1.000	1.000	1.000	1.000	1.000	1.000	1.000
河北	0.721	0.622	0.721	0.622	0.653	0.644	0.662	0.654	0.613	0.550	0.615	0.552
山西	0.566	0.538	0.568	0.540	0.582	0.575	0.587	0.580	0.579	0.514	0.580	0.515
内蒙古	0.564	0.566	0.566	0.568	0.513	0.508	0.530	0.525	0.723	0.476	0.723	0.476
辽宁	1.000	1.000	1.000	1.000	1.000	1.000	1.000	1.000	1.000	1.000	1.000	1.000
吉林	0.586	0.618	0.587	0.620	0.564	0.553	0.587	0.577	0.660	0.567	0.662	0.572
黑龙江	0.816	0.836	0.816	0.836	0.763	0.748	0.769	0.755	0.780	0.694	0.781	0.691
上海	1.000	1.000	1.000	1.000	1.000	0.985	1.000	0.975	1.000	1.000	1.000	0.980
江苏	0.831	0.833	0.827	0.829	0.858	0.855	0.858	0.835	0.809	0.830	0.797	0.816
浙江	1.000	1.000	1.000	1.000	1.000	1.000	1.000	0.984	1.000	0.973	1.000	0.962
安徽	1.000	1.000	1.000	1.000	1.000	0.999	1.000	0.986	1.000	0.955	1.000	0.902
福建	1.000	1.000	1.000	1.000	1.000	1.000	1.000	0.988	1.000	1.000	1.000	0.942
江西	0.360	0.373	0.360	0.373	0.418	0.393	0.422	0.398	0.449	0.363	0.452	0.367
山东	0.811	0.774	0.812	0.775	0.752	0.753	0.759	0.761	0.805	0.675	0.807	0.678
河南	0.589	0.575	0.589	0.575	0.518	0.515	0.536	0.533	0.600	0.432	0.604	0.441
湖北	0.708	0.748	0.708	0.749	0.735	0.699	0.747	0.713	0.715	0.635	0.716	0.638
湖南	0.756	0.722	0.756	0.722	0.806	0.761	0.816	0.773	0.827	0.664	0.828	0.667
广东	1.000	1.000	1.000	1.000	1.000	1.000	1.000	0.986	1.000	1.000	0.997	0.995

地区	2010 年				2015 年				2020 年			
	ρ^*	ρ_{OU}	ρ_{UO}	ρ_{UU}	ρ^*	ρ_{OU}	ρ_{UO}	ρ_{UU}	ρ^*	ρ_{OU}	ρ_{UO}	ρ_{UU}
广西	0.562	0.512	0.559	0.526	0.595	0.570	0.602	0.578	0.606	0.497	0.607	0.498
海南	1.000	1.000	1.000	1.000	1.000	0.916	1.000	0.916	1.000	0.759	1.000	0.760
重庆	0.883	0.936	0.876	0.931	1.000	1.000	1.000	0.994	1.000	1.000	1.000	0.986
四川	0.842	0.770	0.842	0.770	1.000	0.969	1.000	0.970	0.988	0.832	0.988	0.833
贵州	0.355	0.482	0.353	0.481	0.542	0.536	0.560	0.555	0.415	0.410	0.423	0.419
云南	1.000	1.000	1.000	1.000	1.000	1.000	1.000	1.000	1.000	1.000	1.000	1.000
陕西	1.000	1.000	1.000	1.000	1.000	1.000	1.000	1.000	1.000	1.000	1.000	1.000
甘肃	0.246	0.354	0.246	0.354	0.330	0.318	0.341	0.330	0.468	0.255	0.471	0.261
青海	0.342	0.444	0.337	0.440	0.416	0.402	0.410	0.396	0.376	0.289	0.384	0.300
宁夏	0.442	0.432	0.442	0.432	0.441	0.447	0.435	0.440	0.474	0.434	0.469	0.426
新疆	1.000	1.000	1.000	1.000	1.000	1.000	1.000	1.000	0.993	0.995	0.993	0.995

表 5－3 　　　　　　　　　　30 个省份节能减排效率指数及分解

地区	2010 年			2015 年			2020 年		
	SEI	REI	SREI	SEI	REI	SREI	SEI	REI	SREI
北京	1.000	1.000	1.000	1.009	1.009	1.018	1.000	1.000	1.000
天津	1.000	1.000	1.000	1.000	1.000	1.000	1.000	1.000	1.000
河北	1.000	1.159	1.159	0.986	1.014	0.999	0.997	1.114	1.111
山西	0.997	1.053	1.049	0.992	1.012	1.004	0.998	1.126	1.124
内蒙古	0.997	0.997	0.994	0.968	1.009	0.977	1.000	1.521	1.521
辽宁	1.000	1.000	1.000	1.000	1.000	1.000	1.000	1.000	1.000
吉林	0.997	0.947	0.945	0.960	1.018	0.978	0.993	1.161	1.153
黑龙江	1.000	0.975	0.975	0.992	1.020	1.012	1.002	1.127	1.130
上海	1.000	1.000	1.000	1.005	1.020	1.026	1.010	1.010	1.021
江苏	1.004	0.998	1.002	1.012	1.015	1.027	1.016	0.975	0.991
浙江	1.000	1.000	1.000	1.008	1.008	1.016	1.006	1.034	1.040
安徽	1.000	1.000	1.000	1.007	1.008	1.015	1.029	1.078	1.109

地区	2010 年			2015 年			2020 年		
	SEI	REI	SREI	SEI	REI	SREI	SEI	REI	SREI
福建	1.000	1.000	1.000	1.006	1.006	1.012	1.031	1.031	1.062
江西	1.000	0.965	0.965	0.990	1.061	1.051	0.991	1.234	1.223
山东	0.999	1.048	1.047	0.990	0.998	0.988	0.997	1.191	1.187
河南	1.000	1.025	1.025	0.967	1.006	0.973	0.986	1.381	1.361
湖北	0.999	0.946	0.945	0.982	1.050	1.031	0.997	1.124	1.121
湖南	1.000	1.046	1.046	0.986	1.057	1.042	0.998	1.244	1.241
广东	1.000	1.000	1.000	1.007	1.007	1.014	1.004	1.001	1.005
广西	0.990	1.080	1.069	0.987	1.042	1.029	0.999	1.218	1.216
海南	1.000	1.000	1.000	1.000	1.092	1.092	1.000	1.317	1.316
重庆	1.007	0.942	0.948	1.003	1.003	1.006	1.007	1.007	1.014
四川	1.000	1.092	1.092	0.999	1.031	1.031	0.999	1.186	1.186
贵州	1.003	0.736	0.738	0.966	1.010	0.976	0.980	1.012	0.991
云南	1.000	1.000	1.000	1.000	1.000	1.000	1.000	1.000	1.000
陕西	1.000	1.000	1.000	1.000	1.000	1.000	1.000	1.000	1.000
甘肃	0.999	0.694	0.693	0.966	1.036	1.000	0.985	1.819	1.792
青海	1.013	0.767	0.777	1.016	1.036	1.053	0.971	1.292	1.255
宁夏	1.000	1.022	1.022	1.016	0.987	1.003	1.015	1.096	1.112
新疆	1.000	1.000	1.000	1.000	1.000	1.000	1.000	0.998	0.998

评价结果表明，2010 年实际效率达到 DEA 有效的省份有 12 个，2015 年增加到 14 个，2020 年又降低到 12 个，不及半数，主要分布在东部沿海地区，也有云南等个别西部省份。得分较低的主要是甘肃、青海等西部省份，得分差距较大。东北地区中，辽宁效率得分为 1，而吉林效率得分偏低。总体来看，东部省份效率得分相对较高，中部省份效率得分居中，西部省份效率得分较低，各省效率得分在评价期间相对较为稳定，差别变化不大。

2010 年节能减排效率指数平均值为 0.983，等于 1 的省份有 12 个，超过 1 的有 9 个，主要是东部和中部省份，也有少数几个西部省份，其中河北节能减排效率指数最高为 1.159，表明其在"十一五"规划期间节能减排任务完成的效果最好。节能减排效率指数低于 1 的主要是东北和中西部省份，特别是甘肃、贵州和青海三省的指数较低，只有 0.7 左右，主要是污染排放控制不力导致减排指标大幅度超标所致。2015 年各省节能减排效率指数明显增加，平均值为 1.012，等于 1 的省份有 6 个，超过 1 的省份有 18 个，其他 6 个省份的指数也都接近于 1，河南最低也有 0.973，表明"十二"规划期间各省节能减排任务完成情况普遍较好，节能减排效率有明显改善，各省节能减排效率指数的差距明显缩小。2017 年各省节能减排效率指数大幅度提升，平均值上升到 1.143，不但有 27 个省份的节能减排指数达到或者超过 1，8 个省份的指数值超过 1.2，而且没有达到 1 的三个省份的指数也都超过 0.99，说明进入"十三五"规划期间，各省节能减排效率大大提升，节能减排工作取得巨大进步，但各省之间差距又有明显扩大。

从分项来看，各省节能效率指数都非常接近于 1，差别不大，在三个期末评价节点上都非常接近，表明各省在经济发展过程中能源消耗需求较大，与国家分配的节能目标相比，都没有明显超额完成任务，但也基本能够达标。减排效率指数变化较大，三个期末评价节点上平均值分别是 0.983、1.019、1.143，增幅比较大，也是影响节能减排效率指数增加的主要原因，表明近年来我国在污染排放控制方面日益加强，特别是在生态文明理念逐步推广和生态环保大督查等有效措施的推动下，各省完成减排目标的能力得到明显提升。同时，减排效率指数在各省差距也比较大，表明部分省份在减排方面仍有很大潜力，是下一阶段节能减排工作的重点。

第二节 基于 DEA 混合模型窗口分析的城市环境效率动态评价

由于 DEA 模型只是测算评价单元之间的相对效率，考虑到技术发展变化，为了能够对不同时期的环境效率进行动态比较，大多采用全要素生产率（TFP）或者 Malmquist 指数测度环境效率变动，并且分解成技术效率变动、技术进步和规模效率变动。虽然 Malmquist 指数方法在动态评价效率方面得到广泛应用，但 Malmquist 指数方法分解的并不是真实技术进步，而是参照技术进步，分解结果与真实值有一定偏差。DEA 模型窗口分析方法较好地解决了不同时期的效率比较问题，兼顾了横向比较和纵向比较的需求。豪克斯（Halkos）和特泽热米（Tzeremes）利用 1980~2002 年数据评价了 17 个经合组织国家（OECD）的环境效率。[1] 王科等分析 2000~2008 年中国 29 个省份的能源和环境效率，发现三大区域的效率都在上升并且是东部最高。[2]

一、DEA 混合模型

评价个体效率时，传统 CCR 和 BCC 模型都忽略了非径向投入和产出冗余，而专门处理非径向投入产出冗余的模型却忽略了径向投入和产出冗余。为此，可以考虑把径向和非径向的投入和产出同时纳入模型当中，从而达到同时评价期望产出和非期望产出的目的。这里 n，γ 和 s 分别代表决策单元（$DMUs$）、投入指标和产出指标个数。$X \in R^{\gamma \times n}$ 和 $Y \in R^{s \times n}$ 分别代表投入矩阵和输出矩阵，其中，投入矩阵包括径向投入矩阵 $X^R \in R^{\gamma_1 \times n}$ 和非径向投入矩阵 $X^{NR} \in R^{\gamma_2 \times n}$（$\gamma = \gamma_1 + \gamma_2$），输出矩阵包括径向输出矩阵 $Y^R \in R^{s_1 \times n}$ 和非径向输出矩阵 $Y^{NR} \in R^{s_2 \times n}$（$s = s_1 + s_2$），表示成矩阵形式为：

$$X = \begin{pmatrix} X^R \\ X^{NR} \end{pmatrix} \quad Y = \begin{pmatrix} Y^R \\ Y^{NR} \end{pmatrix}$$

假设投入和产出都是正数，规模产出不变的生产可能集 P 为：

$$P = \{(x, y) \mid x \geq X\lambda, y \leq Y\lambda, \lambda \geq 0\}$$

对于某一个决策单元 $DMU_0(x_0, y_0) = (x_0^R, x_0^{NR}, y_0^R, y_0^{NR}) \in P$，有：

$$\alpha x_0^R = X^R \lambda + s^{R-}$$

$$x_0^{NR} = X^{NR} \lambda + s^{NR-}$$

$$\zeta y_0^R = Y^R \lambda - s^{R+}$$

$$y_0^{NR} = Y^{NR} \lambda - s^{NR+}$$

这里有 $\alpha \leq 1$，$\zeta \geq 1$，并且 λ，s^{R-}，s^{NR-}，s^{R+}，$s^{NR+} \geq 0$。其中 s^{R-}，s^{NR-} 分别是径向投入和非径向投入冗余项，s^{R+}，s^{NR+} 分别是径向产出和非径向产出的冗余项。

根据库伯（Cooper）[3] 的方法，效率指数可以定义为：

① G. E. Halkos, N. G. Tzeremes. Exploring the Existence of Kuznets Curve in Countries' Environmental Efficiency Using DEA Window Analysis [J]. Ecological Economics, 2009 (68): 2168–2176.

② Ke Wang, Shiwei Yuc, Wei Zhang. China's Regional Energy and Environmental Efficiency: A DEA Window Analysis based Dynamic Evaluation [J]. Mathematical and Computer Modelling, 2013 (58): 1117–1127.

③ Cooper W. W. et al. Marginal Rates and Elasticities of Substitution with Additive Models in DEA [J]. Journal of Productivity Analysis, 2000.

$$P = \frac{1 - \dfrac{\gamma_1}{\gamma}(1 - \alpha) - \dfrac{1}{\gamma}\sum_{i=1}^{\gamma_2}\dfrac{s_i^{NR-}}{x_{io}^{NR}}}{1 + \dfrac{s_1}{s}(\zeta - 1) + \dfrac{1}{s}\sum_{k=1}^{s_2}\dfrac{s_k^{NR+}}{y_{ko}^{NR}}} \tag{5-17}$$

假设 $\alpha = 1$，$\zeta = 1$，$\lambda_0 \geqslant 1$，$\lambda_j = 0$，冗余项都为 0，则评价单元 DMU_0 是 DEA 有效的。

此时假设有 n 个评价单元（DMU_s），共有 γ 项投入，产生一项期望产出和一项非期望产出，用矩阵表示为：$X = [x_1, \cdots, x_n] \in R^{\gamma \times n}$，$Y^G = [y_1^G, \cdots, y_n^G] \in R^{s_1 \times n}$ 和 $Y^B = [y_1^B, \cdots, y_n^B] \in R^{s_2 \times n}$，这里要求 X，Y^G，Y^B 全部大于 0，那么，生产可能集可以表示为：

$$P = \{(x, y^G, y^B) \mid x \geqslant X\lambda, \ y^G \leqslant Y^G\lambda, \ y^B \geqslant y^B\lambda, \ \lambda \geqslant 0\}$$

因此，环境效率评价模型可以表示为：

$$\rho^* = \min \frac{1 - \dfrac{1}{\gamma}\sum_{i=1}^{\gamma}\dfrac{s_i^-}{x_{io}}}{1 + \dfrac{1}{s_1 + s_2}\left(\sum_{k=1}^{s_1}\dfrac{s_k^G}{y_{ko}^G} + \sum_{k=1}^{s_2}\dfrac{s_k^B}{y_{ko}^B}\right)}$$

$$\text{s. t. } x_0 = X\lambda + s^-$$

$$y_0^G = Y^R\lambda - s^G$$

$$y_0^B = Y^B\lambda + s^B$$

$$s^- \geqslant 0, \ s^G \geqslant 0, \ s^B \geqslant 0, \ \lambda \geqslant 0 \tag{5-18}$$

这里 s^- 代表投入冗余，$s^G \in R^{s_1}$ 和 $s^B \in R^{s_2}$ 分别代表期望产出和非期望产出的冗余。

再进一步考虑输出是否可以分解成为期望产出和非期望产出的情景，由于有些非期望产出与总产出同步变化，是不可分解的，因此需要把产出集（Y^G，Y^B）分成两类，一类是可分解产出（Y^{SG}），另一类是不可分解产出（Y^{NSG}，Y^{NSB}）。同理，也可以把输入（X^S，X^{NS}）分为不可分解投入（$X^{NS} \in R^{\gamma_2 \times n}$）和可以分解为期望投入和非期望投入（$X^S \in R^{\gamma_1 \times n}$）两类。尽管在可分解产出（$Y^{SG}$）与期望产出（$Y^G$）有相同的生产函数，但不可分解产出（$Y^{NSG}$，$Y^{NSB}$）的生产可能集为：

$$P_{NS} = \{(X^S, X^{NS}, Y^{SG}, Y^{NSG}, Y^{NSB}) \mid x^S \geqslant X^S\lambda, \ x^{NS} \geqslant X^{NS}\lambda,$$

$$y^{SG} \leqslant Y^{SG}\lambda, \ y^{NSG} \leqslant Y^{NSG}\lambda, \ y^{NSB} \geqslant Y^{NSB}\lambda, \ \lambda \geqslant 0\}$$

如果某决策单元 $DMU_0(x_0^S, x_0^{NS}, y_0^{SG}, y_0^{NSG}, y_0^{NSB})$

对于任何 $\mu(0 \leqslant \mu \leqslant 1)(x_0^S, x_0^{NS}, y_0^{SG}, \mu y_0^{NSG}, \mu y_0^{NSB}) \notin P_{NS}$

并且 $x_0^S \geqslant X^S$，$x_0^{NS} \geqslant X^{NS}$，$y_0^{SG} \leqslant Y^{SG}$，$y_0^{NSG} \leqslant Y^{NSG}$，$y_0^{NSG} \geqslant Y^{NSB}$

至少有一个不等式严格成立，此时，相应的 SBM – DEA 模型可以表示为：

$$\rho^* = \min \frac{1 - \dfrac{1}{\gamma} \sum_{i=1}^{\gamma} \dfrac{s_i^-}{x_{io}} - \dfrac{\gamma_2}{\gamma}(1 - \mu)}{1 + \dfrac{1}{s_1 + s_2}\left(\sum_{k=1}^{s_{11}} \dfrac{s_k^{SG}}{y_{ko}^{SG}} + (s_{21} - s_{22})(1 - \mu) \right)}$$

$$\text{s. t. } x_0^S = X_S \lambda + s^-$$
$$\mu x_0^{NS} = X_{NS} \lambda$$
$$y_0^{SG} = Y^{SG} \lambda + s^{SG}$$
$$\mu y_0^{NSG} \leqslant Y^{NSG} \lambda$$
$$\mu y_0^{NSB} \geqslant Y^{NSB} \lambda$$

$$s^{S-} \geqslant 0, \ s^{SG} \geqslant 0, \ \lambda \geqslant 0, \ 0 \leqslant \mu \leqslant 1 \qquad (5-19)$$

二、DEA 窗口模型

DEA 模型窗口分析（W – DEA）最早由查尔斯（Charnes）等[1]提出用移动平均方法来处理面板数据，每个决策单元 DMU 是相互独立的，可以横向比较不同决策单元之间的效率差异，也可以对决策单元在不同时期的效率进行纵向比较。假设有 N 个决策单元 $DMUs$，γ 项投入和 δ 项产出，跨期为 T（$t = 1, \cdots, T$），因此样本数为 $N \times T$。t 时期某决策单元 DMU_0 的输入向量是 $x_0^t = (x_0^{1t}, \cdots, x_0^{\gamma t})'$，输出向量是 $y_0^t = (y_0^{1t}, \cdots, y_0^{\delta t})'$。假设窗口起点为 $v(1 \leqslant v \leqslant T)$，宽度是 w（$1 \leqslant w \leqslant T - v$），则：

$$\text{输入矩阵为 } x_{vw} = \begin{bmatrix} x_1^v & \cdots & x_N^v \\ \vdots & \ddots & \vdots \\ x_1^{v+w} & \cdots & x_N^{v+w} \end{bmatrix}, \quad \text{输出矩阵为 } y_{vw} = \begin{bmatrix} y_1^v & \cdots & y_N^v \\ \vdots & \ddots & \vdots \\ y_1^{v+w} & \cdots & y_N^{v+w} \end{bmatrix}$$

DEA 模型窗口分析测度的决策单元效率可以计算期望产出指数与非期望产出指数的比值来衡量，比值越高，该决策单元的效率越高，目标值公式为：$f_0 = \sum_{i=1}^{s} b_{io} y_{io} / \sum_{j=1}^{\gamma} c_{j0} x_{j0}$，此处，$(x_0, y_0) > 0$ 分别是决策单元 DMU_0 的投入和产出，b_{io} 和 c_{io} 分别是输出指标和输入指标的权重系数。那么，效率指数模型的约束条件

---

① Charnes A. , et al. A Development Study of Data Envelopment Analysis in Measuring the Efficiency of Maintenance Units in the U. S. Air Force [J]. Annals of Operations Research, 1984, 2（1）: 95 – 112.

为：$\sum_{i=1}^{s} b_{im} y_{im} / \sum_{j=1}^{\gamma} c_{jm} x_{jm} \leqslant 1$（$m = 1$，$\cdots$，$N$）并且 $b_{im} \geqslant 0$ 和 $c_{im} \geqslant 0$。

DEA 模型窗口分析在评价 DMU 效率基础上对时间序列指标进行移动平均，相同年份效率值为不同窗口期平均值。在本书中，有 286 个地市作为决策单元，时间跨期为 16 年（2005～2020 年）。假设同一个窗口期内技术基本保持不变，使各决策单元的效率具有可比性，设定移动窗口为 3 期，每个窗口期 DMU 作为独立决策单元，第 1 期为 2005～2007 年三年，第 2 期为 2006～2008 年三年，后面依次类推，共有 14 期。每个窗口期内的每一年、每个 DMU 都是相互独立，因此，整个评价期内共有 9438 个独立决策单元 DMU_s（286×3×14）。

三、指标体系和数据

区域环境效率评价指标体系中两个投入指标分别是资本和劳动。对于资本投入指标，由于缺乏固定资产投资价格指数、折旧率等关键指标，不能采用永续盘存法估算资本存量数据，因此用历年固定资产投资作为资本存量的替代变量。劳动投入是各市从业人员，包括城镇单位从业人员以及私营和个体从业人员。产出指标中的期望产出指标选择地区生产总值（GDP），因为 GDP 是一个地区在一定时期内的全部最终产出，代表生产的经济产出增加值。产出指标中的非期望产出指标选择污染物排放量，根据污染排放的类型以及数据可得性，选择代表水污染排放的工业废水排放量（WWA），代表空气污染排放的工业二氧化硫（SO_2）排放量和工业粉尘（DUST）排放量。

数据跨度从 2005 年开始，截至 2020 年，选择这个研究期限，是由于国家从"十一五"规划开始明确节能减排目标，并对各省确定了几种主要污染物排放下降指标，是地方政府制定节能减排计划的主要依据。评价对象是全国各个地市，为提高样本单位覆盖的完整性，四个直辖市也参加评价。西藏、新疆两个省份部分地市数据缺失较多，没有纳入样本，另外由于部分省份出现地方行政区划调整，导致数据不连贯或者口径不一致，也予以剔除，最后保留有完整数据的评价单位共 286 个，31 个省份都有样本单位，按东部、中部、西部和东北四大区域划分，评价地市分别是 87 个、80 个、85 个和 34 个。各指标数据来源，主要采集自历年《中国城市统计年鉴》，表 5－4 是各主要指标基本描述。

表 5 - 4　　　　　　　　　　　　　　　环境效率投入产出指标描述统计

统计项	投入指标		期望产出	非期望产出			因变量	
	固定资产投资（亿元）	从业人员（万人）	GDP（亿元）	工业废水排放（万吨）	工业二氧化硫（吨）	工业粉尘（吨）	人均GDP（元）	经济增速（%）
样本数	3718	3718	3718	3718	3718	3718	3718	3718
均值	1127	98.9	1747	7176	55120	28061	37181	11.5
中位数	659	57.6	979	4577	40984	18905	29391	12.0
标准差	1435	142.5	2587	9137	56216	33698	28099	4.3
最大值	19766	1551.4	30123	86804	683162	536092	227555	37.0
最小值	29	5.6	45	7	12	34	2396	-19.4
偏态系数	3.8	4.9	4.6	4.1	3.8	5.6	1.8	-0.5
峰度系数	25.6	31.1	29.0	23.0	27.1	57.5	4.5	3.9

资料来源：《中国城市统计年鉴》。

四、城市环境效率评价结果

根据前述模型和评价方法，得到区域动态环境效率得分，鉴于评价对象较多，篇幅有限，只列出全国和各大区域动态环境效率得分汇总统计（见表 5 - 5）。结果表明，环境效率得分为 1 或者说是达到 DEA 有效的地市数量较少，很多年份里不到 10 个，2020 年有明显增加，达到 36 个。这些地市的分布比较分散，在全国各个区域都有，以 2020 年为例，东部、中部、西部和东北地区达到 DEA 有效的地

表 5 - 5　　　　　　　　　　　　　　　城市动态环境效率得分统计

区域	指标	2005 年	2010 年	2015 年	2020 年
全国（286）	DEA 有效	18	7	6	36
	平均值	0.50	0.46	0.46	0.55
	标准差	0.18	0.18	0.18	0.21
	变异系数	0.37	0.40	0.38	0.38
	偏态	1.51	1.36	1.43	1.06
	峰度	1.86	1.43	1.77	0.24

区域	指标	2005 年	2010 年	2015 年	2020 年
东部（87）	DEA 有效	7	3	2	11
	最大值	1.00	1.00	1.00	1.00
	最小值	0.26	0.26	0.19	0.19
	平均值	0.51	0.52	0.48	0.56
	标准差	0.18	0.19	0.17	0.20
	变异系数	0.36	0.37	0.35	0.36
中部（80）	DEA 有效	0	1	1	5
	最大值	0.92	1.00	1.00	1.00
	最小值	0.28	0.20	0.21	0.16
	平均值	0.44	0.39	0.37	0.47
	标准差	0.11	0.14	0.12	0.18
	变异系数	0.25	0.36	0.34	0.38
西部（85）	DEA 有效	8	2	1	10
	最大值	1.00	1.00	1.00	1.00
	最小值	0.21	0.21	0.23	0.27
	平均值	0.53	0.46	0.50	0.55
	标准差	0.22	0.19	0.18	0.21
	变异系数	0.42	0.42	0.36	0.37
东北（34）	DEA 有效	3	1	2	10
	最大值	1.00	1.00	1.00	1.00
	最小值	0.29	0.26	0.29	0.33
	平均值	0.53	0.44	0.56	0.71
	标准差	0.19	0.17	0.19	0.22
	变异系数	0.37	0.39	0.34	0.31
直辖市和省会（31）	DEA 有效	1	2	0	6
	最大值	1.00	1.00	0.87	1.00
	最小值	0.21	0.23	0.23	0.27
	平均值	0.40	0.50	0.46	0.55
	标准差	0.15	0.22	0.18	0.24
	变异系数	0.37	0.44	0.39	0.44

市数量分别是 11 个、5 个、10 个、10 个，数量上是东部最多、中部最少，比例上是东北最高、西部最低。东部既有北京、上海、广州和深圳等沿海大型城市，也有东营、威海、舟山等沿海小城市；中部则是安庆、随州、长沙、张家界等中小城市；西部主要是鄂尔多斯、雅安、拉萨、固原、克拉玛依等城市；东北的 DEA 有效城市也包括大连、齐齐哈尔等大城市和朝阳、伊春等小城市。

从平均水平来看，全国各地市环境效率平均分在 0.5 左右波动变化，2010 年是由下降而上升的转折点，各地区平均得分总体比较接近，其中东北地区平均得分最高，特别是近几年得分明显超过全国平均水平，东部地区和西部地区的平均分一直稍高于全国平均水平，中部地区平均分一直低于全国平均水平，且差距较大。由此可见，四大区域的平均得分有所差别，并且各个区域内部都有高分地市和低分地市，为了比较四大区域之间的效率得分是否有显著差别，对其做单因素方差分析，所处区域作为唯一影响因子，不管是按年度分析还是合并分析，发现 F 统计量比较大，拒绝四大区域环境效率得分没有显著差别的假设，表明区域对环境效率得分有显著影响。进一步地，在单因素方差分析基础上做两两比较，发现东部、西部和东北三大地区的环境效率平均得分没有明显差别，而中部地区平均得分明显较低，与其他三个地区差距显著。

从 31 个直辖市和省会城市来看，环境效率得分较高且处于前沿水平的主要有北京、上海、长沙、海口、拉萨等几个城市（见表 5-6），在区域分布上东部、中部、西部都有，没有体现出明显的区域特征。环境效率得分较低的有重庆、成都、兰州、西宁等城市，根据模型结果可以发现，重庆和成都得分较低是由于资本投入指标规模较大，存在较为明显的投入冗余，而兰州和西宁则是排放指标相对较高。

表 5-6　　　　　　　　　31 个直辖市和省会城市环境效率得分

城市	2005 年	2010 年	2015 年	2020 年	平均	变化
北京	0.410	0.933	0.777	1.000	0.780	0.370
天津	0.332	0.358	0.398	0.414	0.375	0.044
石家庄	0.345	0.392	0.385	0.433	0.388	0.044
太原	0.364	0.428	0.296	0.412	0.375	0.011
呼和浩特	0.479	0.698	0.550	0.610	0.584	0.105
沈阳	0.440	0.600	0.454	0.550	0.511	0.071
长春	0.409	0.457	0.414	0.521	0.450	0.041
哈尔滨	0.441	0.519	0.460	0.560	0.495	0.054

城市	2005 年	2010 年	2015 年	2020 年	平均	变化
上海	0.617	1.000	0.775	1.000	0.848	0.231
南京	0.336	0.377	0.416	0.397	0.381	0.045
杭州	0.434	0.432	0.436	0.552	0.464	0.029
合肥	0.322	0.499	0.348	0.404	0.393	0.071
福州	0.480	0.496	0.403	0.428	0.452	-0.028
南昌	0.410	0.440	0.367	0.358	0.394	-0.016
济南	0.432	0.462	0.440	0.448	0.445	0.014
郑州	0.373	0.419	0.393	0.445	0.407	0.035
武汉	0.338	0.439	0.513	0.679	0.492	0.155
长沙	0.471	0.783	0.851	1.000	0.776	0.305
广州	0.682	0.936	0.866	1.000	0.871	0.189
南宁	0.295	0.234	0.334	0.364	0.307	0.012
海口	1.000	1.000	0.522	1.000	0.880	-0.120
重庆	0.207	0.286	0.234	0.272	0.250	0.043
成都	0.288	0.392	0.366	0.367	0.353	0.065
贵阳	0.236	0.247	0.361	0.413	0.314	0.078
昆明	0.350	0.316	0.389	0.385	0.360	0.010
拉萨	0.473	0.696	0.858	1.000	0.757	0.284
西安	0.255	0.284	0.414	0.450	0.351	0.095
兰州	0.338	0.334	0.274	0.335	0.320	-0.017
西宁	0.315	0.346	0.313	0.333	0.327	0.012
银川	0.317	0.330	0.247	0.419	0.328	0.011
乌鲁木齐	0.326	0.380	0.332	0.359	0.349	0.023

从动态变化来看，各城市环境效率得分总体呈上升趋势，通过比较 2020 年与 2005 年，全国平均得分上升了 11%，东北地区上升幅度最大为 34.6%，其次是东部地区，上升了 11.4%，中西部地区上升幅度较小。在 286 个评价对象中有 173 个得分上升，占总数的 60%，其中东部、中部、西部和东北地区各有 55 个、46 个、47 个、25 个，数量上东部最多，比例上东北最高。得分上涨超过 2 倍的有 22 个，主要分布在东北地区，其他地区相对较少。环境效率得分上升，说明

一方面是各地环境效率都在改善，另一方面是各地环境效率的差异不断缩小，呈现出区域间的收敛趋势。

五、影响因素设定和模型设定

1. 模型设定

环境效率的变化有多种原因，但主要受经济发展水平影响，为了反映经济发展对环境效率的影响，同时考虑到经济增速和地区不同对环境效率的影响，以库兹涅茨曲线（EKC）为基础，建立三次项面板数据模型。

$$EF_{it} = \alpha_i + \beta_t + b_0 + \sum_{j=1}^{3} b_j GDPP_{it}^j + \gamma GDPG_{it} + \varepsilon_{it}$$

$$(i = 1, 2, \cdots, 286; \ t = 1, 2, \cdots, 16) \tag{5-20}$$

模型中，EF 是环境效率得分，$GDPP$ 是不变价人均地区生产总值，价格基准年份是 2000 年，$GDPG$ 代表剔除物价影响的实际经济增长速度，上年为 100。i 代表个体地市，t 代表不同年份，α_t 和 β_t 分别代表个体和时间的固定效应，由于个体数量较大，可以假设随机扰动项 ε_{it} 服从零均值同方差正态分布。实证分析中，根据个体效应与解释变量是否相关，分别采用固定效应模型和随机效应模型估计参数，再采用豪斯曼（Hausman）检验来判断采用何种模型。

2. 模型回归结果分析

对各变量进行单位根检验，环境效率得分变量 EF 和经济增长速度变量 $GDPG$，采用有截距项原始变量检验，假设个体单位根相同的 LLC 检验和假设个体单位根不同的 Fisher – ADF 检验，结果都拒绝了存在单位根的假设，可以认为是平稳的。对于人均地区生产总值变量 $GDPP$，采用有截距项和趋势项的原始变量检验，LLC 和 Fisher – ADF 检验结果都发现存在一阶单位根，是非平稳变量，但是取对数后的变量 $\ln GDPP$，检验结果表明不存在单位根，是平稳变量。在因变量和自变量都平稳的前提下，可以不做协整检验直接估计模型（5 – 4）参数。

应用软件 Stata 先做混合效应模型回归，发现模型统计量都比较显著，但是存在截面异方差，用稳健方差进行处理。再做固定效应回归，F 检验表明固定效应比较显著，优于混合效应模型。接着进行 Hausman 检验，不但统计量 χ^2 值高达 76.55，拒绝广义最小二乘法（GLS）估计与可行广义最小二乘法（FLGS）估计没有显著差异的假设，而且发现随机效应模型的基本假设（个体效应与解释变量不相关）与实际不符，因此采用固定效应模型，为便于比较，把各种模型估计结果一并列出，如表 5 – 7 所示。

表 5 −7 经济发展对环境效率影响的回归结果

模型	（Ⅰ）混合效应	（Ⅱ）固定效应	（Ⅲ）随机效应	（Ⅳ）Tobit 模型	固定效应－东部	固定效应－中部	固定效应－西部	固定效应－东北
常数 C	−2.981 （−0.62）	13.53*** （5.02）	11.89*** （4.42）	11.80*** （4.15）	−32.73*** （−4.49）	6.604*** （11.65）	26.13*** （6.48）	1.182*** （6.01）
$\ln GDPP$	1.705 （1.21）	−3.624*** （−4.51）	−3.093*** （−3.86）	−3.046*** （−3.59）	−9.689*** （−4.62）	−1.250*** （−10.82）	−7.391*** （−6.05）	0.0539 （2.93）
$\ln GDPP^2$	−0.237* （−1.71）	0.335*** （4.20）	0.278*** （3.49）	0.271*** （3.22）	0.936*** （4.66）	0.0626*** （10.70）	0.704*** （5.72）	
$\ln GDPP^3$	0.0101** （2.23）	−0.0103*** （−3.92）	−0.00821*** （−3.14）	−0.00792*** （−2.86）	−0.0300*** （−4.69）		−0.0221*** （−5.36）	
$GDPG$	−0.00223*** （−2.84）	−0.00497*** （−9.41）	−0.00437*** （−8.45）	−0.00449*** （−8.33）	−0.00287** （−2.38）	−0.00190* （1.87）	−0.00213** （−2.00）	−0.0108*** （−9.25）
F	85.02***	55.87***			7.47***	40.16***	30.77***	45.51***
Wald − chi			232.5***	233.3***				
Adj − R^2	0.106	0.061			0.056	0.036	0.031	0.113
Rho		0.677	0.627	0.659	0.772	0.619	0.674	0.415

注：括号中为显著性检验 t 值，*、**、*** 分别代表 10%、5%、1% 显著性水平。

结果表明，混合模型（Ⅰ）中，虽然二次项和三次项系数比较显著，但一次项系数不显著。在固定效应模型（Ⅱ）和随机效应模型（Ⅲ）中，经济发展水平不同项数的几个系数都很显著，说明经济发展水平对环境效率有显著影响，自变量二次项系数为负数，一次项和三次项系数为正数，而且都通过显著性检验，其中一次项和二次项的系数都在 1% 显著性水平下显著不为 0，而三次项系数在 5% 显著性水平下显著不为 0，说明经济发展水平与环境效率的关系不符合倒"U"形曲线关系的库兹涅茨曲线，而是呈现"N"形曲线形状。

在分区域回归中，东部和西部样本的估计结果与全国类似，不但各变量的系数都很显著，在 1% 水平下通过显著性检验，而且系数符号也一致，反映经济发展与环境效率之间"N"形曲线关系。中部样本的三次项系数不显著，只有一次项和二次项系数通过显著性检验，反映经济发展水平和环境效率之间"U"形曲线关系。东北样本则是只有一次项通过显著性检验，并且系数为正，说明经济发展水平与环境效率之间呈正向线性关系。

最后，考虑到因变量环境效率得分是用 DEA 模型估计得到，DEA 有效的决策单元效率得分最高为 1，这就使得分范围被限定在 0～1 之间，说明因变量取值不是任意的，更适合受限因变量模型，这里采用面板数据 Tobit 模型来估计参数。由于截断型受限因变量面板数据模型做固定效应估计时，参数估计一般有偏而且无效，这里只用软件 Stata16 估计随机效应模型，估计结果如果表中模型 IV。估计结果表明，各系数也都能够通过显著性检验，三次项模型显著成立，而且系数值非常接近于普通三次项模型。

从不同模型估计结果来看，模型形式基本一致，都反映了环境效率与经济发展水平之间"N"形曲线关系，尽管系数值有所不同，但差别很小。形成这种结果的原因可解释为，在经济发展初期，欠发达地区由于技术水平较低、缺乏资本而吸收了发达地区高污染产业，成为"污染天堂"，对环境影响较大，环境效率自然较低。随着经济增长和技术水平提升，在环境治理方面不断积累经验，环境效率有所提升，继而在经济发展到一定阶段，开始出现工业化导向的结构调整和资本积累，在资本投入比重大幅度上升的作用下，使得经济效率和环境效率下降。最后，产业升级和技术水平持续上升，环保治理水平的提升会最终提升环境效率，完成外部污染的内部化，从而出现环境效率与经济发展呈现"N"形曲线关系。四大区域样本分别估计结果的差异，是由于各地经济发展水平处于不同阶段造成的，也与各地环境效率表现有关。中部地区环境效率得分较低，变化不太明显，而东北地区环境效率增长迅速，没有出现其他地区的波动情况，从而表现出线性关系。

对于解释变量经济增长速度，不同模型中系数也都在 1% 水平下显著不为 0，而且系数值为负数，说明经济增长速度对环境效率是负面影响，经济增长越快，相应的环境效率就越低。鉴于中国各地区经济发展和竞争的现实，一个地区经济快速增长得益于大量要素投入，同时环境规制力度较低，不可避免地带来环境的负面影响，环境效率自然降低。

第六章

SFA 模型在环境治理绩效中的应用

第一节　SFA 模型基本原理和演进

目前评价生态效率的方法主要有数据包络分析（DEA）、随机前沿分析（SFA）和结构方程模型等，各有优缺点和侧重点，都得到了广泛应用。SFA 模型作为一种参数方法，相比于其他方法具有许多优势，不仅能够测度评价单元相对生产前沿面的技术无效率值，还可以在生产函数和时变效率函数中引入影响因素，分析各种因素对效率大小的影响，在评价生态效率研究中得到广泛应用。但 SFA 模型也存在函数形式设定、误差项拆分和参数不易估计等不足，使其不如 DEA 模型那样应用广泛。因此，回顾 SFA 模型的发展历程和最新进展，对 SFA 模型应用于生态效率评价的研究现状进行评述，借此分析其应用趋势具有学术价值和现实意义。

一、SFA 基本模型

SFA 模型最早由艾格纳等[①]和梅森等[②]分别独立提出，其基本原理是基于生产函数构建线性回归模型，把误差项分解为随机误差项和无效率项，根据无效率项衡量决策单元的技术无效率程度，其基本形式为：

$$\ln y_i = \ln f(x_i \mid \beta) + \varepsilon_i, \ i = 1, \cdots, n,$$

① Aigner D., Lovell C., Schmidt P. Formulation and Estimation of Stochastic Frontier Production Function Models [J]. Journal of Econometrics, 1977, 6 (1): 21 –37.

② Meeusen, W., van den Broeck, J. Efficiency Estimation from Cobb – Douglas Production Functions with Composed Error [J]. International Economic Review, 1977, 18 (2): 435 –444.

$$\varepsilon_i = v_i - u_i$$
$$v_i \sim_{\text{iid}} \mathcal{N}(0,\ \sigma_v^2)$$
$$u_i \sim_{\text{iid}} \mathcal{N}^+(0,\ \sigma_u^2) \qquad\qquad (6-1)$$

其中，$y_i \in \Re_+^1$ 是输出向量，$x_i \in \Re_+^p$ 是 p 输入向量，β 是对应于 x_i 的参数向量。回归方程的复合误差项 ε 是由两部分构成，第一部分 v 是随机误差项，服从对称分布，代表个体不能控制的各种随机因素。因此，$y = f(X) + v$ 代表生产前沿面，即一定技术水平下给定投入的最大产出水平，也即理想产出。误差项第二部分 μ 是不小于 0 的非对称误差项，一般假定服从截断分布或者半正态分布，代表个体技术无效率、经济无效率或者管理无效率等，也即实际产出与理想产出之间的差距，μ 越大则表示个体效率越低。有时也把效率水平定义为 $\dfrac{y}{f(x) + v}$，比值越小，代表效率越低。此后，又提出了技术无效率项 μ 服从指数分布、伽马分布等扩展形式。此外，假设 v_i 和 u_i 在统计上相互独立，并且与 x_i 无关。利用 v_i 和 u_i 的分布假设，构造模型的似然函数，然后使用最大似然估计来估计模型参数。一旦估计了模型参数，就可以估算得到技术效率的预期水平。

$$E[u] = \sqrt{2/\pi}\,\sigma_u \qquad\qquad (6-2)$$

并通过使用以下近似值计算预期的效率水平。

$$E[\exp(-u)] \approx 1 - E[u]$$

$$E[\exp(-u)] = 2\Phi(-\sigma_u)\exp\left(\frac{\sigma_u^2}{2}\right) \qquad\qquad (6-3)$$

但普通回归方法只能计算出 ε 的估计量，无法将 μ 和 v 分解出来，艾格森（Aigner）等[1]使用 $\lambda = \dfrac{\sigma_u}{\sigma_v}$ 来估算无效率项标准差，巴蒂斯（Battese）和科纳（Corra）[2] 提出使用 $\gamma = \dfrac{\sigma_u^2}{\sigma^2}$ 估算无效率项方差，提高了计算效率，但只能估计个体的平均效率，而无法估算每个决策单元的个体效率水平。

乔德鲁（Jondrow）等[3]提出一种计算个体效率值的方法，设计个体 u_i 估计

---

① Aigner D., Lovell C., Schmidt P. Formulation and Estimation of Stochastic Frontier Production Function Models [J]. Journal of Econometrics, 1977, 6 (1): 21-37.

② Battese G. E., Corra G. S. Estimation of a Production Frontier Model: with Application to the Pastoral Zone of Eastern Australia [J]. Australian Journal Agricultural and Resource Economics, 2012, 21 (3): 169-179.

③ Jondrow J., Lovell C. A., Materov I. S., et al. On The Estimation of Technical Inefficiency in the Stochastic Frontier Production Function Model [J]. Journal of Econometrics, 1982, 19 (2-3): 233-238.

值为统计量 $E[\mu_i - \varepsilon_i]$，然后以此来计算个体效率值。其中生产单元的低效率使用 u_i 的预期值来估计或预测，条件是实现模型的组合误差，即 $E(u_i \mid \varepsilon_i)$。

$$E(u_i \mid \varepsilon_i) = \frac{\sigma_* \phi\left(\dfrac{\mu_{*i}}{\sigma_*}\right)}{\Phi\left(\dfrac{\mu_{*i}}{\sigma_*}\right)} + \mu_{*i} \qquad (6-4)$$

其中，
$$\mu_{*i} = \frac{-\sigma_u^2 \varepsilon_i}{\sigma_v^2 + \sigma_u^2} \qquad (6-5)$$

$$\sigma_*^2 = \frac{\sigma_v^2 \sigma_u^2}{\sigma_v^2 + \sigma_u^2} \qquad (6-6)$$

$\phi(\cdot)$ 和 $\Phi(\cdot)$ 分别是标准正态分布的概率密度函数（pdf）和概率分布函数（cdf）。

使用 $E[\exp(-\mu_i) \mid \varepsilon_i]$ 作为个体效率的估计值[①]，计算公式为：
$$E[\exp(-u_i) \mid \varepsilon_i] \approx 1 - E[u_i \mid \varepsilon_i]$$

$$E[\exp(-u_i) \mid \varepsilon_i] = \exp\left(-\mu_{*i} + \frac{1}{2}\sigma_*^2\right) \frac{\Phi\left(\dfrac{\mu_{*i}}{\sigma_*} - \sigma_*\right)}{\Phi\left(\dfrac{\mu_{*i}}{\sigma_*}\right)} \qquad (6-7)$$

格林（Greene）[②] 则提出了极大似然估计法，假定随机误差项 v 服从均值为零的正态分布，有 $v \sim N(0, \sigma_v^2)$，技术无效率项 μ 服从伽马分布，记作 $u \sim G(\theta, P)$，相应概率密度函数为：

$$\frac{\theta^P}{\Gamma(P)\mu^{P-1}\exp(-\theta\mu)}$$

可以得到 v 和 μ 的联合概率密度函数：

$$f(v, \mu) = f(v)f(\mu) = \frac{1}{\sqrt{2\pi\sigma_v^2}}\exp{-\frac{v^2}{2\sigma_v^2}} \times \frac{\theta^P}{\Gamma(P)}\mu^{P-1}\exp{-\theta\mu}$$

根据 $\varepsilon = v - \mu$ 得到 ε 和 μ 的联合概率密度函数：

$$f(\varepsilon, \mu) = \frac{1}{\sqrt{2\pi\sigma_v^2}}\exp{-\frac{(\varepsilon + \mu)^2}{2\sigma_v^2}} \times \frac{\theta^P}{\Gamma(P)}\mu^{P-1}\exp{-\theta\mu}$$

① Battese G. E., Coelli T. J. Prediction of Firm-level Technical Efficiencies with a Generalized Frontier Production Function and Panel Data [J]. Journal of Econometrics, 1988, 38 (3): 387 – 399.

② Greene W. H. Simulated Likelihood Estimation of the Normal – Gamma Stochastic Frontier Function [J]. Journal of Productivity Analysis, 2003, 19 (2 – 3): 179 – 190.

$$= \frac{1}{\sqrt{2\pi\sigma_v^2}}\frac{\theta^P}{\Gamma(P)}\exp\theta\varepsilon + \frac{\theta^2\sigma_v^2}{2}\mu^{P-1}\exp-\frac{[u+(\varepsilon+\theta\sigma_v^2)]^2}{2\sigma_v^2}$$

再根据联合概率密度函数得到 ε 的边缘分布函数：

$$f(\varepsilon) = \int_0^{+\infty} f(\varepsilon,\ \mu)\mathrm{d}\mu$$

$$= \frac{\theta^P}{\Gamma(P)}\exp\theta\varepsilon + \frac{\theta^2\sigma_v^2}{2}\int_0^{+\infty}\frac{1}{\sqrt{2\pi\sigma_v^2}}\mu^{P-1}\exp-\frac{[\mu+(\varepsilon+\theta\sigma_v^2)]^2}{2\sigma_v^2}\mathrm{d}\mu$$

$$(6-8)$$

至此，利用极大似然法可以估计出技术无效率项，解决了 SFA 模型的参数估计和个体效率测度问题。

二、SFA 模型的拓展

基本随机前沿模型（SFA）是适应横截面数据而设定的，多少存在一些不足，基本横截面数据 SFA 模型有三个主要缺点[①]：（1）不存在个体效率的一致估计；（2）两个误差分量（随机误差项和无效率项）通常需要参数分布假设来估计模型并预测整体和个体效率；（3）无效率项与解释变量无关的假设比较勉强，通常不太符合实际情况。因此，SFA 模型又有很多新的拓展和变化。

1. 面板数据 SFA 模型

皮提（Pitt）和李（Lee）[②] 最早把 SFA 模型推广到面板数据模型，采用个体随机效应模型，并假设个体效率不会随时间而变化，决策单元根据自身技术效率确定投入计划。斯密特（Schmidth）和斯科利（Sickles）[③] 最早在固定效应框架下研究 SFA 模型，认为技术效率与个体之间具有相关关系，而且为了保证 $-\mu_i$ 的估计量不大于 0，提出减去所有个体效应中最大值的方法，把模型设定为：

$$y_{it} = \beta_0 + x_{it}'\beta + v_{it} - u_i,\ i=1,\ \cdots,\ n,\ t=1,\ \cdots,\ T \qquad (6-9)$$

其中，$y_{it}\in\Re_+^1$ 是产出，$x_{it}'\in\Re_+^p$ 是生产单元 i 在时间 t 上的 p 投入向量。v_{it} 是随机扰动，个体异质性 u_i 代表技术效率低下。模型可以进一步改写为：

$$y_{it} = \beta_0^* + x_{it}'\beta + v_{it} - u_i^* = c_i + x_{it}'\beta + v_{it} \qquad (6-10)$$

其中，$\beta_0^* = \beta_0 - E(u_i)$，$u_i^* = u_i - E(u_i)$，$E(u_i)\geq 0$，$c_i = \beta_0^* - u_i^* = \beta_0 - u_i$。

①③　Schmidt P. , Sickles R. C. Production Frontiers and Panel Data ［J］. Journal of Business and Economic Statistics, 1984, 2（4）: 367-374.

②　Pitt M. M. , Lee L. F. The Measurement and Sources of Technical Inefficiency in the Indonesian Weaving Industry ［J］. Journal of Development Economics, 1981, 9（1）: 43-64.

上述模型是一个常见的面板数据模型，可以使用面板数据模型中的标准估计方法进行估计，例如组内离差方法、广义最小二乘估计等。在对模型进行估计之后，可以获得 c_i 的估计值 $\hat{c}_i$，并得到技术无效率的一致估计值。

$$\hat{u}_i = \max(\hat{c}_i) - \hat{c}_i \geq 0, \quad i = 1, \cdots, n \qquad (6-11)$$

这里假设技术无效是保持不变的，可能与实际情况不符，特别是在长面板数据模型中，由于跨期较长，计算无效值应该是可变的。因此，可以将 c_i 替换为例如 c_{it}，其中 c_{it} 是随时间变化，并且具有时间 t 为参数的二次函数[①]，具体形式为：

$$c_{it} = \theta_{0i} + \theta_{1i}t + \theta_{2i}t^2 \qquad (6-12)$$

对于个体数较大的面板数据，该模型的拟合值提供了 c_{it} 的一致估计，表示为 $\hat{c}_{it}$。然后，可以使用类似于斯密特的方法来估算个体 i 在时间 t 的单个技术效率，具体形式为：

$$\hat{u}_{it} = \hat{c}_t - \hat{c}_{it}$$
$$\hat{c}_t = \max_j(\hat{c}_{jt}), \quad t = 1, \cdots, T \qquad (6-13)$$

巴蒂斯（Battese）和科里（Coelli）[②] 提出了另外一种个体技术效率可变的建模思路，假定误差项服从半正态分布，并且允许其随时间而变化，还受到外界一些因素的影响，称为时变效率模型，其形式设定为：

$$Y_{it} = x_{it}\beta + v_{it} - \mu_{it}$$
$$\mu_i = \exp[-\eta(t-T)]\mu_i \qquad (6-14)$$

在这样假定下，个体效率在一定时期内固定不变，其技术效率值仅仅是 μ_i 的一个函数。根据 η 符号不同，可以分为个体效率递增、递减或者是保持不变，但无法刻画先增后减或者先减后增等复杂变化的情形。

在康巴哈那（Kumbhakar）[③] 模型中，时变效率模型的无效率项设计为：

$$u_{it} = (1 + \exp(at + bt^2))^{-1}\tau_i,$$
$$\tau_i \sim_{iid} \mathcal{N}^+(0, \sigma_\tau^2) \qquad (6-15)$$

此外，巴蒂斯和科里[④]假定服从半正态分布的 μ 作为一些因素的线性组合，

① Cornwell, C., Schmidt, P., Sickles, R. C. Production Frontiers with Cross-sectional and Time-series Variation in Efficiency Levels [J]. Journal of Econometrics, 1990, 46 (1–2): 185–200.

② Battese G. E., Coelli T. J. Frontier Production Functions, Technical Efficiency and Panel Data: with Application to Paddy Farmers in India [J]. Journal of Productivity Analysis, 1992, 3 (1): 153–169.

③ Kumbhakar, S. C. Production Frontiers, Panel Data, and Time-varying Technical Inefficiency [J]. Journal of Econometrics, 1990, 46 (1–2): 201–211.

④ Battese G. E., Coelli T. J. A Model for Technical Inefficiency Effects in a Stochastic Frontier Production Function for Panel Data [J]. Empirical Economics, 1995, 20 (2): 325–332.

即 $\mu = z\delta$，该模型在一定程度上刻画了个体效率的异质性特点，因为技术无效率项的均值变得互不相同，模型设定为：

$$y_{it} = x_{it}\beta + v_{it} - \mu_{it}$$
$$\mu_{it} = z_{it}\delta + \omega_{it} \qquad (6-16)$$

前面这些随机面板数据模型存在一个主要缺陷，即技术效率低下与未观察到的个体异质性无法区分，简单地说就是，模型中没有设置可变的截距项来体现个体效应，因此技术无效率会与所有时间不变的未观察到个体效应相混淆。格林（Greene）[1][2] 提出了"真实固定效应模型"和"真实随机效应模型"，在模型设定形式上具有一定的相似度：

$$y_{it} = (\alpha + \omega_i) + \beta' x_{it} + v_{it} - \mu_{it} \qquad (6-17)$$

真实随机效应模型比真实固定效应模型多了一个截距项 α。此外，真实固定效应模型没有对个体效应 ω_i 的分布作出假设，真实随机效应模型则假设个体效应服从均值为 0、方差为 σ_ω^2 的正态分布，有 $\omega_i \sim N(0, \sigma_\omega^2)$。

王魂杰等[3]认为格林所提出的真实固定效应模型不仅需要同时估计个体效应和模型的参数，而且冗余参数问题影响到参数估计的无偏性，使技术效率估计值有偏。因此，他们重新假定模型为：

$$y_{it} = \alpha_i + x_{it}\beta + v_{it} - u_{it}$$
$$v_{it} \sim N(0, \sigma_v^2), \ \mu_{it} = h_{it}\mu_i^*, \ h_{it} = f(z_{it}\delta), \ u_i^* \sim N^+(\mu, \sigma_\mu^2) \qquad (6-18)$$

个体技术效率都有一个服从截断正态分布的基准值 μ_i^*，当 $\mu = 0$ 时，即为半正态分布，同时个体技术效率还有与众不同的变化轨迹 h_{it}，h_{it} 与一些协变量 z_{it} 具有相关关系。

格林等提出的模型虽然区分了未观察到的个体异质性和技术无效率项，但只考虑了暂时性的无效率，康巴哈那等[4]和哥伦比（Colombi）等[5]进一步扩展了模型，将技术无效率分解为瞬时和持久两个部分。

①　Greene W. Fixed and Random Effects in Stochastic Frontier Models [J]. Working Papers, 2002.

②　Greene W. Reconsidering Heterogeneity in Panel Data Estimators of the Stochastic Frontier Model [J]. Journal of Econometrics, 2005, 126 (2): 269 – 303.

③　Wang H. J., Ho C. W. Estimating Fixed-effect Panel Stochastic Frontier Models by Model Transformation [J]. Journal of Econometrics, 2009, 157 (2): 286 – 296.

④　Kumbhakar, S. C., Lien, G. and Hardaker, J. B. Technical Efficiency in Competing Panel Data Models: a Study of Norwegian Grain Farming [J]. Journal of Productivity Analysis, 2014, 41 (2): 321 – 337.

⑤　Colombi, R., Kumbhakar, S. C., Martini, G. and Vittadini, G. Closed-skew Normality in Stochastic Frontiers with Individual Effects and Long/short-run Efficiency [J]. Journal of Productivity Analysis, 2014, 42 (2): 123 – 136.

$$y_{it} = \beta_0 + x'_{it}\beta + c_i - \eta_i + v_{it} - u_{it}$$

$$c_i \sim {}_{iid}\mathcal{N}(0, \sigma_c^2)$$

$$\eta_i \sim {}_{iid}\mathcal{N}^+(0, \sigma_\eta^2)$$

$$v_{it} \sim {}_{iid}\mathcal{N}(0, \sigma_v^2)$$

$$u_{it} \sim {}_{iid}\mathcal{N}^+(0, \sigma_u^2) \qquad (6-19)$$

其中，c_i 表示未观察到的个体异质性，η_i 表示持续的低效率，v_{it} 表示随机扰动，u_{it} 表示短暂的低效率。对于该模型的估计，可使用单阶段最大似然法，也可以使用多步骤方法。虽然多步骤方法相对于单阶段最大似然估计效率低下，但它更简单、更容易实现，模型可以重写为：

$$y_{it} = \beta_0^* + x'_{it}\beta + \alpha_i + \varepsilon_{it}$$

其中 $\qquad \beta_0^* = \beta_0 - E[\eta_i] - E[u_{it}]$

$$\alpha_i = c_i - \eta_i + E(\eta_i)$$

$$\varepsilon_{it} = v_{it} - u_{it} + E[u_{it}] \qquad (6-20)$$

该模型是标准的面板数据模型，并且可以通过常用的面板数据估计方法进行估计，在第一个方程后，可以获得 α_i 和 ε_{it}、$\hat{\alpha}_i$ 和 $\hat{\varepsilon}_{it}$ 的估计值，然后采用 SFA 模型的常用方法，估计无效率项和个体效率。

2. 空间效应 SFA 模型

当个体之间存在溢出效应的时候，会在一定程度上对随机误差项产生干扰，从而影响参数估计的准确度。随机前沿空间效应模型是对传统随机前沿模型的改进与完善，与传统截面数据和面板数据模型相比较，空间效应模型还可以刻画不同个体之间的空间关系，增加效率测度的准确性。空间随机前沿模型随即被设计出来[1]，形式设定为：

$$y = \lambda Wy + XB + v - \mu$$

$$v = \rho Mv + \eta \qquad (6-21)$$

其中，W、M 是空间权重矩阵，可以根据需要选择相同或者不同的权重距离，η 是存在空间误差相关的误差项 v 中剔除空间相关关系后剩余的双边随机误差项。待估参数 λ 是空间自回归系数，ρ 为空间误差自相关系数，当 $\lambda = 0$ 时，不存在空间自相关关系，模型中仅仅包含空间误差自相关关系，模型被称为空间误差自相关 SFA 模型。当 $\rho = 0$ 时，则模型中不存在空间误差自相关关系，模型中仅仅包含因变量的空间滞后因素，模型被称为空间自回归 SFA 模型。当 $\rho = 0$，

---

① Druska V., Horrace W. C. Generalized Moments Estimation for Spatial Panel Data: Indonesian Rice Farming [J]. American Journal of Agricultural Economics, 2004, 86 (1): 185 – 198.

$\lambda = 0$ 时，模型中不存在空间相关关系，就是一般 SFA 模型。

3. 广义 SFA 模型

大多 SFA 模型是基于显式生产函数，模型中只有一个产出和多个投入。戴尔尼茨（Dellnitz）和科兰（Keline）① 证明了多投入和多产出的 SFA 模型可以用隐式生产关系来处理，称为广义 SFA 模型，其形式为：

$$\gamma^T y_j - \beta^T x_j + \varepsilon_j = 0 \quad \varepsilon_j = -v_j + \mu_j \qquad (6-22)$$

其中，β，$\gamma \geqslant 0$，ε_j 服从独立同分布，v_j 服从独立同分布，μ_j 服从半正态分布，v_j 和 μ_j 相互独立，x_j，y_j 是投入向量和产出向量，模型参数由向量 γ、β 和 ε 给出，其中后一个分量是误差项，满足独立同分布假设。对于隐式生产函数，对 ε 施加一个合适的概率分布假设，就可以通过目标规划来求解参数。

4. 半参数 SFA 模型

班克（Banker）和曼蒂拉塔（Maindiratta）② 首次尝试半参数估计随机前沿模型，他们提出了一个结合随机和确定性前沿（即数据包络分析）方法的框架，并开发了最大似然估计和单调凹的生产前沿类的非参数特征。学者们都建议在参数最大似然估计框架中使用非参数核回归方法。③ 具体而言，范等④提出了一种多级半参数似然估计方法，在第一阶段使用非参数来估计平均生产关系，在第二阶段使用全参数最大似然以推导技术无效的条件均值，在最后阶段用于识别生产前沿。帕克（Park）等⑤⑥⑦的一系列论文也考虑了半参数面板前沿，在关于内生性形式、特殊误差的序列依赖性以及面板数据模型可能的动态结构的不同假设下，构建了此类模型的半参数效率边界和相应的半参数有效估计。

①　Dellnitz A. , Kleine A. Multiple Input-output Frontier Analysis – From Generalized Deterministic to Stochastic Frontiers［J］. Computers & Industrial Engineering, 2019, 135（SEP. ）: 28 –38.

②　Banker, R. D. , Maindiratta, A. Maximum Likelihood Estimation of Monotone and Concave Production Frontiers［J］. Journal of Productivity Analysis, 1992, 3（4）: 401 –415.

③　Kneip, A. , Simar, L. A General Framework for Frontier Estimation with Panel Data［J］. Journal of Productivity Analysis, 1996, 7（2）: 187 –212.

④　Fan, Y. , Li, Q. , Weersink, A. Semi-parametric Estimation of Stochastic Production Frontier Models［J］. Journal of Business & Economic Statistics, 1996, 14（4）: 460 –468.

⑤　Park, B. U. , Sickles, R. C. , Simar, L. Stochastic Panel Frontiers: A Semi-parametric Approach［J］. Journal of Econometrics, 1998, 84（2）: 273 –301.

⑥　Park, B. U. , Sickles, R. C. , Simar, L. Semi-parametric Efficient Estimation of AR（1）Panel Data Models［J］. Journal of Econometrics, 2003, 117（2）: 279 –309.

⑦　Park, B. U. , Sickles, R. C. , Simar, L. Semi-parametric Efficient Estimation of Dynamic Panel Data Models［J］. Journal of Econometrics, 2007, 136（1）: 281 –301.

半参数估计随机前沿模型的另一种方法由康巴哈那等[①]提出，建议采用局部似然估计，这种方法与参数似然估计之间的关键区别在于，即个体对似然的贡献是由基于核的权重而不是等权重确定的。科内普（Kneip）等[②]通过放松关于低效率分布的参数假设，而帕克（Park）等[③]提出了局部似然的替代参数化，并概述了允许局部似然的分类变量的框架。

半参数方法被广泛引入到各类随机前沿模型中，康威尔等[④]利用时间趋势中的二阶泰勒级数对时变低效率进行建模，而李（Lee）和斯密特（Schmidt）[⑤]使用单因子乘法模型指定了时变和横截面变化的低效率。此外，还有很多学者对混合模型和更一般的因子模型进行了扩展[⑥⑦⑧⑨⑩]。

最近，Simar 等（2017）建议使用局部最小二乘法作为估计随机前沿模型的局部似然方法的替代方法，相比局部似然法，局部最小二乘法更容易计算和实现，模型的具体公式如下：

$$y_i = m(x_i, z_i) + v_i - u_i, \ i = 1, \cdots, n \qquad (6-23)$$

其中，$m(x_i, z_i)$ 是生产前沿，$y_i \in \mathfrak{R}^1_+$ 是产出，$x_i \in \mathfrak{R}^p$ 是投入向量，$z_i \in \mathfrak{R}^k$ 是可以影响生产过程的 k 个变量的向量。v_i 是白噪声，假设其具有零均值，即

① Kumbhakar, S. C., Park, B. U., Simar, L., Tsionas, E. G. Nonparametric Stochastic Frontiers: A Local Maximum Likelihood Approach [J]. Journal of Econometrics, 2007, 137 (1): 1-27.

② Kneip, A., Simar, L., Van Keilegom, I. Frontier Estimation in the Presence of Measurement Error with Unknown Variance [J]. Journal of Econometrics, 2015, 184 (2): 379-393.

③ Park, B. U., Simar, L., Zelenyuk, V. Categorical Data in Local Maximum Likelihood: Theory and Applications to Productivity Analysis [J]. Journal of Productivity Analysis, 2015, 43 (2): 199-214.

④ Cornwell, C., Schmidt, P., Sickles, R. C. Production Frontiers with Cross-sectional and Time-series Variation in Efficiency Levels [J]. Journal of Econometrics, 1990, 46 (1-2): 185-200.

⑤ Lee, Y. H., Schmidt, P. A Production Frontier Model with Flexible Temporal Variation in Technical Efficiency, in H. O. Fried, S. S. Schmidt and C. K. Lovell, eds, The Measurement of Productive Efficiency: Techniques and Applications [M]. Oxford University Press New York, 1993: 237-255.

⑥ Ahn, S. C., Lee, Y. H., Schmidt, P. Stochastic Frontier Models with Multiple Time-varying Individual Effects [J]. Journal of Productivity Analysis, 2007, 27 (1): 1-12.

⑦ Ahn, S. C., Lee, Y. H., Schmidt, P. Panel Data Models with Multiple Time-varying Individual Effects [J]. Journal of Econometrics, 2013, 174 (1): 1-14.

⑧ Kneip, A., Sickles, R. C., Song, W. Functional Data Analysis and Mixed Effect Models, in J. Antoch, ed., COMPSTAT 2004— Proceedings in Computational Statistics [M]. Physica-Verlag HD, Heidelberg, 2004: 315-326.

⑨ Kneip, A., Sickles, R. C. Panel Data, Factor Models, and the Solow Residual, in I. Van Keilegom and P. W. Wilson, eds, Exploring Research Frontiers in Contemporary Statistics and Econometrics: A Festschrift for L'eopold Simar [M]. Physica-Verlag HD, Heidelberg, 2011: 83-114.

⑩ Kneip, A., Sickles, R. C., Song, W. A New Panel Data Treatment for Hetero-geneity in Time Trends [J]. Econometric Theory, 2012: 590-628.

$E(v_i \mid x_i, z_i) = 0$，和正的有限方差，即 $VAR(v_i \mid x_i, z_i) \in (0, \infty)$。同时，$u_i$ 是单侧分布后的无效项，具有正均值，即 $E(u_i \mid x_i, z_i) = \mu_u(x_i, z_i) \in (0, \infty)$ 和正的有限方差，即 $VAR(u_i \mid x_i, z_i) \in (0, \infty)$。与其他随机前沿模型一样，$u_i$ 和 v_i 也被假设为相互独立的，有条件地依赖于 (x_i, z_i)。定义 $\varepsilon_i^* = v_i - u_i + \mu_u(x_i, z_i)$，$r_1(x_i, z_i) = m(x_i, z_i) - \mu_u(x_i, z_i)$，将生产函数重写为：

$$y_i = r_1(x_i, z_i) + \varepsilon_i^* \tag{6-24}$$

由于 $E(\varepsilon_i^* \mid x_i, z_i) = 0$，可以使用标准非参数方法（例如局部多项式最小二乘法）来估计 $r_1(x_i, z_i)$。为了估计个体无效率项，还需要对其分布进行参数假设。

$$u_i \mid x_i, z_i \sim \mathcal{N}^+(0, \sigma_u^2(x_i, z_i))$$

在分布假设下，可以使用以下关系来估计无效率项的条件平均值。

$$\sigma_u^3(x_i, z_i) = \sqrt{\frac{\pi}{2}}\left(\frac{\pi}{\pi-4}\right)r_3(x_i, z_i)$$

$$\mu_u(x_i, z_i) = \sqrt{\frac{2}{\pi}}\sigma_u(x_i, z_i) \tag{6-25}$$

其中，$r_3(x_i, z_i) = E((\varepsilon_i^*)^3 \mid x_i, z_i)$ 是合成误差的三阶矩。具体而言，生产函数的非参数估计的残差 $\hat{\varepsilon}_i^*$ 可用于获得合成误差三阶矩的非参数估计 $\hat{r}_3(x_i, z_i)$。然后，可以通过将 $\hat{r}_3(x_i, z_i)$ 插入后两个公式来获得技术效率的估计值。

第二节　基于 SFA 模型生态效率评价研究现状

生态文明建设已经成为基本国家战略，提升生态效率是推动经济高质量发展、促进经济社会发展全面绿色转型的重要举措。国内外有关生态效率的研究很丰富，评价生态效率大多数采用数据包络分析（DEA）系列模型和随机前沿分析（SFA）模型。目前国内应用 SFA 模型评价生态效率的研究主要集中在区域、城市、行业三个方面。

一、区域生态效率评价

在区域和省级生态效率评价方面，陈菁泉[①]运用基于能源距离函数的随机前

---

① 陈菁泉，刘娜，马晓君. 中国八大综合经济区能源生态效率测度及其驱动因素 [J]. 中国环境科学，2021，41（5）：10.

沿模型，分析中国八大综合经济区能源生态效率演变趋势及其驱动因素的作用机制，能源生态效率测度模型中因变量是能源投入的倒数，将经济、社会福利等作为期望产出，将生态环境污染作为非期望产出，各自变量二次项和交叉项作为解释变量，区域能源生态效率为 $EEE_{it} = \exp(-\mu_{it})$。孙欣[①]基于全要素生产率测度理论，把不变价 GDP 作为产出指标，自变量是劳动力、资本、土地投入和知识增长，构建面板 C – D 生产函数随机前沿模型，生产无效率表示为 $u_{it} = \delta_0 + Z_{it}^T \delta$，技术效率表示为 $TE_{it} = \exp(-\mu_{it})$，分析了长江经济带高质量发展的效率及影响因素。孙永春等[②]基于 C – D 生产函数的 SFA 模型，把 GDP 作为产出指标，从业人数和能源投入作为投入指标，模型形式为：$\ln y_{it} = \beta_0 + \sum_{n=1}^{N} \beta_n \ln x_{nit} + v_{it} - \mu_{it}$，把工业废水、废气、烟尘排放量等环境变量作为技术非效率项，$u_{it} = \exp[\eta(t-T)] \cdot u_i$，结合超效率 DEA 模型，测算广东省绝对生态效率值。

在影响生态效率的众多因素中，环境规则被认为极其重要。徐维祥等[③]基于 C – D 生产函数形式，把环境规制产出作为因变量，构造环境规制影响因素的 SFA 模型：$\ln Y_{it} = \ln f[X_{it}(t), \beta] + v_{it} - \mu_{it}$，技术无效率项受到多种因素影响，$\mu_{it} = \delta_0 + Z_{it}\delta_i + \omega_{it}$，分析中国省际环境规制效率及其技术无效率项的影响因素。康鹏辉等[④]基于双边随机前沿模型，以绿色创新效率衡量绿色创新产出，将研发资本存量和研发人员人数作为投入指标，构建环境规制影响绿色创新的双边效应分解 SFA 模型，$geff_{it} = i(x_{it} + \omega_{it} - u_{it} + \varepsilon_{it})$，分析环境规制如何影响绿色创新效率。余利丰等[⑤]基于超越对数生产函数模型，构建了面板数据 SFA 模型，把资本、劳动以及能源投入作为投入指标，把对外开放度、外商投资、财政支出等作为无效率因素纳入无效率项中，结合门槛模型，分析了不同的污染治理模式对绿色技术效率的影响。

国家提出大力发展低碳经济，碳排放作为重要的生态因素，也得到了研究者的广泛关注。左明灏等[⑥]把碳生产率潜在改进率进行估算分解为二氧化碳潜在改

①　孙欣，蒋坷，段东. 长江经济带高质量发展效率测度 [J]. 统计与决策，2022（1）：4.

②　孙永春，郑家齐，郑雅睿. 广东省生态效率时空差异及影响因素分析 [J]. 广东技术师范学院学报，2019，40（6）：10.

③　徐维祥，徐志雄，刘程军. 基于随机前沿分析的环境规制效率异质性研究 [J]. 地理科学，2021，41（11）：10.

④　康鹏辉，茹少峰. 环境规制的绿色创新双边效应 [J]. 中国人口·资源与环境，2020，30（10）：93 – 104.

⑤　余利丰，邓柏盛. 环境污染治理路径变革与中国绿色技术效率提升研究 [J]. 商学研究，2021，28（6）：55 – 64.

⑥　左明灏，刘林奇. 湖南省碳生产率潜在改进空间的测算及影响因素分析 [J]. 金融经济，2021（7）：8.

进率和 GDP 潜在改进率，估计影响碳生产率的随机偏差效应、外部环境效应和内部管理效应。以二氧化碳潜在改进率为例，构建 SFA 模型：$C_{kt}^{Improve} = \beta I_{kt} + u_k + v_{kt}$，因变量是外界环境变量，将二氧化碳潜在改进率的影响作为无效率项。吴文洁等[①]构建了碳排放效率评价 SFA 模型：$\ln y_{it} = \beta_0 + \beta_1 \ln C_{it} + \beta_2 \ln L_{it} + \beta_3 \ln K_{it} + v_{it} - \mu_{it}$，把各省的 GDP 作为产出指标，投入指标是资本存量、碳排放量、就业人数，技术效率表示为：$TE_{it} = \exp(-\mu_{it})$，运用 Tobit 模型分析了碳排放的影响因素。苗成林等[②]把 GDP 作为因变量，自变量是就业人数和资本存量，构造对数型 C - D 生产函数的 SFA 模型：$\ln y_{it} = \beta_0 + \beta_1 \ln L_{it} + \beta_2 \ln K_{it} + v_{it} - \mu_{it}$，考虑将碳排放和能源消耗作为其影响因素，构造无效率函数 $m_{it} = \delta_0 + \delta_1 (MTXH) + \delta_2 (TPL)$，采用最大似然估计法，分析碳排放和能源消耗对技术效率的影响。

二、城市生态效率评价

城市在生态方面的发展和管理有很大差别，很多研究以城市为对象，分析生态效率的变化和影响因素。齐超等[③]基于方向距离函数构建 SFA 模型，探讨了上海和韩国开展排放交易系统试点合作的可行性，估算了上海和韩国燃煤电厂的生态效率和二氧化碳边际减排成本。张宁等[④]把 GDP 作为产出指标，把劳动、资本以及能源消耗作为投入指标，构建二次型方向距离函数的 SFA 模型，把二氧化碳排放量作为非期望产出，包含碳排放的技术效率为 $TE = 1 - \vec{D}(x, y, b; g)$，分析了各城市包含碳排放的技术效率。鲁娟等[⑤]根据中国 273 个城市数据采用 SFA 模型：$\ln P_{it} = \ln GX_{it} + Z_{it} - W_{it}$，$W_{it}$ 是非负生态效率无效项，服从截断正态分布，并用两步法估计参数，有效地克服了传统估算方法的误差，根据实际污染排放量

① 吴文洁，吕怡静. 基于随机前沿模型的陕西省碳排放效率评价［J］. 农村经济与科技，2017，28（3）：3.

② 苗成林，孙丽艳，杨力. 能源消耗与碳排量约束下区域技术效率研究［J］. 科研管理，2016，37（2）：8.

③ Qi C., Choi Y. A Study of the Feasibility of International ETS Cooperation between Shanghai and Korea from Environmental Efficiency and CO_2 Marginal Abatement Cost Perspectives［J］. Sustainability，2019，11（16）：4468.

④ 张宁，赵玉. 中国能顺利实现碳达峰和碳中和吗？——基于效率与减排成本视角的城市层面分析［J］. 兰州大学学报（社会科学版），2021.

⑤ Lu J., Li B., Li H., et al. Characteristics，Exchange Experience，and Environmental Efficiency of Mayors：Evidence from 273 Prefecture-level Cities in China［J］. Journal of Environmental Management，2020，255（1）：1 - 11.

与最低排放量之间的差异计算城市生态效率。

张东敏等[①]把污染治理和环境保护作为产出指标,自变量是工业层面的污染环境投资额、城镇层面就业人数、环保支出,构建了环境治理投入效率的 SFA 模型:$\ln y_{it} = \beta_0 + \beta_k \ln k_{it} + \beta_l \ln l_{it} + \beta_g \ln g_{it} + v_{it} - \mu_{it}$,把财政、经济、人口等作为技术非效率项,分析了我国环境治理效率评价及影响因素。李燕等[②]把环境污染和资源消耗作为投入指标,把城镇化水平、R&D 经费密度、服务业作为影响无效率项的影响因素,采用贝叶斯估计方法,分析影响我国生态效率的因素。

三、行业生态效率评价

各行业对能源需求和污染排放有很大差别,很多文献研究行业的生态效率及其影响因素。在农业方面,展进涛等[③]基于时变非效率 SFA 模型,把绿色产出定义为农业生产总值减去碳排放成本,氮磷流失为负的要素投入,构建考虑环境因素的绿色农业 SFA 模型:$GY_{it} = F(X_{it}, Z_{it}, t : \beta) \exp(V_{it} - U_{it})$,因变量是区域农业绿色生产总值,技术非效率项受到多种因素的影响,$U_{it} = Z_{it}\delta + W_{it}$。杨龙等[④]基于超越对数生产函数随机前沿模型,把各种农业相关投入作为投入指标,定义碳经济效率为产出指标,把农户特征、农业政策、区域环境作为效率损失项,设定效率损失的经验模型,$u_i = \delta_0 + \sum_{k=1}^{5} \delta_k Z_{Ki}$,分析农业碳排放效率及其影响因素。杨滨键等[⑤]假定在种植业生产过程中投入的要素是 x,期望产出是 y,非期望产出是 z,把 $g = (g_y - g_z)$ 设定成方向向量,以此来建立方向距离函数的 SFA 模型:$-\beta = D_z(x, y + \beta g_y, g) + v - \mu$,测度山东省种植业的碳排放边际减排成本。杨皓天等[⑥]基于 C–D 生产函数形式 SFA 模型,把养殖场各种投入成本作为自变量,把环境规制强度、养殖场以及人员特征、环境行为作为无效率因

① 张东敏,孙前,刘座铭,等. 我国环境治理投入效率评价及影响因素实证研究 [J]. 数量经济研究,2021,12 (4):20.

② 李燕,李应博. 我国生态效率演化及影响因素的实证分析 [J]. 统计与决策,2015 (15):3.

③ 展进涛,徐钰娇,葛继红. 考虑碳排放成本的中国农业绿色生产率变化 [J]. 资源科学,2019,41 (5):13.

④ 杨龙,徐明庆,蒲健美,等. 农业碳排放效率及影响因素研究 [J]. 中国经贸导刊 (中),2020,971 (6):103–107.

⑤ 杨滨键,孙红雨. 种植业碳减排成本测度与区域责任机制构建——以山东省为例 [J]. 生态经济,2021,37 (9):6.

⑥ 杨皓天,马骥. 环境规制对养殖场生态效率的影响研究——基于 SFA 方法及门限回归的实证分析 [J]. 干旱区资源与环境,2020 (1):7.

素，同时结合门限回归模型测度了养殖场生态效率的影响因素和程度。

工业方面，杨冕等[1]等基于超越对数生产函数构建 SFA 模型，产出变量是工业二氧化碳等气体，自变量是工业废水废弃中设备数、治理费用，分析各个地区工业污染环境治理效率以及影响因素。杨振兵等[2]把工业总产值作为产出指标，自变量是工业资本和劳动投入，构建了异质性 SFA 模型，测度了清洁能源技术偏向指数和短缺型能源偏向指数，运用 GMM 方法估计参数。李成顺[3]根据我国各省市投入和产出面板数据，构建 C – D 生产函数的时变 SFA 模型：$lnIO_{it} = \alpha_0 + \alpha_1 lnL_{it} + \alpha_2 lnK_{it} + \alpha_3 lnE_{it} + \gamma(t)\tau_i + v_{it}$，详细测度并分析了各省工业绿色创新效率。

司秋利等[4]基于双对数生产函数构建 SFA 模型，把科技创新产出指标分解为科技创新研发成果和科技创新转化成果，自变量是科技创新人员和资金投入以及金融发展规模。技术非效率项为 $u_{it} = \delta_0 + \sum \delta_i Z_{it} + \varepsilon_{it}$，分析了不同模式下金融机构对科技创新产出及效率的影响。

四、研究评述与展望

SFA 模型应用于生态效率测度的成果日益丰富，研究方法逐步成熟和完善，研究领域也不断拓展和深入，一般采用面板数据，基于 C – D 生产函数、超越对数生产函数或者方向距离函数构建模型，大多以 GDP 或者产业增加值作为产出，把环境指标和资本、劳动、科技等要素作为投入，也有研究把环境指标作为效率时变模型的解释变量，估计方法大都采用极大似然估计、广义矩估计或者贝叶斯估计等。

SFA 模型作为一种参数方法，相较于 DEA 模型等其他非参数方法具有许多优势，不仅能够测度个体相对生产前沿面的技术无效率值，还可以在生产函数和时变效率模型中引入影响因素，分析各种因素对效率的影响。SFA 模型的另一大优点是适应面板数据，发挥了面板数据模型集个体与时点于一体的优势，不用考

①　杨冕，晏兴红，李强谊. 环境规制对中国工业污染治理效率的影响研究 [J]. 中国人口·资源与环境，2020，30（9）：8.

②　杨振兵，郝春燕，赵梓伊. 中国工业部门节能技术选择路径研究 [J]. 科学学研究，2022（9）：1 – 18.

③　李成顺. 我国工业企业绿色创新效率评价——基于面板时变随机前沿模型的分析 [J]. 技术经济，2020，39（9）：7.

④　司秋利，张涛. 金融结构是否能够影响科技创新效率？——基于随机前沿模型的实证分析 [J]. 科技管理研究，2022，42（3）：11.

虑效率值在不同时点的可比性问题。但 SFA 模型应用于生态效率评价也有一些不足，一是生产函数形式设定和随机误差项的分布假设有较高要求，现实情况不一定满足；二是跟普通计量模型一样存在的变量内生性问题，使生产函数模型中解释变量的选择要求较高；三是随机误差项的分解比较烦琐，参数估计方法的复杂性不利于其广泛应用。

从 SFA 模型在生态效率评价方面的应用趋势来看，主要包括以下几个方面：第一，结合环境经济学基础理论，丰富模型的理论基础，深入分析效率评价与影响因素的作用机制，完善生产函数形式设定。第二，把 SFA 模型和面板数据模型、空间计量模型、门槛效应模型等有效结合起来，应用广义 SFA 模型，提高模型的适应性。第三，优化参数估计方法，以更高效率进行参数估计，提高参数估计精确度。

第三节　基于 SFA 模型的环境治理绩效分析

目前效率评价的主要方法是 DEA 模型和 SFA 模型，虽然应用 DEA 模型的文献非常多，能够很好地处理多投入多产出效率评价，但 DEA 模型属于非参数方法，不能清楚地确定各变量之间关系。而 SFA 模型需要确定明确的函数形式，能够估计变量之间的参数，并进行显著性检验，但确定函数形式和分解无效率误差项面临的困难减少了 SFA 模型在生态效率评价中的应用。因此，很多研究把 DEA 模型和 SFA 模型结合起来，充分发挥两者的特点，实现优势互补，更好地反映评价个体的效率。三阶段 DEA 模型（第一阶段 DEA 模型，第二阶段 SFA 模型，第三阶段调整后的 DEA 模型）被广泛应用于生态效率评价。[1][2][3]高阳采用四阶段 DEA 模型测算全国 31 个省区市环境效率，对所测算出来的效率值进行分析[4]。

---

① 郭四代，仝梦，郭杰，等 . 基于三阶段 DEA 模型的区域生态效率测度 [J]. 统计与决策，2018（16）：5.

② 吴江，谭涛，杨珂，杨君 . 中国全要素能源效率评价研究——基于不可分的三阶段 DEA 模型 [J]. 数理统计与管理，2019，38（3）：418－432.

③ 胡剑波，闫烁，韩君 . 中国产业部门隐含碳排放效率研究——基于三阶段 DEA 模型与非竞争型 I－O 模型的实证分析 [J]. 统计研究，2021，38（6）：30－43.

④ 高阳，王江鑫 . 基于四阶段 DEA 模型的中国环境现状效率评价 [J]. 科技和产业，2022，22（2）：100－105.

一、三阶段 DEA – SFA 模型

三阶段 DEA – SFA 模型最早由弗莱德（Fried）等提出,[①] 该模型结合把 DEA 模型与 SFA 模型结合起来，克服了 DEA 模型忽视环境变量的缺陷以及 SFA 模型未考虑随机误差的缺陷，因而可以同时解决环境变量和误差的影响，该模型的构建和运用主要经历三个阶段（见图 6 – 1）。

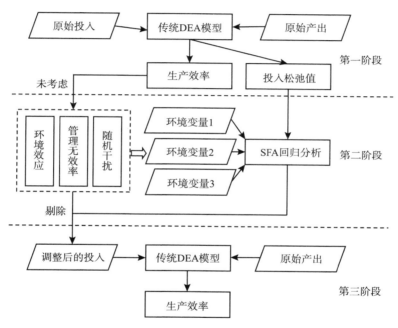

图 6 – 1 三阶段 DEA 模型示意图

1. 第一阶段

在环境绩效评价当中必须对非期望产出加以考量。而传统 DEA – BCC 模型无法对"非期望产出"进行有效处理。因为现实情况是"非期望产出"越少越好。参考大多数学者对带有非期望产出决策单元（DMU）效率值的处理方法后，本书采用改进后带有非期望产出的 DEA – SBM 模型和 DEA – DDF 模型分别来评

---

① Fried H. O. , Lovell C. A. K. , Schmidt S. S. , et al. Accounting for Environmental Effects and Statistical Noise in Data Envelopment Analysis [J]. Journal of Productivity Analysis, 2002, 17 (1 – 2): 157 – 174.

价全国各省区市的环境治理绩效，以期获得更为科学合理的效率评价结果，同时也能对这两种方法进行对比分析。

（1）DEA – SBM 模型。

在第一阶段，使用原始投入产出数据进行初始的环境效率评价。SBM 模型分为投入导向型和产出导向型，由于第二产业规模较为灵活多样，属于短期可变型。另外遵循"十三五"中关于节能减排的"资源节约和环境友好"要求，因此拟采用投入导向的 SBM 模型[①]，即固定产出下的投入最小化模型。研究假定在生产过程中有 n 个决策单元（DMU），每个决策单元均有 m 个投入指标 x，p 个期望产出指标 y_g，q 个非期望产出指标 y_b，则有如下矩阵：

$X = (x_1, \ x_2, \ \cdots, \ x_n) \in R^{m \times n}$，其中 $x_i = (x_{1i}, \ x_{2i}, \ \cdots, \ x_{mi})^T \in R_+^m$。

$Y^g = (y_1^g, \ y_2^g, \ \cdots, \ y_n^g) \in R^{p \times n}$，其中 $y_i^g = (y_{1i}^g, \ y_{2i}^g, \ \cdots, \ y_{pi}^g)^T \in R_+^p$。

$Y^b = (y_1^b, \ y_2^b, \ \cdots, \ y_n^b) \in R^{q \times n}$，其中 $y_i^g = (y_{1i}^b, \ y_{2i}^b, \ \cdots, \ y_{qi}^b)^T \in R_+^q$。

则考虑非期望产出的 DEA – SBM 模型表达式为：

$$\rho^* = \min \frac{1 - \dfrac{1}{m} \sum_{i=1}^{m} \dfrac{s_i^-}{x_{i0}}}{1 + \dfrac{1}{p + q} \left(\sum_{i=1}^{p} \dfrac{s_i^g}{y_{i0}^g} + \sum_{i=1}^{q} \dfrac{s_i^b}{y_{i0}^b} \right)}$$

$$\text{s. t. } x_0 = X\lambda + s^-$$
$$y_0^g = Y^g \lambda - s^g$$
$$y_0^b = Y^b \lambda + s^b \tag{6 – 26}$$

其中，$\lambda \geq 0$，$s^- \geq 0$，$s^g \geq 0$，$s^b \geq 0$。s^-，s^g，s^b 分别表示投入、期望产出和非期望产出的松弛变量。Λ 为权重向量，目标函数 ρ^* 对于 s^-，s^g，s^b 是严格递减的，且取值范围是 $[0, 1]$。当 $\rho^* = 1$ 时，s^-，s^g，s^b 全部为 0，此时表示决策单元有效，当 $\rho^* < 1$ 时，此时 s^-，s^g，s^b 不全为 0，表示决策单元无 DEA 有效。

（2）DEA – DDF 模型。

DDF 模型较 SBM 模型而言更具有一般性、形式更加灵活，可以给投入产出变量设置变化的方向向量。DDF 模型假定共有 n 个决策单元（$j = 1, 2, \cdots, n$）参与效率评价，每个决策单元均有 m 个（$i = 1, 2, \cdots, m$）投入指标 x，同时有 p 个（$s = 1, 2, \cdots, p$）期望产出指标 y^g 和 q 个（$t = 1, 2, \cdots, q$）非期望产出指标 y^b。

---

① Tone K. Dealing with Undesirable Outputs in DEA：A Slacks-based Measure（SBM）Approach［J］. GRIPS Research Report Series，2003.

$X = (x_1, \ x_2, \ \cdots, \ x_n) \in R^{m \times n}$, 其中 $x_j = (x_{1j}, \ x_{2j}, \ \cdots, \ x_{mj})^T \in R^m_+$

$Y^g = (y^g_1, \ y^g_2, \ \cdots, \ y^g_n) \in R^{p \times n}$, 其中 $y^g_j = (y^g_{1j}, \ y^g_{2j}, \ \cdots, \ y^g_{qj})^T \in R^p_+$

$Y^b = (y^b_1, \ y^b_2, \ \cdots, \ y^b_n) \in R^{q \times n}$, 其中 $y^b_j = (y^b_{1j}, \ y^b_{2j}, \ \cdots, \ y^b_{qj})^T \in R^q_+$

$$\rho^* = \min \frac{1 - \dfrac{1}{m} \sum_{i=1}^m \dfrac{\beta g_i}{x_{i0}}}{1 + \dfrac{1}{p+q} \left(\sum_{i=1}^p \dfrac{\beta g^g_s}{y^g_{s0}} + \sum_{i=1}^q \dfrac{\beta g^b_t}{y^b_{t0}} \right)}$$

$$\text{s. t. } x_0 \geqslant X\lambda + \beta g$$

$$y^g_0 \leqslant Y^g \lambda - \beta g^g$$

$$y^b_0 \geqslant Y^b \lambda + \beta g^b \qquad (6-27)$$

其中，β 表示方向变化系数；λ 为权重向量；g、g^g、g^b 分别表示投入、期望产出、非期望产出的方向向量，而 DDF 模型的灵活性就表现在学者可以根据自身需求为三者的方向向量进行赋值。目标函数 ρ^* 对于 βg、βg^g、βg^b 是严格递减的，其取值范围是 $[0, 1]$。当 $\rho^* = 1$ 时，βg、βg^g、βg^b 全部为 0，即决策单元 DEA 有效。

p 和 q 分别代表期望产出和非期望产出的指标个数，m 表示投入指标个数。另外，$\dfrac{\beta g_i}{x_{i0}}$ 表示投入的下降比率，y^g_{s0} 表示期望产出、y^b_{t0} 表示非期望产出，而 βg^g_s 和 βg^b_t 分别表示期望产出和非期望产出的调整值，因此二者各自调整值与产出值的比 $\dfrac{\beta g^g_s}{y^g_{s0}}$ 和 $\dfrac{\beta g^b_t}{y^b_{t0}}$ 分别表示期望产出的提升比率和非期望产出的下降比率。

投入、期望产出和非期望产出的方向向量可根据研究需要进行个性化设定，因此，为达到用普通线性规划方法表示 DDF 模型的目的，可将投入产出指标自身的值或 0 设定为该指标的方向向量 g、g^g、g^b，从而简化目标函数。

2. 第二阶段：SFA 回归模型

弗莱德等认为，DEA 模型中的松弛值即原始投入值超过目标投入值之差，或者目标产出值超过原始产出值之差，反映整体无效与有效之间的差距，且这种差距是由外部环境因素、管理无效率和随机因素三种效应造成，但无法区分是管理原因造成的低效，还是由外部环境因素和随机因素导致的低效。在第二阶段通过构建投入导向型的 SFA 回归函数，可以对第一阶段 DEA 模型中投入变量的松弛变量进行分解，剥离出环境因素和随机误差及其对环境绩效评价带来的影响。

构建投入导向型的类似 SFA 回归函数：

$$S_{ni} = f(Z_i; \ \beta_n) + v_{in} + \mu_{in}; \ i = 1, \ 2, \ \cdots, \ M; \ n = 1, \ 2, \ \cdots, \ N \qquad (6-28)$$

其中，S_{ni} 是第 i 个决策单元中第 n 项投入的松弛值；Z_i 是环境变量，$f(Z_i;$ $\beta_n)$ 为环境变量 Z_i 的函数 [通常以线性函数的形式呈现，即 $f(Z_i;\ \beta_n) = Z_i\beta_n$]，$\beta_n$ 是环境变量的系数；$v_{in} + \mu_{in}$ 是混合误差项，v_{ni} 表示随机干扰项且服从 $N(0,$ $\sigma_{vi}^2)$，μ_{ni} 是管理无效率，它表示管理因素对投入松弛变量的影响，假设其服从在零点截断的正态分布。令 $\gamma = \sigma_{ui}^2/(\sigma_{vi}^2 + \sigma_{ui}^2)$ 代表管理因素的影响程度，主要与 γ 的取值有关，当 γ 接近于 1 的时候，就可以说明管理因素的影响程度较大；当 γ 接近于 0 的时候，就说明随机因素的影响程度较大。然后对于上式中的变量进行代入求解，就可以得出 β_n、σ_{ui}^2、σ_{vi}^2、γ 的估计值，进而得出 v_{ij}，u_{ij} 的估计值。关于 v_{ij} 的估计问题，弗莱德在论文中给出了计算公式，即：

$$E[v_{ni} \mid v_{in} + u_{in}] = S_{in} - Z_i\beta_n - E[u_{in} \mid v_{in} + u_{in}]$$
$$i = 1, 2, \cdots, M;\ n = 1, 2, \cdots, N \qquad (6-29)$$

但是弗莱德等并没有给出 u 的计算公式，对此关于管理无效率 u 的公式仍存在一些争议，很多研究给出了不同的计算方法。戴文文等（2009）[1] 给出的管理无效率项 u 的计算公式为：

$$E[u_{in} \mid v_{in} + u_{in}] = \frac{\sigma\gamma}{1 + \gamma^2}\Big[\frac{\varphi(\gamma\varepsilon_n)}{\Phi(\gamma)} + \gamma e_n\Big] \qquad (6-30)$$

此处 ε_n 是联合误差项，$\sigma^2 = \sigma_u^2 + \sigma_v^2$，$\varphi$、$\Phi$ 分别是标准正态分布的密度函数和分布函数。

黄薇[2]给出的管理无效率项计算公式为：

$$E[u_{in} \mid v_{in} + u_{in}] = \frac{\sigma\gamma\sigma_u}{\sigma_v + \sigma_v\gamma^2}\Big[\frac{\varphi(k)}{1 - \varphi(k)} - k\Big] \qquad (6-31)$$

其中，$k = \dfrac{\varepsilon_n}{\sigma}$，$\varepsilon_n = v_{in} + u_{in}$ 是联合误差项。

赵桂芹[3]提出的管理无效率项公式为：

$$E[u_{in} \mid v_{in} + u_{in}] = \frac{\sigma\lambda}{1 + \lambda^2}\left[\frac{\varphi\Big(\dfrac{(v_{in} + u_{in})\lambda}{\sigma}\Big)}{1 - \Phi\Big(\dfrac{(v_{in} + u_{in})\lambda}{\sigma}\Big)} - \frac{(v_{in} + u_{in})\lambda}{\sigma}\right] \qquad (6-32)$$

① 戴文文，高建福. 中国上市银行效率的实证研究——基于 DEA 三阶段模型分析 [J]. 价值工程，2009，28（10）：160 - 164.
② 黄薇. 中国保险业效率的实证研究：考虑环境因素的影响 [J]. 统计研究，2009（6）：31 - 39.
③ 赵桂芹，吴洪. 中国保险业 SBM 效率实证分析——基于修正的三阶段 DEA 模型 [J]. 广东金融学院学报，2010（6）：72 - 84.

其中，$\lambda = \sigma_v / \sigma_u$，$\varphi$、$\Phi$ 分别表示标准正态分布的密度函数和分布函数。

罗登跃[①]计算出了管理无效率项公式为：

$$E[u_{in} \mid v_{in} + u_{in}] = \frac{\sigma \lambda}{1 + \lambda^2} \left[\frac{\varphi\left(\frac{\lambda \varepsilon_n}{\sigma} \right)}{\Phi\left(\frac{\lambda \varepsilon_n}{\sigma} \right)} + \frac{\varepsilon_n \lambda}{\sigma} \right] \qquad (6-33)$$

其中，$\lambda = \sigma_v / \sigma_u$，$\varepsilon_n = v_{in} + u_{in}$ 是联合误差项，φ、Φ 分别表示标准正态分布的密度函数和分布函数。

根据 Jondrow 等[②]论文中提到的管理无效率项公式：

$$E[u_{in} \mid v_{in} + u_{in}] = \mu_* + \sigma_* \frac{f\left(-\frac{\mu_*}{\sigma_*} \right)}{1 - F\left(-\frac{\mu_*}{\sigma_*} \right)} \qquad (6-34)$$

其中，$\mu_* = -\sigma_u^2 \varepsilon / \sigma^2$，$\sigma_* = \sigma_u^2 \sigma_v^2 / \sigma^2$，$\sigma^2 = \sigma_u^2 + \sigma_v^2$，$f(\cdot)$、$F(\cdot)$ 分别是标准正态分布的密度函数和分布函数。以上公式是针对"生产函数"随机前沿分析所得出的，其中 $\varepsilon_n = v_n - u_n$，但是根据 Kumbhakar 等[③]的研究文献所示，"成本函数"的随机前沿模型中 $\varepsilon_n = v_n + u_n$，进而可以得到 $\mu_* = \sigma_u^2 \varepsilon / \sigma^2$，将以上的 μ_*、σ_*、σ^2 以及 λ 的表达式代入上式进行计算，可以得出：

$$E[u_{in} \mid v_{in} + u_{in}] = \frac{\sigma \lambda}{1 + \lambda^2} \left[\frac{f\left(-\frac{\lambda \varepsilon_n}{\sigma} \right)}{1 - F\left(-\frac{\lambda \varepsilon_n}{\sigma} \right)} + \frac{\varepsilon_n \lambda}{\sigma} \right] \qquad (6-35)$$

最后，考虑到 SFA 回归模型的目的是剔除环境因素和随机因素对效率测度的影响，以便使所有决策单元处于相同的外部环境中，从而得到新的调整投入 X_{ni}^A，X_{ni} 为调整前的产出。具体调整公式如下：

$$X_{ni}^A = X_{ni} + [\max(f(z_i; \hat{\beta}_n)) - f(z_i; \hat{\beta}_n)] + [\max(V_{ni}) - V_{ni}]$$
$$i = 1, 2, \cdots, M; \ n = 1, 2, \cdots, N \qquad (6-36)$$

3. 第三阶段：调整后的 DEA 模型

第三阶段是将经过 SFA 调整后的投入变量 X_{ni}^A 替换掉原来的投入变量 X_{ni}，重

①　罗登跃. 三阶段 DEA 模型管理无效率估计注记 [J]. 统计研究，2012，29（4）：104 - 107.

②　Jondrow J.，Lovell C. A.，Materov I. S.，et al. On The Estimation of Technical Inefficiency in the Stochastic Frontier Production Function Model [J]. Journal of Econometrics，1982，19（2）：233 - 238.

③　Kumbhakar S. C.，et al. Stochastic Frontier Analysis [M]. Cambridge：Cambridge University Press，2000：136 - 142.

新运用 DEA 模型进行效率估计，即可得到剔除环境因素和随机因素的效率值，这也是相对真实的效率值，此时的效率值仅受管理技术水平的影响。这里分别选取了考虑非期望产出的 DEA – SBM 和 DEA – DDF 三阶段模型作为环境治理效率评价方法。

二、指标体系和样本数据

我国节能减排综合工作中明确提到要严格控制二氧化硫、氨氮等污染物的排放，并从"十二五"规划开始明确了各省的减排任务和目标。因此，在模型中将此类污染排放物设为非期望产出，再将各省市的地区生产总值作为期望产出。基于数据的可获得性，首先选取工业污染治理投资额作为投入指标，再考虑到生产要素的投入，选取从业人员以及能源消费总量作为指标体系的另两个投入指标（见表6–1）。鉴于数据的完整性要求，剔除数据缺失的西藏及港澳台地区，选取 2011~2020 年大陆 30 个省（自治区、直辖市）作为研究对象，每项指标的描述性统计如表6–2所示。本研究的决策单元为 300 个，投入指标 3 个，产出指标 5 个，经检测已符合 DEA 模型的指导性原则。数据来源于国家统计局、中国能源统计年鉴及各省（自治区、直辖市）统计年鉴。

表6–1   投入、产出及环境指标

投入	产出	环境变量
工业污染治理投资额（万元）	地区 GDP（亿元）	R&D 投入（人）
从业人员（万人）	COD（吨）	人均 GDP（元）
	二氧化硫（吨）	第二产业产值占地区 GDP 比重
能源消费总量（万吨）	氨氮（吨）	出口总额占 GDP 的比重
	氮氧化物（吨）	

表6–2   各指标描述统计

变量	个数	均值	标准差	最小值	最大值
工业污染治理投资额（万元）	300	82153.26	92416.91	225.06	2678560.26
从业人员（万人）	300	1652.48	856.96	401.73	9250.61
能源消费总量（万吨标准煤）	300	11523.72	4816.68	2316.27	41683.43

续表

变量	个数	均值	标准差	最小值	最大值
地区 GDP（亿元）	300	38613.62	53781.75	1670.44	107671.07
COD（吨）	300	218635.31	24218.48	55116.06	1988139.18
二氧化硫（吨）	300	851634.42	35198.85	8137.29	1708488.45
氨氮（吨）	300	8820.97	6217.72	8937.51	258723.45
氮氧化物（吨）	300	124618.43	16285.91	8160.63	1615594.65
R&D 投入（人）	300	91528.12	85126.43	15684	727605.12
人均 GDP（元）	300	325486.34	15326.72	98512.02	2924960.71
第二产业值占地区 GDP 比重	300	0.28	0.06	0.17	0.43
出口总额占 GDP 的比重	300	0.11	0.01	0.02	0.37

环境变量的选取应做到有理客观的同时满足森马（Simar）和威尔逊（Wilson）提出的分离假设。[1] 在第二阶段 SFA 回归中对投入松弛变量与环境变量做回归，因此对于环境的选取应结合样本地区的自身特点。通过以下几个环境因素来归纳环境的影响力：第一是技术水平，各地区明显存在因技术水平差异而导致生产效率不同的现象。因此对于技术水平的度量指标选取 R&D 投入。第二是产业结构层次，节能减排的主要考察目标是生产型企业，尤其以第二产业为主，因此以第二产业产值占该地区总 GDP 比重作为衡量产业结构层次分布的依据。第三是经济发展规模，经济社会规模的大小能直接影响社会生产力、政府财力以及生产技术等，从而间接关联到该地区的节能减排效率，采用人均 GDP 来度量各地区的经济发展规模。第四是地区对外开放程度，各地区通过对外开放可以向其他高节能减排效率国家引进先进的生产设备、技术手段以及管理经验等，从而提升当地的环境治理效率水平，因此选取出口总额占 GDP 的比重表示该地区的对外开放水平。

三、模型估计结果

1. 第一阶段

（1）基于 SBM 模型。在第一阶段，利用能够区分期望产出与非期望产出的

---

[1] Simar L., Wilson P. W. Estimation and Inference in Two-stage, Semi-parametric Models of Production Processes [J]. Journal of Econometrics, 2007, 136（1）：31-64.

SBM 模型对原始的投入和产出数据进行初始效率的测评。选取的我国 30 个省份（除西藏、港澳台地区）环境绩效值测算结果如表 6 – 3 所示。

表 6 – 3　　　　　　　　　30 个省份 2020 年环境治理绩效

省份	综合技术效率	纯技术效率	规模效率	规模效应
北京	1	1	1	规模不变
天津	0.889	1	0.889	规模递减
河北	0.670	0.671	0.999	规模递增
山西	0.466	0.659	0.707	规模递增
内蒙古	0.374	0.665	0.562	规模递增
辽宁	0.749	0.749	1	规模不变
吉林	0.621	1	0.621	规模递增
黑龙江	0.411	0.701	0.585	规模递增
上海	1	1	1	规模不变
江苏	1	1	1	规模不变
浙江	1	1	1	规模不变
安徽	0.868	0.868	1	规模不变
福建	0.601	0.822	0.731	规模递增
江西	0.732	0.770	0.951	规模递增
山东	0.876	0.984	0.891	规模递减
河南	0.820	0.822	0.998	规模递减
湖北	0.775	0.785	0.987	规模递增
湖南	1	1	1	规模不变
广东	0.959	1	0.959	规模递减
广西	0.808	0.820	0.986	规模递增
海南	0.696	1	0.696	规模递增
重庆	1	1	1	规模不变
四川	0.675	0.708	0.952	规模递增
贵州	0.583	0.796	0.733	规模递增
云南	0.510	0.763	0.668	规模递增
陕西	0.423	0.771	0.548	规模递增

省份	综合技术效率	纯技术效率	规模效率	规模效应
甘肃	0.741	0.843	0.878	规模递增
青海	0.134	0.898	0.149	规模递增
宁夏	0.525	0.889	0.591	规模递增
新疆	0.868	0.873	0.994	规模递增
均值	0.726	0.862	0.836	—
标准差	0.226	0.122	0.210	—

各省份环境治理绩效横向比较可知，北京、上海、江苏、浙江、湖南、重庆的环境治理效率达到 DEA 有效，表明以上省市在环境治理方面最优。表现最差的是青海，该省的综合技术效率和规模效率仅为 0.134 和 0.149，而纯技术效率高达 0.898，说明青海的环境治理能力比较明显，但是经济规模存在明显不足，急需提升其环境治理的规模效应。

就不同地域而言，东南沿海地带的环境治理绩效保持在优先地位，中部六省的环境治理综合技术效率高于华北地区，而华北地区又高于东北三省，西南地区平均的治理效率要高于西北地区。

再对各省份进行纵向比较。选取评价期间主要年份年 30 个省份的投入产出指标构成面板数据，逐年测算各地区的环境治理绩效得分值，结果如表 6 – 4 所示。

表 6 – 4　　　　　　　30 个省份主要年份的环境治理综合技术效率值

省份	2011 年	2013 年	2015 年	2017 年	2020 年	平均值
北京	1	1	1	1	1	1
天津	0.969	0.968	0.881	0.998	0.889	0.972
河北	0.459	0.647	0.664	0.657	0.670	0.637
山西	0.342	0.66	0.714	0.758	0.466	0.662
内蒙古	0.301	0.480	0.476	0.705	0.374	0.537
辽宁	0.576	0.742	0.711	0.718	0.749	0.745
吉林	1	0.946	1	1	0.621	0.922
黑龙江	0.397	0.540	0.527	0.687	0.411	0.576

省份	2011 年	2013 年	2015 年	2017 年	2020 年	平均值
上海	1	1	1	1	1	1
江苏	1	1	1	0.962	1	0.953
浙江	1	1	1	1	1	1
安徽	0.693	0.857	0.913	0.974	0.868	0.892
福建	0.712	0.572	0.551	0.561	0.601	0.613
江西	0.451	0.704	0.850	0.723	0.732	0.706
山东	0.982	0.901	0.855	0.878	0.876	0.812
河南	0.526	0.852	0.813	0.875	0.820	0.773
湖北	0.604	0.831	0.789	0.902	0.775	0.805
湖南	0.771	1	1	1	1	0.917
广东	1	0.969	1	1	0.959	0.989
广西	0.579	1	1	1	0.808	0.896
海南	0.842	0.688	0.651	0.589	0.696	0.642
重庆	1	1	1	0.950	1	0.963
四川	0.583	0.743	0.635	0.638	0.675	0.661
贵州	0.442	0.539	0.522	0.527	0.583	0.516
云南	0.452	0.480	0.367	0.387	0.510	0.428
陕西	0.463	0.448	0.402	0.494	0.423	0.463
甘肃	0.627	0.738	0.407	0.500	0.741	0.513
青海	0.264	0.240	0.401	0.541	0.134	0.437
宁夏	0.361	0.739	0.465	0.833	0.525	0.626
新疆	0.325	0.772	0.605	0.473	0.868	0.562
均值	0.657	0.769	0.740	0.778	0.726	0.743
标准差	0.256	0.205	0.223	0.199	0.226	0.191

　　纵观各地评价期间综合技术效率值的变化趋势可知，只有北京、上海、浙江三地每年处于有效状态，说明这三个省份的环境治理工作最为有效，并取得显著成果。其余省市的综合技术效率值基本都保持着逐步递增趋势，但在期末效率值存在稍微下滑的现象。总的来说，我国省域环境治理绩效在"十二五""十三五"期间的整体表现还是非常良好，这也得益于各地区节能减综合工作的深入

推行。

（2）基于 DDF 模型结果。现考虑另一包含非期望产出的 DDF 模型，并根据相同的投入产出指标和数据在相同的期间内进行第一阶段的环境治理绩效测评，用 Matlab 2018b 版实现，具体测算结果如表 6 - 5 所示。

表 6 - 5　　　　　　　30 个省份 2011～2020 年环境治理效率均值

省份	综合技术效率（te）		纯技术效率（pte）		规模效率（se）	
	$g_y = y_0$	$g_y = 0$	$g_y = y_0$	$g_y = 0$	$g_y = y_0$	$g_y = 0$
北京	0.976	0.927	1	0.961	0.976	0.965
天津	0.763	0.717	0.886	0.842	0.861	0.852
河北	0.396	0.356	0.594	0.541	0.667	0.659
山西	0.237	0.211	0.621	0.559	0.382	0.377
内蒙古	0.461	0.410	0.667	0.600	0.691	0.683
辽宁	0.452	0.407	0.637	0.580	0.710	0.702
吉林	0.628	0.565	1	0.910	0.628	0.621
黑龙江	0.316	0.281	0.734	0.661	0.431	0.426
上海	1	1	1	1	1	1
江苏	0.982	0.962	1	0.990	0.982	0.972
浙江	0.901	0.883	0.985	0.975	0.915	0.905
安徽	0.586	0.539	0.748	0.696	0.783	0.775
福建	0.613	0.570	0.822	0.773	0.746	0.738
江西	0.399	0.359	0.741	0.674	0.538	0.533
山东	0.943	0.915	1	0.980	0.943	0.933
河南	0.447	0.407	0.626	0.576	0.714	0.706
湖北	0.618	0.556	0.747	0.680	0.827	0.818
湖南	0.693	0.594	0.740	0.666	0.936	0.892
广东	0.926	0.907	1	0.990	0.926	0.917
广西	0.742	0.668	0.742	0.675	1	0.989
海南	0.563	0.507	0.617	0.561	0.912	0.902
重庆	0.926	0.889	1	0.970	0.926	0.916
四川	0.524	0.472	0.677	0.616	0.774	0.765

省份	综合技术效率（te）		纯技术效率（pte）		规模效率（se）	
	$g_y = y_0$	$g_y = 0$	$g_y = y_0$	$g_y = 0$	$g_y = y_0$	$g_y = 0$
贵州	0.384	0.349	0.726	0.668	0.529	0.523
云南	0.413	0.368	0.786	0.707	0.525	0.520
陕西	0.375	0.330	0.769	0.684	0.488	0.482
甘肃	0.316	0.281	0.833	0.750	0.379	0.375
青海	0.113	0.099	0.927	0.825	0.122	0.121
宁夏	0.374	0.333	0.901	0.811	0.415	0.410
新疆	0.412	0.383	0.776	0.729	0.531	0.525
均值	0.583	0.542	0.810	0.755	0.709	0.700

从两种模型的评价结果对比来看，多数地区的 DFF 模型的环境治理绩效都要低于 SBM 模型测算的绩效，唯有山东、江苏两地 DDF 模型的效率值高于 SBM 模型。在 SBM 模型中，北京、上海、浙江三地在评价期间的环境治理始终处于 DEA 有效的状态，另外天津、吉林、江苏、安徽、湖南、广东、广西、重庆、宁夏在某些年份也达到 DEA 有效。而在 DDF 模型中，唯有上海一直属于 DEA 有效。总的来说，DDF 模型的环境治理测算结果与各个地区自身的发展水平更为贴近。这说明 DDF 模型的约束条件更加严格，同时该模型自身也更加灵活，更具有一般性，故 DDF 模型测算的绩效更具有说服力。

接下来，对比 DDF 模型中 te、pte 在 $g_y = y_0$ 和 $g_y = 0$ 两种情况下的效率值发现，在以前者为约束条件时的各效率值均大于以后者为约束条件时的效率值。经过分析后认为，当产出的方向向量设为产出指标自身时，原则上此时的产出约束更能体现各决策单元的差异性，而当产出的方向向量统一设为 0 时，此时各决策单元的产出差异被消除，无形中增加了不等式的约束强度，从而增加无效率水平 β 值，即 $\beta_0 \geqslant \beta_{y_0}$，因而最终导致 $g_y = 0$ 时所有决策单元的 te、pte 均呈现出偏小的情况。

2. 第二阶段实证结果分析

第二阶段的任务主要是应用 SFA 模型，剔除第一阶段 DEA 模型中环境因素和随机扰动项对地区环境治理绩效的影响。考虑到技术进步、经济规模、产业结构、对外开放四大因素都会对地区环境治理绩效产生影响，技术进步因素会对地区环境治理中的技术水平和污染物排放量产生显著影响，经济规模的变动能够影响决策单元的规模效应，从而影响综合技术效率，产业结构中的第二产业产值占比会直接影响废气排放量和污染治理投入，对外开放则通过引进先进技术和管理经验从而间接提升纯技术效率。最终选取 R&D 投入、人均 GDP、第二产业产值占地区 GDP 比重、出口总额占 GDP 比重这四个环境因素变量，作为 SFA 模型的解释变量。第二阶段是将第一阶段测算结果中的三个投入指标的松弛值分别单独作为每个投入松弛变量回归模型中的被解释变量，再把四个环境因素变量作为解释变量进行三组独立的 SFA 模型回归分析。这里运用 FRONTIER 4.1 软件分别实现三个投入变量各自松弛变量的 SFA 回归，回归结果如表 6 – 6（基于 SBM 模型的投入松弛值）和表 6 – 7（基于 DDF 模型的投入松弛值）所示。

表 6 – 6　　　　　　　　　基于 SBM 模型的松弛值的 SFA 回归结果汇总

参数	系数估计与 z 值	参数	系数估计与 z 值	参数	系数估计与 z 值
β_{10}	2874.16 *** 4.27	β_{20}	12.34 *** 4.75	β_{30}	546.73 *** 3.86
β_{11}	– 35.17 * – 1.82	β_{21}	5.76 1.25	β_{31}	– 2.31 – 1.57
β_{12}	– 2416.57 ** – 2.11	β_{22}	– 0.74 * – 1.85	β_{32}	– 158.76 *** 5.13
β_{13}	– 4632.16 *** – 3.26	β_{23}	– 31.92 ** – 2.26	β_{33}	– 617.15 ** – 2.15
β_{14}	513.16 ** 2.36	β_{24}	72.16 * 1.76	β_{34}	457.16 *** 3.76
σ_1^2	283745.16 *** 4.76	σ_2^2	51.86 *** 2.93	σ_3^2	716823.34 *** 3.14
γ_1	0.87 *** 2.76	γ_2	0.62 1.37	γ_3	0.92 ** 2.14
μ_1	62.71 ** 2.16	μ_2	0.66 * 1.85	μ_3	45.16 *** 3.47
loglikelihood function	581.73		76.13		159.62
LR test of the one – sided error	2.19 **		1.72 *		3.16 ***

注：*、** 和 *** 分别表示 z 值在 10%、5% 和 1% 置信水平上显著。

表 6 – 7   基于 **DDF** 模型的松弛值的 **SFA** 回归结果汇总

参数	系数估计与 z 值	参数	系数估计与 z 值	参数	系数估计与 z 值
β_{10}	1357.62 *** 3.11	β_{20}	671.05 *** 2.78	β_{30}	954.16 ** 2.18
β_{11}	313.13 * 1.78	β_{21}	– 31.32 * – 1.86	β_{31}	157.63 1.19
β_{12}	– 2.37 – 1.53	β_{22}	– 32.14 ** – 1.98	β_{32}	– 53.18 *** 2.88
β_{13}	– 46.21 *** – 2.91	β_{23}	– 172.65 * – 1.83	β_{33}	– 77.68 *** – 3.62
β_{14}	216.72 ** 2.36	β_{24}	168.73 1.06	β_{34}	75.61 ** 2.07
σ_1^2	52168.12 *** 3.81	σ_2^2	245.12 ** 2.13	σ_3^2	5321.47 *** 2.93
γ_1	0.91 *** 2.98	γ_2	0.78 1.46	γ_3	0.89 * 1.86
μ_1	12.67 ** 2.02	μ_2	7.65 ** 2.43	μ_3	9.67 *** 3.47
loglikelihood function	267.38		16.67		546.12
LR test of the one – sided error	2.05 **		1.81 *		2.88 ***

注：*、** 和 *** 分别表示 z 值在 10%、5% 和 1% 置信水平上显著。

关于三项投入指标的 SFA 回归函数分别为：

$$S_{1i} = \beta_{10} + \beta_{11}Z_{1i} + \beta_{12}Z_{2i} + \beta_{13}Z_{3i} + v_{1i} + \mu_{1i}; \quad i = 1, 2, \cdots, 63 \quad (6-37)$$

$$S_{2i} = \beta_{20} + \beta_{21}Z_{1i} + \beta_{22}Z_{2i} + \beta_{23}Z_{3i} + v_{2i} + \mu_{2i}; \quad i = 1, 2, \cdots, 63 \quad (6-38)$$

$$S_{3i} = \beta_{30} + \beta_{31}Z_{1i} + \beta_{32}Z_{2i} + \beta_{33}Z_{3i} + v_{3i} + \mu_{3i}; \quad i = 1, 2, \cdots, 63 \quad (6-39)$$

其中，S_{1i}、S_{2i}、S_{3i} 分别表示第 i 个决策单元中第 1、第 2、第 3 投入指标的松弛值；Z_{1i}、Z_{2i}、Z_{3i}、Z_{4i} 分别表示环境变量 R&D 投入、人均 GDP、第二产业产值占地区 GDP 比重、出口总额占 GDP 的比重；$v_{ni} + \mu_{ni}$ 是混合误差项。

第二阶段使用 SFA 模型而不使用 Tobit 模型的前提是管理无效率显著存在，通过使用广义单边似然比检验，对比广义似然比临界值表可知，1% 和 5% 置信水平下的临界值为分别为 2.58 和 1.96。以表 6 – 6 中工业污染治理投资额的随机前沿模型回归结果为例，分析可知 $1.96 < 2.19 < 2.58$，因此在 5% 置信水平下选择接受存在管理无效率项的备择假设，这也正是选用 SFA 模型而不使用 Tobit 模型的依据。另外，由软件 Stata 的 SFA 模型回归结果中不包含 γ 值，而 $\gamma = \sigma_\mu^2 /$ $(\sigma_\mu^2 + \sigma_v^2)$，即管理无效率项与总残差平方和的比值，所以手动算出 γ 值填入表 6 - 6 中。γ 值的大小直接反映松弛变量作为被解释变量受到哪种因素的不同影响程度。表 6 - 6 和表 6 - 7 中的三组 γ 值均大于 0.5，说明管理无效率相比于随机误差项而言，前者对松弛变量的影响程度更显著。同时由表 6 - 6 和表 6 - 7 的回归结果中可得知：绝大多数环境变量的系数估计显著，说明该 SFA 回归模型可信度较高。

需要注意的是，弗莱德等的论文中给出了混合误差项 $v_{ni} \mid v_{in} + u_{in}$ 的计算公式，即：

$$E[v_{ni} \mid v_{in} + u_{in}] = S_{in} - Z_i\beta_n - E[u_{in} \mid v_{in} + u_{in}]$$
$$i = 1, 2, \cdots, M; \ n = 1, 2, \cdots, N$$

但是弗莱德等并没有给出上式中 u 的计算公式。在前文中已经提到，罗登跃、戴文文、黄薇、赵桂芹等学者分别提出了管理无效率项 u 的计算公式。鉴于以上学者各自提出的计算公式的一般性与普遍性而言，在此选用罗登跃[①]计算出的管理无效率项公式，如下所示：

$$E[u_{in} \mid v_{in} + u_{in}] = \frac{\sigma\lambda}{1 + \lambda^2} \left[\frac{\varphi\left(\dfrac{\lambda\varepsilon_n}{\sigma}\right)}{\Phi\left(\dfrac{\lambda\varepsilon_n}{\sigma}\right)} + \frac{\varepsilon_n\lambda}{\sigma} \right] \qquad (6-40)$$

其中，ε 表示混合误差项，$\Phi\left(\dfrac{\lambda\varepsilon}{\sigma}\right)$ 表示概率分布函数，$\phi\left(\dfrac{\lambda\varepsilon}{\sigma}\right)$ 表示概率密度函数，$\lambda = \sigma_\mu / \sigma_l$，$\sigma = \sqrt{\sigma_\mu^2 + \sigma_v^2}$，$\sigma_v$ 表示随机误差因素的标准差，σ_μ 表示管理无效率因素的标准差。由 $E(\mu \mid \varepsilon)$ 和类似 SFA 函数可得随机误差 v 的估计值为：$E(v \mid \varepsilon) = S_{ni} - f(Z_i; \beta_n) - E(\mu \mid \varepsilon)$。

3. 第三阶段实证结果分析

（1）基于 SBM 模型。对经过第二阶段调整后的投入值以及原先的产出值再次运用 SBM 模型对 30 个省份（除西藏、港澳台）2011～2020 年的环境治理绩效进行测评。此阶段测算的效率值则更能真实地反映各省份环境治理绩效水平，结果如表 6 - 8 和表 6 - 9 所示。第三阶段效率值的测算结果使用自 MyDEA 软件。

---

① 罗登跃. 三阶段 DEA 模型管理无效率估计注记 [J]. 统计研究，2012，29（4）：104 - 107.

表 6 - 8　　　　　　经第二阶段调整投入后各省份 2020 年环境治理效率值

省份	综合技术效率	纯技术效率	规模效率	规模效应
北京	1	1	1	规模不变
天津	0.845	0.950	0.889	规模递减
河北	0.570	0.587	0.970	规模递增
山西	0.373	0.543	0.686	规模递增
内蒙古	0.318	0.548	0.580	规模递增
辽宁	0.637	0.654	0.974	规模递增
吉林	0.528	0.850	0.621	规模递增
黑龙江	0.329	0.577	0.570	规模递增
上海	1	1	1	规模不变
江苏	1	1	1	规模不变
浙江	1	1	1	规模不变
安徽	0.781	0.799	0.977	规模不变
福建	0.541	0.758	0.714	规模递增
江西	0.586	0.616	0.951	规模递增
山东	0.832	0.944	0.881	规模递减
河南	0.697	0.716	0.974	规模递减
湖北	0.659	0.676	0.975	规模递增
湖南	0.850	0.850	1	规模不变
广东	0.911	0.950	0.959	规模递减
广西	0.646	0.673	0.961	规模递增
海南	0.557	0.801	0.696	规模递增
重庆	0.998	1	0.998	规模不变
四川	0.540	0.582	0.927	规模递增
贵州	0.466	0.637	0.732	规模递增
云南	0.408	0.626	0.651	规模递增
陕西	0.338	0.633	0.535	规模递增
甘肃	0.556	0.647	0.859	规模递增
青海	0.176	0.689	0.255	规模递增

续表

省份	综合技术效率	纯技术效率	规模效率	规模效应
宁夏	0.394	0.689	0.571	规模递增
新疆	0.738	0.759	0.972	规模递增
均值	0.642	0.758	0.829	——
标准差	0.235	0.155	0.193	——

表 6－9　　　　经第二阶段调整后主要年份各省份综合技术效率值

省份	2011 年	2013 年	2015 年	2017 年	2020 年	平均值
北京	1	1	1	1	1	1
天津	0.824	0.823	0.749	0.848	0.845	0.826
河北	0.367	0.518	0.531	0.526	0.570	0.510
山西	0.257	0.495	0.536	0.569	0.373	0.497
内蒙古	0.226	0.360	0.357	0.529	0.318	0.403
辽宁	0.461	0.594	0.569	0.574	0.637	0.596
吉林	0.800	0.757	0.800	0.800	0.528	0.786
黑龙江	0.298	0.405	0.395	0.515	0.329	0.432
上海	1	1	1	1	1	1
江苏	1	1	1	0.962	1	0.953
浙江	1	1	1	1	1	1
安徽	0.589	0.728	0.776	0.828	0.781	0.758
福建	0.605	0.486	0.468	0.477	0.541	0.521
江西	0.361	0.563	0.680	0.578	0.586	0.565
山东	0.884	0.811	0.770	0.790	0.832	0.731
河南	0.447	0.724	0.691	0.744	0.697	0.657
湖北	0.513	0.706	0.671	0.767	0.659	0.684
湖南	0.655	0.850	0.850	0.850	0.850	0.779
广东	0.950	0.921	0.950	0.950	0.911	0.940
广西	0.463	0.800	0.800	0.800	0.646	0.717
海南	0.674	0.550	0.521	0.471	0.557	0.514
重庆	1	1	1	0.950	0.998	0.963

续表

省份	2011 年	2013 年	2015 年	2017 年	2020 年	平均值
四川	0.466	0.594	0.508	0.510	0.540	0.529
贵州	0.332	0.404	0.392	0.395	0.466	0.387
云南	0.339	0.360	0.275	0.290	0.408	0.321
陕西	0.347	0.336	0.302	0.371	0.338	0.347
甘肃	0.439	0.517	0.285	0.350	0.556	0.359
青海	0.185	0.168	0.281	0.379	0.176	0.306
宁夏	0.253	0.517	0.326	0.583	0.394	0.438
新疆	0.276	0.656	0.514	0.402	0.738	0.478
均值	0.657	0.769	0.740	0.778	0.642	0.633
标准差	0.256	0.205	0.223	0.199	0.235	0.191

由图 6-2 中曲线可知，各地区调整后的综合技术效率值与调整前的值相比，均有所降低，其中多数原效率值偏低的省份调整后的效率值降幅要大于原效率值较高的省份，例如安徽省的综合技术效率值从 0.868 下降到 0.781，下降幅度约为 10.02%，而江西省的效率值从 0.732 降到 0.586，降幅达到 19.95%，云南省从 0.510 下降到 0.408，降幅高达 20%。造成以上变化的主要原因在于调整后的投入变量剔除了环境因素以及随机误差对各地区的影响，这时从理论上来说，已将 30 个省份置于同等环境以及相同的运气条件下，因此更能真实反映各地区环境治理绩效水平。

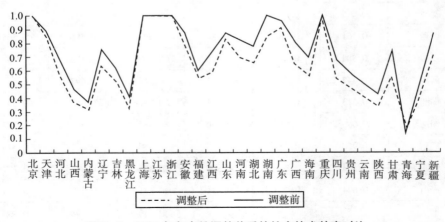

图 6-2 2020 年各省份调整前后的综合技术效率对比

继续对比评价期内各地区调整前环境治理效率的均值与调整后的均值（见图 6-3），所有地区均存在调整后的环境治理效率值小于或等于调整前效率值的现象，在此将其定义为环境及随机误差的双重修正值。该修正幅度取决于原始效率值的大小，即原始的环境治理效率值越小，误差修正幅度越大。例如青海省原始效率值 0.437，调整后的效率值为 0.306，调整幅度约为 29.98%；甘肃省原始效率值为 0.513，调整后的效率值为 0.359，调整幅度约为 30.02%；然而，反观山东省，其原始效率值为 0.812，调整后的效率值为 0.731，调整幅度仅为 9.98%。广东省的原始效率值为 0.989，调整后的效率值为 0.940，而其调整幅度仅为 4.95%。不过纵观各省份十年间的环境治理情况，发现唯有山西、内蒙古、吉林等地的环境治理绩效出现小幅度倒退，而其他绝大多数省份的环境治理水平都表现出上升的态势，这也要得益于各省份节能减排等工作的有效落实以及政府、企业、居民为环保工作的共同努力。

综上可知，经过第二阶段的处理后，我国各地区之间的环境治理效率差异更显著，各省份的环境治理水平表现出明显的参差不齐现象。因此，目前我国的环境治理工作依旧要保持协同推进，层层落实，确保环境治理水平稳步提升。

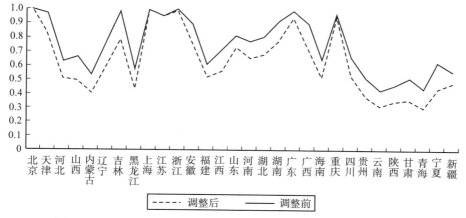

图 6-3 2011～2019 年各省份调整前后的平均综合技术效率值对比

从调整后的效率值来看，首先是评价期内均始终处于有效的省份有北京、上海、浙江。其次，江苏，广东，重庆三个地区的环境治理绩效平均值高达到 0.9 以上。最后，天津、吉林、安徽、山东、湖南、广西的环境治理绩效达到 0.7 以上。因此，应该充分发挥环境治理能力优秀省份的影响力，使得优秀省份环境治理成果充分发挥其溢出效应，辐射到周围邻省，从而提升我国整体的环境治理能力。北京、天津辐射整个华北地区，山东、吉林辐射整个东北地区，安徽、湖南辐射华中地区，江浙沪地区之间相互借鉴，相互促进，广东辐射海南、广西、福建地区，重庆辐射云贵川，即整个西南地区。最后，西北地区应该积极借鉴东部、中部等地区的环境治理经验，努力提升本地的环境治理水平，以期缩小与其他地区之间的差距。

（2）基于 DDF 模型。将三个投入变量经过第二阶段的调整，再次运用 DDF 模型对样本中的我国 30 个省份 2011 ~ 2020 年的环境治理绩效进行评价分析。该阶段的效率测算已将 30 个省份置于同等环境以及相同的运气条件下，因此更能真实反映各地区的环境治理水平。第三阶段 DDF 模型的效率测算中仅使用方向约束为 $g_y = y_0$，因为此时的产出约束更能体现各决策单元的差异性，也就是说该约束条件下的效率值更具代表性，测算由 Matlab 软件 2018b 版实现，具体测算结果如表 6 – 10 所示。

表 6 – 10　　　　　　　经过第二阶段调整投入后的 30 个省份效率均值

省份	te_{new}	te_{old}	pte_{new}	pte_{old}	se_{new}	se_{old}
北京	0.937	0.976	0.941	1	0.996	0.976
天津	0.725	0.763	0.825	0.886	0.879	0.861
河北	0.360	0.396	0.530	0.594	0.680	0.667
山西	0.213	0.237	0.548	0.621	0.389	0.382
内蒙古	0.415	0.461	0.588	0.667	0.705	0.691
辽宁	0.411	0.452	0.568	0.637	0.724	0.710
吉林	0.571	0.628	0.892	1	0.641	0.628
黑龙江	0.284	0.316	0.647	0.734	0.439	0.431
上海	1	1	1	1	1	1
江苏	0.972	0.982	0.970	1	1.002	0.982
浙江	0.892	0.901	0.956	0.985	0.933	0.915
安徽	0.545	0.586	0.682	0.748	0.799	0.783
福建	0.576	0.613	0.757	0.822	0.761	0.746
江西	0.363	0.399	0.661	0.741	0.549	0.538
山东	0.924	0.943	0.960	1	0.962	0.943
河南	0.411	0.447	0.564	0.626	0.729	0.714
湖北	0.562	0.618	0.666	0.747	0.844	0.827

省份	te_{new}	te_{old}	pte_{new}	pte_{old}	se_{new}	se_{old}
湖南	0.624	0.693	0.653	0.740	0.956	0.936
广东	0.917	0.926	0.970	1	0.945	0.926
广西	0.675	0.742	0.662	0.742	1.020	1
海南	0.512	0.563	0.550	0.617	0.931	0.912
重庆	0.898	0.926	0.951	1	0.945	0.926
四川	0.477	0.524	0.604	0.677	0.790	0.774
贵州	0.353	0.384	0.655	0.726	0.540	0.529
云南	0.372	0.413	0.693	0.786	0.536	0.525
陕西	0.334	0.375	0.671	0.769	0.498	0.488
甘肃	0.284	0.316	0.735	0.833	0.387	0.379
青海	0.101	0.113	0.809	0.927	0.124	0.122
宁夏	0.337	0.374	0.795	0.901	0.424	0.415
新疆	0.387	0.412	0.715	0.776	0.542	0.531
均值	0.548	0.583	0.740	0.810	0.723	0.709

从表 6 - 10 中可以看出，30 个省份中绝大多数出现调整后的综合技术效率和纯技术效率均要小于调整前的情况，而规模效率却是调整后的值要大于调整前的值。这说明当排除环境因素及运气因素的干扰之后，各地区的 te 都出现小幅度的下降，而 se 都出现小幅度的上升。这一现象表明环境因素和随机因素会对该地区环境治理的综合技术效率产生正向影响，同时会对规模效率造成一定程度的负向影响。

另外，当不考虑变动方向，单从变化率来看时，有 pte > te > s，即 pt 的变动幅度最大，t 的变动幅度次之，s 的变动幅度最小，这也说明环境因素和随机干扰项主要对纯技术效率产生影响，其次是会影响综合技术效率，而对规模效率的影响程度是最小的。

最后，对比 SBM 模型与 DDF 模型的环境治理绩效水平，这里用经过第二阶段调整后的综合技术效率进行比较，如由图 6 - 4 可知，DDF 模型环境治理效率的测算结果普遍要低于 SBM 模型的测算结果，唯有江苏、山东、福建三个地区的 DDF 结果反而高于 SBM 结果，DDF 的这一结果相对而言也更符合这三个地区的现实状况，也更加符合各地区的自身发展水平。另外，SBM 模型的测算结果中环境治理效率值较低的地区在 DDF 的测算结果中其效率值降幅更大，例如山西、黑龙江、江西、河南、青海等地，因此说明 DDF 模型会将各地区间环境治理水平的差异性体现得更为明显。

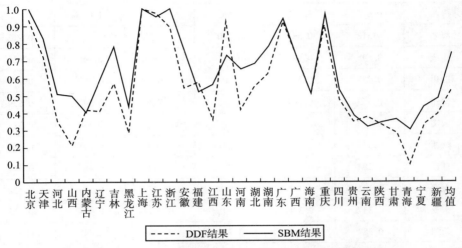

图 6-4　SBM 模型与 DDF 模型的平均综合技术效率值对比

总的来说，DDF 模型的环境治理测算结果普遍偏低的原因是该模型的约束条件更加严格，也就使得实际产出与生产边界值偏差更大，所以效率相对偏低。另外，该模型可以自行设定投入产出变量的方向向量，因此模型自身也更加灵活，更具有一般性，故 DDF 模型测算的环境治理绩效水平会更具有说服力。

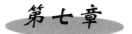
SFA 扩展模型在环境治理绩效中的应用

第一节　多产出 SFA 模型

随机前沿分析（SFA）是一种比较完善的参数化分析方法，可以用于评估不同个体生产活动的效率得分，大多数模型都是基于多个投入和单个产出的生产函数，而且生产函数的形式可以多样化，灵活性强。但是 SFA 模型应用于环境效率或者环境治理绩效方面则不太友好，主要原因是不太好处理代表非期望产出的环境变量。虽然有很多三阶段 DEA 模型的第二阶段用到了 SFA 模型，但只是用来处理投入的松弛变量，并不是真正处理环境变量。很多应用 SFA 模型研究环境效率的文献，把环境变量作为投入因素，应该是不恰当的，从生产过程的逻辑来看，一般把能源消耗作为投入变量，环境污染应该是产出因素。也有一些研究把环境变量作为 SFA 模型中时变效率的影响因素，这也只是把环境变量作为影响效率的因素，这与真正地考虑环境因素的绩效还是有很大差距。因此，要更好地发挥 SFA 模型的优势，使之能够更好地应用于环境治理绩效，需要对模型进行扩展，建立考虑非期望产出的多重产出 SFA 模型（GSFA）。

在传统 SFA 模型中，函数关系仅限于单产出和多投入。然而，一些学者已经尝试把多个产出变量糅合成一个产出指数来解决多投入和多产出的问题[1][2][3]，虽

①　Ruggiero, R. A new approach for technical efficiency estimation in multiple-output production [J]. European Journal of Operational Research, 1998 (111): 369 – 380.

②　Collier, T., Johnson, A. L., Ruggiero, J. Technical efficiency estimation with multiple inputs and multiple outputs using regression analysis [J]. European Journal of Operational Research, 2011 (208): 153 – 160.

③　Tsionas, M. G. Notes on technical efficiency estimation with multiple inputs and multiple outputs [J]. European Journal of Operational Research, 2016 (249): 784 – 788.

然把多个产出糅合成一个指数，但生产函数本质上仍然是一个产出。一种应对多投入多产出变量的处理办法是随机距离函数（SDF）模型，方法是将某个产出视为独立变量，然后反复排列多个产出得到隐性生产函数。[1][2][3][4][5] 虽然 SDF 能够很好地运用于实际应用，但存在一个缺陷是必须满足产出变量可以相加的条件，有诸多限制。在这里，借鉴现有研究，采用多投入多产出边界分析的方法确定函数来模拟生产关系，可以测量隐性生产函数，称之为广义前沿分析（GFA）。[6]

一、基本模型和假设条件

SFA 的经典公式如下：

$$y = \beta^T x + v - u, \quad \beta \geqslant 0, \quad v \sim N(0, \ \sigma_v^2), \quad u \sim |N(0, \ \sigma_u^2)| \qquad (7-1)$$

上式中，可获得的产出变量定义为 $y \in R_+$，相应的投入变量定义为 $x \in R_+^M$。β 是需要被估计的关系中确定的部分，相应的 v 是白噪声部分，它服从均值为 0 和有限方差为 σ_v^2 的正态分布，这两部分合在一起为随机边界。进一步地，u 是单侧受限变量，代表了个体对生产边界的偏离，一般服从均值为 $\sigma_u \sqrt{\dfrac{2}{\pi}}$ 和方差为 $\left(\dfrac{\pi-2}{\pi}\right)\sigma_u^2$ 的半正态分布，量化了来自随机边界的产出缺口，即无效率。如果 v 等于 0，边界变为纯可确定性，这个方法被称作确定性边界分析（DFA）。

通过普通最小二乘法或最大似然估计法估计 $\tilde{\beta}$，然后通过以下公式计算出 $\hat{\epsilon}_J$。

$$\hat{\epsilon}_J = \hat{\beta}^T x_j - y_j \qquad (7-2)$$

① Grosskopf, S., Margaritis, D., Valdmanis, V. Estimating output substitutability of hospital services: A distance function approach [J]. European Journal of Operational Research, 1995 (80): 575–587.

② Grosskopf, S., Hayes, K., Taylor, L., Weber, W. Budget-constrained frontier measures of fiscal equality and efficiency in schooling [J]. Review of Economics and Statistics, 1997 (79): 116–124.

③ Coelli, T., Perelman, S. A comparison of parametric and non-parametric distance functions: With application to European railways [J]. European Journal of Operational Research, 1999 (117): 326–339.

④ Coelli, T., Perelman, S. Technical efficiency of European railways: A distance function approach [J]. Applied Economics, 2000 (32): 1967–1976.

⑤ Yamori, N., Harimaya, K., Tmimura, K. The efficiency of Japanese financial cooperatives: An application of parametric distance functions [J]. Journal of Economics and Business, 2017 (94): 43–53.

⑥ Dellnitz A, Kleine A. Multiple input-output frontier analysis – From generalized deterministic to stochastic frontiers [J]. Computers & Industrial Engineering, 2019, 135 (SEP.): 28–38.

然后将每一个 $\hat{\in}_J$ 拆分成两个随机部分 – $\hat{\in}_J = \hat{v}_J - \hat{u}_J$，可以通过相应的公式（Jondrow）[①] 得以实现。

二、多产出的确定性边界分析（GDFA）

对经典 SFA 模型进行推广，考虑多投入多产出的关系，首先构建确定性边界分析模型（GDFA）：

$$\gamma^T \tilde{y}_J - \beta^T \tilde{x}_J + \in_j = 0, \ \gamma, \ \beta \geqslant 0, \ \in_j \sim P, \ j = 1, \ \cdots, \ J; \qquad (7-3)$$

生产函数式中，投入为 $\tilde{x}_J$，在对数坐标轴上以取底数，取值为 $\log(x_{1j}) \sim \log(x_{Mj})$，同理，产出为 $\tilde{y}_J$，取值为 $\log(y_{1j}) \sim \log(y_{Sj})$。模型参数为向量 γ 和 β 和 $\in_j$，随机干扰项 $\in_j$ 服从独立同分布（iid）。由于该式中不包含随机性因素，故称之为确定性边界分析模型（GDFA）。

假设 $\in_j$，$j = 1 \sim J$ 服从半正态分布，即 $P = |N(\mu_{\in} = 0, \ \sigma_{\in}^2)|$，可以通过下面公式实现潜在可能性最大化：

$$\min \sum_{j=1}^{J} \in_j^2$$
$$\text{s. t. } \gamma^T 1 + \beta^T 1 = 1$$
$$\gamma^T \tilde{y}_J - \beta^T \tilde{x}_J + \in_j = 0, \ \forall j$$
$$\gamma, \ \beta \geqslant 0 \ and \in_j \geqslant 0 \qquad (7-4)$$

对此，$\in_j$ 由于服从半正态分布，其概率密度函数为：

$$f(\in_j | 0, \ \sigma_{\in}) = \frac{2}{\sqrt{2\pi}\sigma_{\in}} e^{-\frac{\in_j^2}{2\sigma_{\in}^2}}, \ \sigma_{\in} \geqslant 0$$

如果 iid 假设对所有 $\in_j$ 均成立，似然函数公式将会变成为：

$$L^{half} = \prod_j f(\in_j | 0, \ \sigma_{\in}) = \frac{2}{\sqrt{2\pi}\sigma_{\in}} e^{-\frac{\sum_j \in_j^2}{2\sigma_{\in}^2}}, \ \in_j \geqslant 0, \ \forall j,$$

$$= \left(\frac{2}{\sqrt{2\pi}\sigma_{\in}}\right)^J e^{-\frac{\sum_j (\beta^T \tilde{x}_J - \gamma^T \tilde{y}_J)^2}{2\sigma_{\in}^2}} \qquad (7-5)$$

最大化似然函数 L^{half}，可以求解模型（7-4）。

---

① Jondrow, J., Lovell, C. A. K., Materov, I. S., Schmidt, P. On the Estimation of Technical Inefficiency in the Stochastic Frontier Production Function Model [J]. Journal of Econometrics, 1982 (19): 233-238.

三、多产出的随机性边界分析（GSFA）

在多产出的 SFA 模型中，误差项也是由正态分布和半正态分布的随机变量的组合，构建随机性边界分析模型（GSFA）：

$$\gamma^T \tilde{y}_J - \beta^T \tilde{x}_J - v_j + u_j = 0, \ j = 1, \ \cdots, \ J \qquad (7-6)$$

$\in_j: \ = \ -v_j + u_j = 0, \ \gamma, \ \beta \geqslant 0, \ v_j \sim N(0, \ \sigma_v^2)$ 作为随机误差，$u_j \sim |N(0, \ \sigma_u^2)|$ 代表低效率，所有的 u_j 和 v_j 都是相互独立的。最大化其相应的对数似然函数，便可以得到参数的估计值。

$$\log L^{conv} = \sum_{j=1}^{J} \log f(\in_j) = J\log\left(\frac{\sqrt{2}}{\sqrt{\pi}}\right) + J\log\left(\frac{2}{\sigma_\in}\right) +$$

$$\sum_{j=1}^{J} \log F\left(-\frac{\lambda(\beta^T \tilde{x}_J - \gamma^T \tilde{y}_J)}{\sigma_\in}\right) - \frac{1}{2\sigma_\in^2} \sum_{j=1}^{J} (\beta^T \tilde{x}_J - \gamma^T \tilde{y}_J)^2 \qquad (7-7)$$

因此，u_j 的边缘密度为

$$f(u_j) = \frac{1}{\sqrt{2\pi}\sigma_v} e^{-\frac{u_j^2}{2\sigma_v^2}}$$

当随机变量 u_j 和 v_j 相互独立时，联合密度函数为：

$$f(u_j, \ v_j) = f(u_j)f(v_j) = \frac{1}{-2\sigma_u\sigma_v} e^{\left(-\frac{u_j^2}{2\sigma_u^2} + \frac{v_j^2}{2\sigma_v^2}\right)}, \ u_j \geqslant 0$$

因为 $\in_j: \ = \ -v_j + u_j$，可以得到：

$$f(\in_j + v_j) \times f(v_j) = \frac{1}{\pi\sigma_u\sigma_v} e^{\left(-\frac{(\in_j + v_j)^2}{2\sigma_u^2} - \frac{v_j^2}{2\sigma_v^2}\right)}$$

对 v_j 积分得到边际密度 $f(\in_j)$，如下所示：

$$f(\in_j) = \int_{-\infty}^{\infty} f(\in_j + v_j) \times f(v_j) dv_j$$

$$= \frac{1}{\pi\sigma_u\sigma_v} \int_{-\infty}^{\infty} e^{\left(-\frac{(\in_j + v_j)^2}{2\sigma_u^2} - \frac{v_j^2}{2\sigma_v^2}\right)} dv_j$$

$$= \frac{1}{\pi\sigma_u\sigma_v} \int_{-\infty}^{\infty} e^{\left(-\frac{\in_j^2 + v_j^2 + 2\in_j v_j}{2\sigma_u^2} - \frac{v_j^2}{2\sigma_v^2}\right)} dv_j$$

$$= \frac{1}{\pi\sigma_u\sigma_v} \int_{-\infty}^{\infty} e^{-\frac{1}{2}\left(\frac{v_j^2 + 2\in_j v_j}{\sigma_u^2} + \frac{v_j^2}{\sigma_v^2} + \frac{\in_j^2}{\sigma_u^2}\right)} dv_j$$

$$= \frac{2}{\pi\sigma_u\sigma_v} e^{-\frac{\in_j^2}{2(\sigma_u^2 + \sigma_v^2)}} \int_{0}^{\infty} e^{-\frac{1}{2}\left[\left(\frac{\sigma_u^2 + \sigma_v^2}{\sigma_u^2\sigma_v^2}\right) + \left(v_j + \frac{\in_j\sigma_v^2}{\sigma_v^2 + \sigma_u^2}\right)^2\right]} dv_j$$

现在设 $\sigma^2_{\in} = \sigma^2_u + \sigma^2_v$，$t_j = \dfrac{\sigma_{\in}}{\sigma_u \sigma_v}\left(v_j + \dfrac{\in_j \sigma^2_v}{\sigma^2_{\in}}\right)$ 和 $\mathrm{d}t_j = \dfrac{\sigma_{\in}}{\sigma_u \sigma_v}\mathrm{d}v_j \to \mathrm{d}v_j = \dfrac{\sigma_u \sigma_v}{\sigma_{\in}}\mathrm{d}t_j$。

如果 $v_j \to \infty$，$t_j \to \infty$ 和当 $v_j = 0$，$t_j = \dfrac{\sigma_{\in} \in_j \sigma^2_v}{\sigma_u \sigma_v \sigma^2_{\in}} = \dfrac{\in_j \sigma_v}{\sigma_u \sigma_{\in}}$

接下来，得到：

$$
\begin{aligned}
f(\in_j) &= \frac{2}{\pi \sigma_u \sigma_v}e^{-\frac{\in_j^2}{2\sigma^2_{\in}}}\int_{\frac{\in_j \sigma_v}{\sigma_u \sigma_{\in}}}^{\infty}e^{-\frac{1}{2}t_j^2\left(\frac{\sigma_u \sigma_v}{\sigma_{\in}}\right)}\mathrm{d}t_j = \frac{2\sqrt{2}}{\sqrt{\pi}\sigma_{\in}}e^{-\frac{\in_j^2}{2\sigma^2_{\in}}}\frac{1}{\sqrt{2\pi}}\int_{\frac{\in_j \sigma_v}{\sigma_u \sigma_{\in}}}^{\infty}e^{-\frac{1}{2}t_j^2}\mathrm{d}t_j \\
&= \frac{2\sqrt{2}}{\sqrt{\pi}\sigma_{\in}}e^{-\frac{\in_j^2}{2\sigma^2_{\in}}}\left[1 - F\left(\frac{\in_j \sigma_v}{\sigma_u \sigma_{\in}}\right)\right] = \frac{2\sqrt{2}}{\sqrt{\pi}\sigma_{\in}}e^{-\frac{\in_j^2}{2\sigma^2_{\in}}}F\left(-\frac{\in_j \sigma_v}{\sigma_u \sigma_{\in}}\right) \\
&= \frac{2\sqrt{2}}{\sqrt{\pi}\sigma_{\in}}F\left(-\frac{\lambda \in_j}{\sigma_{\in}}\right)e^{-\frac{\in_j^2}{2\sigma^2_{\in}}}
\end{aligned}
$$

此时，$\lambda := \dfrac{\sqrt{\sigma^2_v}}{\sqrt{\sigma^2_u}}$ 和 $F(\cdot)$ 是标准的正态累积分布函数（cdf）。取所有概率密度函数 $f(\in_j)$ 的乘积的对数得到似然函数：

$$
\begin{aligned}
\log L^{conv} &= \sum_{j=1}^{J}\log f(\in_j) = J\log\left(\frac{\sqrt{2}}{\sqrt{\pi}}\right) + J\log\left(\frac{2}{\sigma_{\in}}\right) + \sum_{j=1}^{J}\log F\left(-\frac{\lambda(\beta^T \tilde{x}_J - \gamma^T \tilde{y}_J)}{\sigma_{\in}}\right) \\
&\quad - \frac{1}{2\sigma^2_{\in}}\sum_{j=1}^{J}(\beta^T \tilde{x}_J - \gamma^T \tilde{y}_J)^2
\end{aligned}
$$

受 $\gamma^T| + \beta^T| = 1$ 约束，最大化对数似然函数可以求解参数，也可以采用巴蒂斯（Battese）和科纳（Corra）的推理，用 $\lambda := \sqrt{\dfrac{\kappa}{1-\kappa}}$，$\kappa \in (0, 1)$，有以下两点特性：

（1）如果 $\sigma^2_u \to \infty \vee \sigma^2_v \to 0$，$\kappa \to 0$。

（2）如果 $\sigma^2_u \to 0 \vee \sigma^2_v \to \infty$，$\kappa \to 1$。

当组合误差项被估计出来时，得到所有的 $\hat{\in}_J$，然后我们可以直接使用 Jond-row 公式来分解这些估计值，再次参考 Jondrow 等的方法，通过计算以各自的 $\hat{\in}_J$ 为条件的 $e^{-\hat{u}_J}$ 的期望来获得个体效率，参见 Battese 和 Coelli[1]：

$$
eff_j = \hat{E}(e^{-\hat{u}_J} \mid \hat{\in}_J) = \frac{F\left(\dfrac{\hat{\mu}_{\star}}{\hat{\sigma}_{\star}} - \hat{\sigma}_{\star}\right)}{F\left(\dfrac{\hat{\mu}_{\star}}{\hat{\sigma}_{\star}}\right)}e^{\frac{1}{2}\hat{\sigma}^2_{\star} - \hat{\mu}_{\star}} \tag{7-8}
$$

---

[1]　Battese, G. E., Coelli, T. J. Prediction of Firm-level Technical Efficiencies with a Generalized Frontier Production Function and Panel Data [J]. Journal of Econometrics, 1988 (38): 387-399.

公式里，$\hat{\mu}_\star = -\hat{\epsilon}_J \dfrac{\hat{\lambda}^2}{1+\hat{\lambda}^2}$，$\hat{\sigma}_\star = \hat{\sigma}_\epsilon \dfrac{\hat{\lambda}^2}{1+\hat{\lambda}^2}$ 和 $F(\cdot)$ 是标准正态分布的累积分布函数。在特定实体 $eff_j < 1$ 的低效率情况下，这个活动单元能够通过以下公式来解决：

$$(\hat{u}_j^x, \ \hat{u}_j^y) = \arg\min\left\{ \|(u^x, \ u^y)\|_2 \left| \begin{array}{l} \hat{\gamma}^T u^y + \hat{\beta}^T u^x = \hat{u}_j \wedge u^x, \ u^y \geq 0; \\ (\tilde{x}_j - u^x, \ \tilde{y}_j + u^y) \text{ 是可行的} \end{array} \right. \right\} \quad (7-9)$$

现在是高效的活动 $(\tilde{x}_j^\delta, \ \tilde{y}_j^\delta)$，$(\tilde{x}_j^\delta, \ \tilde{y}_j^\delta) := (\tilde{x}_j - \hat{u}_j^x, \ \tilde{y}_j + \hat{u}_j^y)$

由 $\hat{\gamma}^T \tilde{y} - \hat{\beta}^T \tilde{x} - \hat{v}_j = 0 \ \forall j$ 且 $\tilde{x}$，$\tilde{y}$ 可以自由变化，共同决定了随机前沿边界。

第二节　GSFA 模型和 DEA 模型的关系

自 Charnes 等 (1978)[1] 提出 CCR 模型，Banker 等 (1984)[2] 提出 BCC 模型以来，数据包络分析 (DEA) 模型得到广泛应用，拓展模型的种类也是非常丰富。DEA 模型就是测度多投入和多产出决策单元的相对效率，和多产出 GSFA 模型有何联系和区别呢？

在 DEA 中，一般是将任意特定的 DMU($\tilde{x}_k$, $\tilde{y}_k$) 与其他所有参与评价的 DMU($\tilde{x}_J$, $\tilde{y}_J$) 相比较 ($j=1$, $\cdots$, J)。要得到所有 DMUk, $k \in \{1, \cdots, J\}$ 的效率，需要求解如下线性规划公式：

$$\max \mathbf{U}_k^T \tilde{y}_k - \mathbf{V}^T \tilde{x}_k$$
$$\text{s. t. } \mathbf{U}_k^T \tilde{y}_j - \mathbf{V}_k^T \tilde{x}_j + s_{kj} = 0 \quad \forall j$$
$$\mathbf{U}_k, \ \mathbf{V}_k \geq 1, \ \$ s_{kj} \geq 0 \quad \forall j \qquad (7-10)$$

模型中，$\mathbf{U}_k = (U_{1k}, \cdots, U_{sk}, \cdots, U_{Sk})^T$，$\mathbf{V}_k = (V_{1k}, \cdots, V_{mk}, \cdots, V_{Mk})^T$ 作为产出和投入的权重向量。

显然，该模型是一个线性规划问题 (LOP)，可能有多个最优解。对此，多伊尔 (Doyle) 和格林 (Green)[3] 提出通过应用两阶段法，可以获得最优解。首先，求解线性规划得到某一个决策单元的效率，得到 U_k^*, V_k^*, s_{kj}^* ($j=1$, 2, $\cdots$,

① Charnes, A., Cooper, W. W., Rhodes, E. Measuring the Eefficiency of Decision Making Units [J]. European Journal of Operational Research, 1978 (2): 429–444.

② Banker, R. D., Charnes, A., Cooper, W. W. Some Models for Estimating Technical and Scale in Efficiencies in Data Envelopment Analysis [J]. Management Science, 1984 (30): 1078–1091.

③ Doyle, J. R., Green, R. H. Cross-evaluation in DEA: Improving Discrimination among DMUs [J]. INFOR, 1995 (32): 205–222.

J）的最优解。第二阶段是确保个体 j 之外所有的松弛变量 $s_{kj}\ \forall j\neq k$ 期望方向，但保持 $s_{kk}:\ =s_{kk}^{*}$，然后再通过最大化或者最小化市场变量之和来求解这个线性规划。

还有一种方法是目标函数为松弛变量的平方和，公式如下：

$$\min \sum_{j\neq k} s_{kj}^{2}$$

$$\text{s. t. } \mathbf{U}_k^T\ \tilde{y}_k - \mathbf{V}_k^T\ \tilde{x}_k = -s_{kk}^{*}$$

$$\mathbf{U}_k^T\ \tilde{y}_j - \mathbf{V}_k^T\ \tilde{x}_j + s_{kj} = 0 \qquad \forall j\neq k \qquad (7-11)$$

$$U_k,\ V_k \geq 1 \quad s_{kj} \geq 0 \quad \forall j$$

这样直接求得最优解为 U_k^{**}，V_k^{**}，$s_{kj}^{**}\ \forall j$。理论上，至少对某一个决策单元而言，模型（7-10）的最优解对应于模型（7-11）的一个最优解，这就是两者的关系。

一般来说，DEA 模型得到一个生产前沿，而 GSFA 模型得到的是一组，因此可以计算一个所谓的交叉效率矩阵（eff_{kj}^{cross}）$_{JJ}$，矩阵中单个元素 $eff_{kj}^{cross}:\ =$

$\dfrac{\prod\limits_{s=1}^{S} (y_{sj})_{sk}^{U_{sk}^{*}}}{\prod\limits_{m=1}^{M} (x_{mj})_{mk}^{**}}$。另外，也可以使用几何平均而不是算术平均，公式为：$\left(\prod\limits_{k=1}^{J} ef\!\int_{kj}^{cross}\right)^{\frac{1}{J}}$。

通过分析可以发现，只有确定性问题的 GDFA 可以与经典的 DEA 相比较，而包含随机性问题的 GSFA 与 DEA 模型是不同的，这也正是提出多重产出 SFA 模型的意义所在。

第三节　多产出 SFA 模型在环境
治理绩效中的应用

一、模型设计和构建

相比于非参数效率评价 DEA 模型，随机前沿模型的优势是可以设定具体的函数形式，比较清楚地反映投入产出变量之间的关系，得到的效率值较好地反映了决策单元与生产前沿面的相对位置，并且可以把影响产出和效率的因素放到生产函数当中来。特别地，多产出的随机前沿模型（GSFA），可以设置多个产出变量，兼顾了 DEA 模型的多投入多产出优点，适合于把期望产出和非期望产出同时纳入模型，又兼顾了 SFA 模型具体生产函数的优点。鉴于此，设定多重产出的随机前沿模型（GSFA）用于评价环境治理效率，具体函数模型形式如下：

$$\gamma^T \tilde{y}_j - \beta^T \tilde{x}_j - v_j + u_j = 0, \ j = 1, \ \cdots, \ J \qquad (7-12)$$

模型中，y_j 是因变量，代表产出，除了经济产出以外，还包括污染产出。生产函数中 x_j 是自变量，代表投入，除了资本劳动等要素投入以外，还包括科技投入和环境规制等因素。残差项 $\in_j$： $= -v_j + u_j = 0$，γ，$\beta \geqslant 0$，$v_j \sim N(0, \sigma_v^2)$ 作为随机误差项，代表各种随机性因素，$u_j \sim |N(0, \sigma_u^2)|$ 代表环境规制低效率项，所有的 u_j 和 v_j 都是相互独立的。

二、指标体系和数据

1. 因变量

期望产出。一般都把地区生产总值（GDP）作为经济产出变量，也是期望产出，这里把各年 GDP 按 2000 年不变价格进行折算处理。为了模型估计的稳健性，同时把人均地区生产总值（RGDP）作为稳健性估计的代理变量，同样进行不变价格处理。

非期望产出。这里把各种污染排放指标作为非期望产出变量，包括工业二氧化硫（SO_2）、工业固体废弃物（Waste）、化学需氧量（COD）以及二氧化碳（CO_2），这些污染物是国家重点监测，并要求各地方政府环境监管的主要污染指标，二氧化碳（CO_2）严格说不是污染排放物，但是在国家碳达峰碳中和战略背景下，碳减排是环境规制的主要内容，必须考虑到节能降碳对环境治理绩效的重要影响。

2. 自变量

资本存量（Capital）。资本是生产过程的基本要素，对于资本投入指标，由于目前统计体系没有公布资本存量数据，相关文献都采用永续盘存法估计。借鉴单豪杰[①]的方法和基础数据[②]，根据统计年鉴中各年固定资本形成总额和固定资产投资价格指数，估计 2007 年之后各省份资本存量数据。

劳动投入（Labor）。用各省从业人员数据，包括城镇单位从业人员以及私营和个体从业人员，因为统计年鉴提供的是年末从业人员，不能准确反映一年之中

---

① 单豪杰. 中国资本存量 K 的再估算：1952～2006 年 [J]. 数量经济技术经济研究，2008（10）：17-31.

② 该文数据截至 2006 年。

的劳动力投入，这里采用年中就业人员数作为劳动投入，处理方法是取年初和年末平均值。

政府环境规制（Goven）。用财政支出中环境支出的比重，代表各地政府规制程度。

企业环境治理（Investen）。用污染治理投资占 GDP 比重，代表各地环境规制水平。

居民环保意愿（Income）。居民环保意愿是一种主观变量，难以用具体客观指标度量，但居民的环保意愿随着收入水平的提高而提高，一般而言，收入水平越高的居民，对环境质量的要求就越高，可以用居民收入指标来衡量环保意愿，指标为各地居民收入。

其他控制变量。能源投入（Energy），用各省能源消耗总量取对数，作为能源投入指标；用第二产业增加值占 GDP 比重，代表各地产业结构（Stru）；用金融产业增加值占 GDP 比重，代表各地金融化水平（Fina）；用城镇人口比重，代表各地城镇化水平（City）；用进出口总额占 GDP 比重，代表各地开放水平（Open）；用专利授权数量，代表各地科技水平（Tec）。

3. 数据

用以估计资本存量的固定资本形成总额和固定资产投资价格指数、GDP、能源消耗总量和主要污染物排放总量数据分别采集自历年《中国统计年鉴》、国家统计局数据库[①]、《中国能源统计年鉴》和《中国环境统计年鉴》，年度从业人员数据来自历年《中国劳动统计年鉴》，能源消耗和污染物排放的下降率目标数据来自国务院印发的节能减排工作方案。各指标基本描述统计如表 7-1 所示。

表 7-1　　　　　　　　　　　指标描述统计

变量	符号	样本数	均值	标准差	最小值	最大值
地区生产总值	gdp	540	17620. 249	18084. 763	385	111151. 6
二氧化硫	so_2	510	61. 541	45. 324	0. 19	200. 2
固体废弃物	waste	540	9096. 518	8846. 329	91	52037
化学需氧量	cod	510	51. 158	41. 44	1. 97	198. 25
二氧化碳	co_2	540	287. 885	216. 045	15. 584	1487. 293

---

①　国家统计局数据库（data. stats. gov. cn）。

变量	符号	样本数	均值	标准差	最小值	最大值
资本存量	capital	540	32568.863	30745.628	1096.717	171987.34
劳动投入	labor	540	2614.066	1688.148	286.5	7141.62
政府环境规制	goven	420	122.464	96.06	5.32	747.44
企业环境治理	investen	540	211.797	198.3	0.39	1416.2
居民收入	income	540	16883.943	11607.28	2843.904	72232
能源投入	energy	540	12845.04	8398.533	742	41826
产业结构	stru	540	0.427	0.082	0.16	0.62
金融化水平	finace	540	0.058	0.031	0.014	0.196
城镇化率	city	540	53.886	14.476	24.77	89.58
开发程度	open	540	0.315	0.369	0.008	1.711
科技水平	tech	540	5195.72	9758.813	17	70695

三、实证分析结果

1. 基础面板数据模型回归

先利用指标数据进行普通的面板数据模型回归，被解释变量分别是地区生产总值（GDP）和四种污染排放指标的取对数，但解释变量有所不同。对于被解释变量地区生产总值，解释变量以资本投入和劳动力投入为主，同时包括政府环境规制、企业环境治理和居民环保意愿三个主要解释变量和能源消耗、产业结构等控制变量，结果如表7-2中模型（1）。解释变量为二氧化硫（$lnso_2$）、固体废弃物（lnwaste）、化学需氧量（lncod）、二氧化碳（$lnco_2$）污染排放指标情况下，剔除了资本投入和劳动力投入，核心解释变量改为地区生产总值，其他主要解释变量和控制变量都保留，估计结果分别如表7-2中模型（2）~模型（5）。

模型估计结果表明，表7-2中的模型（1）中绝大多数解释变量的系数都是通过显著性检验，只有企业环境治理的系数不显著，模型的拟合优度也比较高，模型整体效果较好。资本投入和劳动投入对产出的影响为正，且系数显著；政府环境规制对经济增长也是正向作用，而且弹性系数值比较大，说明政府的环境投资有利于促进经济增长；企业环境治理对经济增长的影响为负，说明目前企业纯粹的环境治理投入增加了成本；居民环保意愿的系数也是显著为正，表明居民收入增长有利于促进经济增长。

表 7 - 2 　　　　　　　　　　基础面板数据模型回归结果

变量	(1) lngdp	(2) lnso$_2$	(3) lnwaste	(4) lncod	(5) lnco$_2$
lncapital	0.213 *** (0.0360)				
lnlabor	0.105 *** (0.0191)				
lngdp		- 0.560 *** (0.159)	- 0.584 *** (0.132)	0.636 *** (0.196)	- 0.171 ** (0.0668)
rgov	1.469 *** (0.474)	- 13.87 *** (2.930)	- 6.425 *** (1.610)	- 11.68 *** (3.787)	- 0.886 (0.905)
rinvest	- 0.179 (0.337)	- 0.233 (2.089)	- 1.897 * (1.124)	3.491 (2.704)	- 0.277 (0.636)
lnincome	0.678 *** (0.0464)	- 1.108 *** (0.135)	- 0.875 *** (0.138)	- 0.877 *** (0.162)	0.127 * (0.0666)
lnenergy	0.169 *** (0.0377)	1.469 *** (0.138)	1.753 *** (0.116)	0.312 * (0.165)	1.233 *** (0.0609)
stru	1.249 *** (0.119)	3.242 *** (0.636)	0.940 ** (0.422)	2.314 *** (0.791)	- 0.0598 (0.229)
lntech	0.0500 *** (0.0144)	0.0856 (0.0792)	- 0.149 *** (0.0482)	- 0.0828 (0.0996)	- 0.00930 (0.0268)
Constant	- 2.695 *** (0.325)	4.213 *** (1.286)	- 9.158 *** (1.032)	3.262 ** (1.564)	- 5.482 *** (0.544)
Observations	420	420	420	420	420
adj_R^2	0.888	0.909	0.535	0.828	0.924

注：括号内为标准误，*** 表示 $p < 0.01$，** 表示 $p < 0.05$，* 表示 $p < 0.1$，下同。

污染排放指标作为被解释变量的情况下，大部分解释变量的系数都是通过显著性检验，模型的拟合优度也比较高，模型整体效果较好。具体到解释变量的系数，表 7 - 2 中模型（2）（3）（5）的结果比较接近，而模型（4）的结果有所不同，因为地区生产总值的增长对二氧化硫、固体废弃物和二氧化碳的影响为负数，说明这三类污染排放已经与经济增长脱钩，而对化学需氧量影响的系数为正数，说明二氧化硫的排放与经济增长还未脱钩。政府环境规制的影响是一致的，系数都为负数，说明政府的环境规制对各类污染排放都起到了抑制作用；企业环境治理对化学需氧量的系数为正，对其他三个变量影响的系数为负，但不够显著，说明企业在降低污染排放方面发挥的作用还不够显著，环境治理力度有待加强。居民环保意愿对污染排放的作用都是显著的，系数都为负数，说明居民在推动生态环保工作方面发挥了积极作用。

2. 面板 SFA 模型回归

先用普通的面板随机前沿模型进行估计，被解释变量分别是地区生产总值（GDP）和四种污染排放指标的取对数，但解释变量有所不同，具体解释变量的安排同普通面板数据模型。模型估计时选择时变效率模型，假设无效率项服从半正态分布，采用软件 Stata 进行估计，软件代码见附录二，估计结果如表 7 – 3 所示。

表 7 – 3   面板 SFA 模型回归结果

变量	(1) lngdp	(2) lnso$_2$	(3) lnwaste	(4) lncod	(5) lnco$_2$
lncapital	0.0908 *** (0.0324)				
lnlabor	0.0149 (0.0146)				
lngdp		− 0.694 *** (0.116)	− 0.660 *** (0.109)	0.406 * (0.219)	0.0618 (0.0521)
rgov	1.062 *** (0.365)	− 5.618 ** (2.217)	− 3.457 * (1.993)	− 9.709 ** (3.950)	0.330 (0.887)
rinvest	− 0.202 (0.248)	0.901 (1.578)	− 1.414 (1.074)	2.197 (2.815)	0.218 (0.617)
lnincome	0.924 *** (0.0426)	0.413 * (0.245)	− 0.911 *** (0.319)	0.646 (0.470)	0.210 *** (0.0604)
lnenergy	0.152 *** (0.0344)	1.318 *** (0.0956)	1.789 *** (0.103)	0.426 ** (0.185)	1.001 *** (0.0542)
stru	1.355 *** (0.0962)	0.495 (0.408)	2.819 *** (0.408)	1.706 ** (0.792)	− 0.384 ** (0.190)

续表

变量	（1） lngdp	（2） lnso$_2$	（3） lnwaste	（4） lncod	（5） lnco$_2$
city	0.00394 ** （0.00159）	− 0.0133 *** （0.00508）	− 0.0110 （0.00805）	− 0.0358 *** （0.0129）	− 0.00230 （0.00265）
ropen	− 0.0993 *** （0.0184）	− 0.443 *** （0.0950）	0.346 *** （0.0909）	0.101 （0.181）	0.0193 （0.0411）
lntech	0.00621 （0.0110）	0.147 *** （0.0468）	− 0.171 *** （0.0496）	− 0.0540 （0.102）	− 0.0306 （0.0197）
Constant	− 1.928 *** （0.317）	− 5.653 *** （1.806）	13.86 *** （3.106）	− 5.939 ** （3.025）	− 5.538 *** （0.560）
Observations	420	420	420	420	420

考虑到技术无效率项，被解释变量为地区生产总值（GDP）时，大部分解释变量的系数通过显著性检验，但是劳动投入的系数并不显著，而且资本投入和劳动投入的系数都变得比较小。与普通面板数据模型相似的是，政府环境规制和居民环保意愿的系数显著为正，而且系数值比较大，说明政府规制力度和居民的环保意愿对提升经济发展质量，都有很大的积极作用，但企业环境治理的系数为负，仍然说明当前企业环境治理增加了成本，还未实现环境保护和经济增长的"双赢"局面。

不考虑环境因素，测算得到 2007～2020 年各省份技术效率得分，由于篇幅所限，只列出了几个关键年份效率得分和平均值，如表 7-4 所示。总体来看，各省份效率得分比较接近，差距不太明显，大多处于 0.8～1 之间，低于 0.8 的情况较少。从平均分看，得分最高的是广东，平均分 0.998，接近于 1，是最有效率的省份。接下来是河南和山东，效率得分接近 0.986。综合来看，经济规模较大的省份，效率得分更高，中部省份的效率得分相对较高，东部省份效率得分居中，西部省份效率得分最低。从动态变化来看，各省份的效率得分呈现上升趋势，2020 年比 2007 年的效率得分都有一定程度的增长，30 个省份平均得分也从 0.914 上升到 0.925，而且西部省份的效率得分增长更为明显。

表 7 – 4   30 个省份综合技术效率得分

省份	2007 年	2010 年	2015 年	2020 年	平均
北京	0.910	0.913	0.917	0.919	0.915
天津	0.850	0.858	0.864	0.867	0.860
河北	0.950	0.952	0.955	0.956	0.953
山西	0.890	0.894	0.898	0.901	0.896
内蒙古	0.878	0.883	0.889	0.893	0.886
辽宁	0.907	0.911	0.914	0.916	0.912
吉林	0.883	0.888	0.894	0.896	0.890
黑龙江	0.897	0.901	0.904	0.906	0.902
上海	0.895	0.899	0.902	0.904	0.900
江苏	0.983	0.984	0.985	0.985	0.984
浙江	0.937	0.939	0.942	0.944	0.941
安徽	0.953	0.955	0.958	0.960	0.957
福建	0.926	0.930	0.934	0.936	0.931
江西	0.921	0.925	0.929	0.931	0.926
山东	0.985	0.985	0.986	0.986	0.986
河南	0.985	0.986	0.987	0.987	0.986
湖北	0.958	0.960	0.962	0.963	0.961
湖南	0.958	0.960	0.962	0.964	0.961
广东	0.998	0.998	0.998	0.998	0.998
广西	0.929	0.933	0.936	0.938	0.934
海南	0.842	0.848	0.859	0.864	0.853
重庆	0.909	0.912	0.917	0.920	0.915
四川	0.979	0.980	0.981	0.981	0.980
贵州	0.910	0.914	0.919	0.923	0.916
云南	0.938	0.941	0.945	0.947	0.943
陕西	0.923	0.927	0.931	0.934	0.929
甘肃	0.880	0.886	0.892	0.895	0.888
青海	0.781	0.790	0.803	0.810	0.796
宁夏	0.788	0.798	0.809	0.816	0.803
新疆	0.888	0.893	0.899	0.902	0.895
平均	0.914	0.918	0.922	0.925	0.920

再考虑环境因素，污染排放指标作为被解释变量的面板随机前沿模型得到估计结果，如表 7-3 中（2）~（5）所示。总体来看，大部分解释变量的系数都通过显著性检验，但是企业环境治理的系数不够显著，这一点跟普通面板数据模型的结果类似。政府环境规制对几个污染指标的影响为负且显著，但对二氧化碳排放的影响为正，说明目前碳排放还处于上升阶段，没有实现"脱钩"。

考虑到环境污染的综合技术效率得分，测算得到 2007~2020 年各省份技术效率得分，由于篇幅所限，只列出了平均值并进行对比，如图 7-1 所示。总体来看，各省份效率得分比较接近，差距不太明显，东中部省份效率得分较高，西部省份效率得分较低。从不同因变量模型的效率得分比较来看，二氧化碳（CO_2）的效率得分最高，平均效率得分 0.922 分，其次是固体废弃物（WASTE），平均效率得分 0.784 分，而二氧化硫（SO_2）和化学需氧量（COD）的效率得分比较接近，相对较低，分别为 0.632 分和 0.645 分。

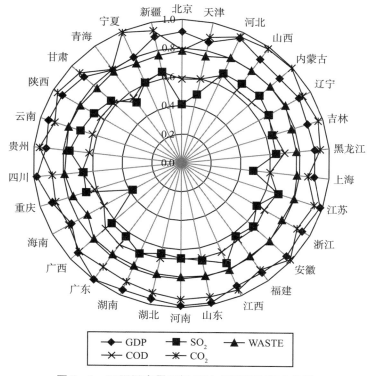

图 7-1 不同因变量面板 SFA 模型效率得分比较

3. 影响因素面板 SFA 模型

进一步分析各种因素对环境治理效率的影响，可以充分利用考虑效率影响因素的 SFA 模型。这里生产函数中产出仍然是地区生产总值（GDP），作为被解释变量，解释变量以资本投入和劳动力投入为主，同时包括能源消耗、产业结构等控制变量，但是把政府环境规制、企业环境治理和居民环保意愿三个变量作为影响环境治理效率的因素，结果如表 7-5 中的模型（1）。再考虑环境指标，被解释变量为二氧化硫（lnso₂）、固体废弃物（lnwaste）、化学需氧量（lncod）、二氧化碳（lnco₂）污染排放指标情况下，剔除了资本投入和劳动力投入，核心解释变量改为地区生产总值，其他控制变量都保留，仍然把政府环境规制、企业环境治理和居民环保意愿三个变量作为影响环境治理效率的因素，估计结果分别如表 7-5 中模型（2）~模型（5）。假设无效率项服从半正态分布，采用软件 R4.2 进行估计，软件代码见附录三。

表 7-5　　　　　　　　　　　影响因素面板 SFA 模型回归结果

变量	（1） lngdp	（2） lnso₂	（3） lnwaste	（4） lncod	（5） lnco₂
Constant	1.34 *** (0.164)	-0.271 *** (0.4224)	4.916 *** (0.5302)	-1.781 *** (0.5373)	-4.477 *** (0.1274)
lncapital	0.474 *** (0.0266)				
lnlabor	0.129 *** (0.0148)				
lngdp		-0.486 *** (0.0796)	-0.285 ** (0.0956)	0.396 ** (0.1232)	0.042 (0.0361)
lnenergy	0.026 (0.0221)	1.004 *** (0.061)	1.071 *** (0.0596)	0.309 ** (0.0966)	1.056 *** (0.0256)
stru	0.000 (0.0964)	2.195 *** (0.4113)	2.375 *** (0.2728)	1.722 *** (0.4671)	0.437 *** (0.1276)
city	-0.001 (0.0011)	-0.01 *** (0.0028)	-0.002 (0.0032)	-0.029 *** (0.004)	0.007 *** (0.001)
ropen	0.171 *** (0.0307)	0.466 *** (0.1064)	-0.676 *** (0.079)	0.552 *** (0.1118)	-0.267 *** (0.0307)

续表

变量	（1） lngdp	（2） lnso$_2$	（3） lnwaste	（4） lncod	（5） lnco$_2$
lntech	0.236 *** （0.0119）	− 0.057 * （0.0391）	− 0.28 *** （0.0543）	− 0.051 ** （0.0653）	− 0.07 *** （0.0193）
Z_Constant	− 1.348 ** （0.4732）	− 12.189 *** （1.9448）	7.3 *** （0.7708）	− 5.597 *** （0.8229）	− 4501.5 （3385.1）
Z_rgov	− 0.267 *** （0.042）	− 1.311 *** （0.159）	− 0.807 *** （0.0764）	0.197 *** （0.0581）	− 359.36 （266.29）
Z_rinvest	− 0.002 *** （0.0005）	0.000 （0.0004）	0.000 （0.0002）	− 0.004 *** （0.0004）	− 0.472 （0.3563）
Z_lnincome	0.386 *** （0.0688）	2.365 *** （0.2829）	0.058 （0.129）	0.485 *** （0.0999）	677.86 （506.29）
Observations	420	420	420	420	420

考虑到技术无效率项，被解释变量为地区生产总值（GDP）时，大部分解释变量的系数通过显著性检验，但是能源、产业结构和城市化的系数并不显著，虽然资本投入和劳动投入的系数都不太大，但对外开放和技术创新的系数比较大，对经济产出的影响很显著。与面板 SFA 模型相比，资本和劳动投入两个变量的系数比较显著，而且系数值比较大，从而使得模型结果更加合理。但是在环境治理效率的影响因素方面，政府环境规制和企业环境治理的系数为负，仍然说明当前企业环境治理增加了成本，还未实现环境保护和经济增长的"双赢"局面，而居民环保意愿的系数显著为正，而且系数值比较大，说明居民的环保意愿对提升环境治理绩效，有很明显的积极作用。

不考虑环境因素，测算得到 2005～2020 年各省份技术效率得分，由于篇幅所限，只列出了几个关键年份效率得分和平均值，如表 7-6 所示。总体来看，各省份效率得分还是有比较大的差距，大部分得分处于 0.8～1 之间，也出现得分低于 0.7 的情况。从平均分看，得分最高的是江苏，各年份得分都超过 0.9，平均分 0.952，是最有效率的省份。接下来是河南和山东，效率得分接近 0.950。综合来看，经济规模较大的省份，效率得分更高，中部省份的效率得分相对较高，东部省份效率得分居中，东北和西部省份效率得分最低。从动态变化来看，各省份的效率得分呈现上升趋势，2020 年比 2005 年的效率得分都有一定程度的增长，30 个省份平均得分也从 0.801 上升到 0.852。

表 7 – 6　　　　　　　　　30 个省份综合技术效率得分

省份	2005 年	2010 年	2015 年	2020 年	平均
北京	0.709	0.875	0.946	0.967	0.877
天津	0.610	0.658	0.559	0.551	0.602
河北	0.926	0.966	0.937	0.916	0.942
山西	0.930	0.948	0.871	0.907	0.930
内蒙古	0.926	0.946	0.936	0.961	0.938
辽宁	0.853	0.823	0.835	0.827	0.861
吉林	0.687	0.723	0.689	0.633	0.697
黑龙江	0.843	0.846	0.714	0.705	0.786
上海	0.712	0.793	0.924	0.933	0.836
江苏	0.935	0.944	0.981	0.976	0.952
浙江	0.818	0.872	0.927	0.952	0.888
安徽	0.929	0.932	0.942	0.947	0.944
福建	0.790	0.887	0.882	0.942	0.878
江西	0.886	0.957	0.941	0.894	0.934
山东	0.924	0.951	0.970	0.962	0.948
河南	0.957	0.946	0.927	0.945	0.951
湖北	0.817	0.936	0.962	0.955	0.918
湖南	0.876	0.945	0.974	0.947	0.934
广东	0.859	0.985	0.958	0.974	0.930
广西	0.877	0.903	0.845	0.873	0.882
海南	0.732	0.838	0.797	0.751	0.800
重庆	0.696	0.851	0.873	0.924	0.839
四川	0.850	0.879	0.936	0.965	0.908
贵州	0.634	0.793	0.863	0.844	0.801
云南	0.822	0.916	0.899	0.897	0.894
陕西	0.803	0.904	0.895	0.877	0.877

省份	2005 年	2010 年	2015 年	2020 年	平均
甘肃	0.747	0.826	0.756	0.735	0.790
青海	0.501	0.614	0.484	0.493	0.528
宁夏	0.534	0.625	0.611	0.559	0.598
新疆	0.836	0.940	0.923	0.874	0.905
平均	0.801	0.867	0.859	0.856	0.852

再考虑环境因素，面板 SFA 模型中污染排放指标作为被解释变量，同时考虑多个变量作为环境治理绩效的影响因素，得到估计结果如表 7-5 中（2）~（5）所示。总体来看，大部分解释变量的系数都通过显著性检验，说明模型设置合理，各解释变量的影响是显著的。被解释变量为碳排放时，环境治理绩效的影响因素都不显著，没有通过显著性检验，而且系数值出现异常，也说明目前碳排放还处于上升阶段，各种环境规则手段还没有发挥显著作用。

考虑到环境污染的综合技术效率得分，测算得到 2005~2020 年各省份技术效率得分，由于篇幅所限，只列出了平均值并进行对比，如图 7-2 所示。总体来看，各省份效率得分有比较明显的差距，东中部省份效率得分较高，西部省份效率得分较低。从不同因变量模型的效率得分比较来看，化学需氧量（COD）的效率得分最高，30 省份平均效率得分为 0.925，二氧化碳（CO_2）的平均效率得分 0.905 分，固体废弃物（Waste）的平均效率得分最低，只有 0.283 分，而二氧化硫（SO_2）的效率得分差距最为明显。

4. 多产出 GSFA 模型回归

前面各种 SFA 模型中不同污染产出指标只能单独作为因变量，而不能把各种污染产出指标放入单独模型，从而出现多种模型，各种模型的结果也并不一致。为了避免这种混乱现象，采取多产出 GSFA 模型，把多种污染产出指标合在一起作为因变量，包括二氧化硫（lnso2）、固体废弃物（lnwaste）、化学需氧量（lncod）、二氧化碳（lnco2），同时把核心解释变量改为地区生产总值，能源消耗、产业结构、城市化、对外开放和技术水平等控制变量都保留，仍然把政府环境规制、企业环境治理和居民环保意愿三个变量作为影响环境治理效率的因素。考虑到解释变量比较多，存在多重共线性，利用不同解释变量的组合进行回归，表 7-7 中（1）是包括全部解释变量，（2）~（5）是分别剔除了产业结构、城市化、开放程度和技术创新四个解释变量，估计结果如表 7-7 所示。假设无效率项服从半正态分布，采用软件 R4.2 进行估计，软件代码见附录四。

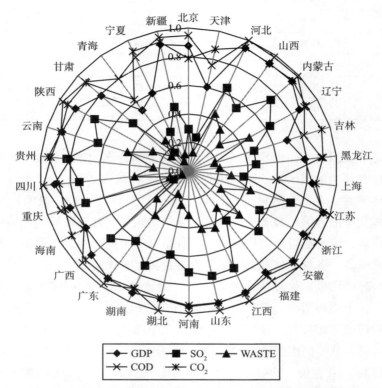

图 7 - 2　不同因变量的影响因素面板 SFA 模型效率得分比较

表 7 - 7　　　　　　　　　　多产出 GSFA 模型回归结果

变量	(1)	(2)	(3)	(4)	(5)
Constant	1.04 *** (0.1021)	1.27 *** (0.224)	1.29 *** (0.35)	1.78 *** (0.37)	1.47 *** (0.125)
lngdp	0.259 *** (0.0596)	0.286 *** (0.0796)	0.285 *** (0.0956)	0.396 *** (0.1232)	0.421 *** (0.136)
lnenergy	0.124 ** (0.0621)	0.094 *** (0.0411)	0.071 * (0.0549)	0.079 * (0.0626)	0.078 *** (0.0251)
stru	0.221 *** (0.0964)		0.74 ** (0.2728)	0.722 * (0.4671)	0.737 *** (0.1276)

续表

变量	（1）	（2）	（3）	（4）	（5）
city	−0.001 （0.011）	−0.01 （0.028）		−0.021 （0.040）	−0.005 （0.010）
ropen	−0.524 *** （0.131）	−0.466 *** （0.216）	−0.482 ** （0.279）		−0.476 *** （0.135）
lntech	0.214 *** （0.085）	0.227 *** （0.089）	0.280 *** （0.085）	0.251 *** （0.0653）	
rgov	0.267 *** （0.052）	0.311 *** （0.159）	0.807 *** （0.276）	0.297 *** （0.089）	0.361 *** （0.2911）
rinvest	0.012 *** （0.0005）	0.005 *** （0.0004）	0.003 *** （0.0002）	0.004 ** （0.0024）	0.037 ** （0.0256）
lnincome	0.286 ** （0.0788）	0.365 ** （0.1829）	0.258 ** （0.126）	0.385 *** （0.0999）	0.260 （0.1900）

从估计结果来看，整体效果比较好，不管是包括全部自变量，还是剔除部分自变量的情形下，大部分解释变量的系数通过显著性检验，说明模型构建合理，各自变量能够很好地解释因变量的变化。与前述面板 SFA 模型和因素影响面板 SFA 模型的结果相比，核心解释变量，包括能源消耗、技术创新等指标，回归系数值都更大、更显著，模型拟合的效果更好。在环境治理效率的影响因素方面，政府环境规制、企业环境治理和居民环保意愿的系数都为正，更好地说明了当前政府、企业和居民在环境治理中发挥了积极作用，有效地提升了环境治理效率。

从各省环境治理效率得分比较来看（见图 7－3），得分最高的是北京，长期保持着 0.99 分以上，远远超过其他省份，表明北京的环境治理绩效有最高的水平。其次是广东和安徽两省，绩效得分也一直高于 0.9 分。浙江、上海、江西和江苏四个省份的绩效得分也比较高，超过 0.9 分，但是在近几年的得分降到 0.9 分以下。总之，绩效得分比较高的省份都是处于东部沿海地区，以及部分中部省份，环境治理比较好（见图 7－4）。

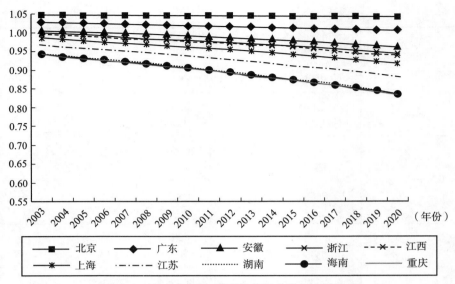

图7-3　多产出 SFA 模型效率得分前十省份比较

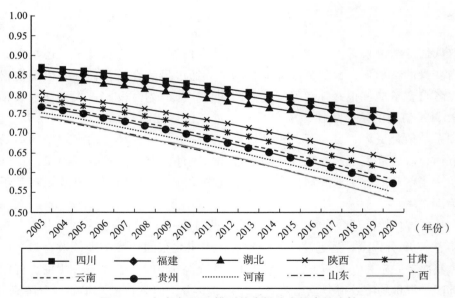

图7-4　多产出 SFA 模型效率得分中间省份比较

得分比较最低的省份是青海，2007年以前还能超过0.5分，但是之后得分都比较低，2020年甚至低于0.3分。其他得分比较低的省份既有内蒙古和宁夏等西部省份，也有吉林等东北省份。总之，中西部省份的环境治理绩效得分普遍更低

（见图 7 - 5）。

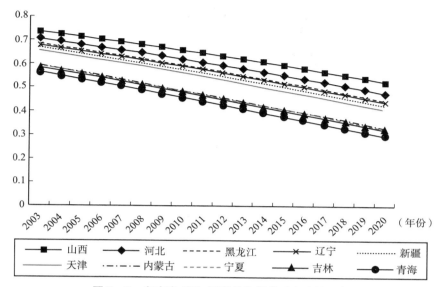

图 7 - 5　多产出 SFA 模型效率得分后十省份比较

从绩效评价得分的变化来看，总体上是下降趋势，除了得分最高的北京保持稳定以外，其他省份的得分都有比较明显的下降。这种情况并不是表示各省的环境治理能力下降，而是说明各省与排名第一的省份之间存在越来越大的差距，也就意味着环境治理绩效仍然是一种相对比较的结果。

第八章

回归模型在环境治理绩效中的应用

第一节　数字经济提升区域环境治理绩效的空间效应研究

　　党的十八大以来，国家更加重视生态环境保护工作，积极开展污染防治攻坚战、加大生态系统保护修复力度、深入推进生态文明制度建设，环境治理能力显著提升，生态环境保护发生系统性、转折性、全局性变化，能源消耗强度累计下降26.2%，碳排放强度下降34%，各类污染排放基本实现下降目标，生态环境得到根本好转，也为全球生态治理作出重要贡献，但长期以来工业化形成的路径依赖在短期内难以发生根本性改变，各地区"经济增长竞赛"导致部分"高能耗、高排放、高污染"工业仍然占据较大比重，环境质量与人民对美好生活环境的期望还有较大差距，生态环境保护压力和难度仍然较大。这就需要加快推进生态文明建设，完善环境治理体系，提高环境治理能力，提升环境治理绩效，从而实现经济高质量和生态高质量有机统一。环境治理绩效是更多考虑资源环境承载能力，把环境治理投入和环境损害纳入经济效率的评价体系，全面提升全要素生产率。因此，要把环境治理绩效作为衡量经济绿色发展水平的重要标准，探索新发展阶段提升环境治理绩效的关键因素和有效路径。

　　近年来数字经济发展速度之快、辐射范围之广、影响程度之深前所未有，成为构建现代化经济体系的重要引擎。2021年中国数字经济发展规模达到了45.5万亿元，占GDP比重的39.8%，高于同期GDP名义增速3.4个百分点，[①] 逐步

---

　　① 中国信息通信研究院. 中国数字经济发展报告（2022）[R]. 2022 – 07.

成为促进中国经济乃至世界经济复苏的关键力量。数字技术是新一轮科技革命的核心内容，数字经济是继农业经济、工业经济之后的主要经济形态，是畅通经济循环、激活发展动能、增强经济韧性的重要支撑，通过数字产业化和产业数字化等途径推动了产业升级，促进高新技术产业和绿色低碳产业快速发展，形成绿色增长新动能，使传统高消耗高排放产业发生重大转变，在生态文明建设中发生积极作用。

绿色发展代表了当今时代科技革命和产业变革的方向，依靠数字技术赋能生态文明建设是经济高质量发展的必然选择，如何推动发展方式转变将数字动能与生态需求有机结合起来，发挥数字经济提高要素效率、资源效率、环境效率、治理效率的积极作用，是新时代的重要课题。数字经济能否以及在多大程度上影响环境治理绩效，这种影响在不同区域是否有明显差异，值得从理论和实证多层面研究。

一、文献综述

数字经济与生态经济都是当前研究的热点问题，学界关于两者关系的研究也取得了积极进展。首先是环境绩效的评价，也有环境效率、生态效率等不同概念，目前常用数据包络分析（DEA）、随机前沿分析（SFA）、资源环境绩效指数（REPI）、BP神经网络方法等评价方法。大部分研究以资本存量、从业人员、能源消耗和环境污染治理投资等为投入指标，以地区GDP、工业三废等为产出指标，构建DEA模型测度环境绩效。李（Lee）等[1]基于SBM模型测度了世界各港口城市的生态效率，结果发现鹿特丹、新加坡等城市环境效率最高，而天津最低。邹炎平等[2]基于非期望产出导向生态效率DEA模型，发现我国各省环境效率与生态效率之间具有弱相关性，二氧化硫和氮氧化物的高排放是影响环境效率的重要因素。德尔曼（Deilmann）等[3]基于三阶段DEA方法测算和

[1]　Taehwee Lee, Gi - Tae Yeo, Vinh V, Thai. Environmental Efficiency Analysis of Port Cities: Slacks-based Measure Data Envelopment Analysis Approach [J]. Transport Policy, 2014, 33: 82 - 88.

[2]　邹炎平，朱达，陈维国，孙钊. 基于DEA模型下中国各区域环境效率和生态无效效率评价 [J]. 湖北大学学报（自然科学版），2020，42（1）：12 - 19，26.

[3]　Clemens Deilmann, et al. Data Envelopment Analysis of Cities - Investigation of the Ecological and Economic Efficiency of Cities Using a Benchmarking Concept from Production Management [J]. Ecological Indicators, 2016（67）：798 - 806.

对比了德国城市的生态效率。温婷和罗良清①构建三阶段超效率 SBM – DEA 模型测度了我国乡村环境污染治理效率，发现外部条件和随机误差因素对乡村环境治理效率具有显著影响。杨浩和张灵②基于 DEA – Malmquist 指数方法把环境绩效分解为技术进步因素和技术效率变化，分别从静态和动态的视角分析了京津冀地区的环境绩效水平。李军军和周利梅③基于改进的 SBM 模型，结合窗口分析方法，以动态视角测度处理技术不变假设下的中国各省环境治理绩效，发现中国整体环境绩效呈东高西低的态势。卢子芳等④通过主成分分析（PCA）对评价指标体系降维，基于 SBM – DEA 模型和全要素生产率指数（TFP）从静态和动态两个角度测度江苏 13 个地级市的生态环境治理绩效。康海媛等⑤基于产出导向的全域距离函数，构建 GML 指数，测算了中国各省市的环境效率值。黄磊和吴传清⑥基于超效率 SBM – GML 模型，分析了长江经济带生态环境绩效，发现长江经济带污染环境绩效呈上升趋势。在随机前沿模型应用方面，陈菁泉等⑦测算了中国八大综合经济区能源生态效率，孙欣等⑧测算了长江经济带高质量发展的效率及影响因素，余敦涌等⑨测算了各地区碳排放效率。

现有研究大多把经济水平、技术进步、对外开放、产业结构、城镇化和能源消费结构等作为影响生态效率的主要因素⑩⑪，发现产业结构、经济开放度和人

---

① 温婷，罗良清. 中国乡村环境污染治理效率及其区域差异——基于三阶段超效率 SBM – DEA 模型的实证检验 [J]. 江西财经大学学报，2021（3）：79 – 90.

② 杨浩，张灵. 基于数据包络（DEA）分析的京津冀地区环境绩效评估研究 [J]. 科技进步与对策，2018，35（14）：43 – 49.

③ 李军军，周利梅. 生态环境效率的评价与分析 [J]. 统计与决策，2021，37（4）：26 – 30.

④ 卢子芳，邓文敏，朱卫未. 江苏省生态环境治理绩效动态评价研究——基于 PCA – SBM 模型和 TFP 指数 [J]. 华东经济管理，2019，33（9）：32 – 38.

⑤ 康海媛，李先玲，刘驰. 中国城市环境绩效评价：时空演变与影响因素 [J]. 环境保护与循环经济，2021，41（5）：89 – 96.

⑥ 黄磊，吴传清. 长江经济带生态环境绩效评估及其提升方略 [J]. 改革，2018（7）：116 – 126.

⑦ 陈菁泉，刘娜，马晓君. 中国八大综合经济区能源生态效率测度及其驱动因素 [J]. 中国环境科学，2021，41（5）：2471 – 2480.

⑧ 孙欣，蒋坷，段东. 长江经济带高质量发展效率测度 [J]. 统计与决策，2022，38（1）：118 – 121.

⑨ 余敦涌，张雪花，刘文莹. 基于随机前沿分析方法的碳排放效率分析 [J]. 中国人口·资源与环境，2015（12）：152 – 154.

⑩ 李静. 中国区域环境效率的差异与影响因素研究 [J]. 南方经济，2009（12）：12.

⑪ 郭存芝，凌亢，白先春，等. 城市可持续发展能力及其影响因素的实证 [J]. 中国人口·资源与环境，2010，20（3）：143 – 148.

口质量对环境效率具有显著的正向作用[①][②]。大多数研究认为，环境规制或者环境治理投资能够有效提高环境绩效[③][④]，但也有研究认为工业污染治理投资额对环境绩效的影响效果不显著[⑤]。

关于数字经济测度。现有统计体系还没有对数字经济规模的完整测度，研究者大多构建了指标体系测度数字经济，中国信息通信研究院认为数字经济包括数字产业化、产业数字化、数字化治理和数据价值化，连续测度了中国区域和城市数字经济规模。刘军等[⑥]通过定义数字经济的内涵，从数字交易发展、信息化发展和互联网发展三个维度构建了中国分省份数字经济评价指标体系。许宪春和张美慧[⑦]基于国际比较视角构建了数字经济指标体系并测度了中国数字经济。从数字经济的研究方向来看，刘潭等[⑧]和梁琦等[⑨]用实证结合理论的方法测度了数字经济对生态环境与经济发展之间的空间效应影响机制。结果发现，数字经济的发展能够有效提升生态环境效率，促进经济发展。程文先和钱学锋[⑩]、张帆等[⑪]研究数字经济对中国工业全要素生产率影响，发现数字经济促进了中国工业全要素生产率的提高。

关于数字经济对生态效率的影响。何维达等[⑫]基于双向固定效应模型，测算

①　屈小娥. 中国环境质量的区域差异及影响因素——基于省际面板数据的实证分析 [J]. 华东经济管理，2017，31（2）：57 – 65.

②　余利丰，邓柏盛. 环境污染治理路径变革与中国绿色技术效率提升研究 [J]. 商学研究，2021，28（6）：55 – 64.

③　陶敏，李洪伟. 我国环境治理投资效率评价及其关键影响因素再分析 [J]. 技术经济与管理研究，2017（10）：24 – 28.

④　王冉，孙涛. 基于超效率 DEA 模型的环境规制对中国区域绿色经济效率影响研究 [J]. 生态经济，2019，35（11）：131 – 136.

⑤　曾贤刚. 中国区域环境效率及其影响因素 [J]. 经济理论与经济管理，2011（10）：103 – 110.

⑥　刘军，杨渊鋆，张三峰. 中国数字经济测度与驱动因素研究 [J]. 上海经济研究，2020（6）：16.

⑦　许宪春，张美慧. 中国数字经济规模测算研究——基于国际比较的视角 [J]. 中国工业经济，2020（5）：23 – 41.

⑧　刘潭，徐璋勇，张凯莉. 数字金融对经济发展与生态环境协同性的影响 [J]. 现代财经（天津财经大学学报），2022，42（2）：21 – 36.

⑨　梁琦，肖素萍，李梦欣. 数字经济发展提升了城市生态效率吗？——基于产业结构升级视角 [J]. 经济问题探索，2021（6）：82 – 92.

⑩　程文先，钱学锋. 数字经济与中国工业绿色全要素生产率增长 [J]. 经济问题探索，2021（8）：124 – 140.

⑪　张帆，施震凯，武戈. 数字经济与环境规制对绿色全要素生产率的影响 [J]. 南京社会科学，2022（6）：12 – 20，29.

⑫　何维达，温家隆，张满银. 数字经济发展对中国绿色生态效率的影响研究——基于双向固定效应模型 [J]. 经济问题，2022（1）：1 – 8，30.

数字经济对中国绿色生态效率影响因素。余紫菱等[1]根据 SDM 模型和中介效应模型测度了数字经济对能源效率的影响，结果发现数字经济具有显著的空间外溢性和异质性。李志国和王杰[2]构建空间杜宾模型和面板门槛模型分析数字经济对碳排放效应的动态影响，发现数字经济分别与碳排放和空间溢出效应呈倒"U"形关系。刘新智和孔芳霞[3]从生产、生态、生活空间视角出发，测度了长江经济带城市群数字经济对城市绿色转型的影响因素。肖琳琳[4]根据主成分分析测算区域环境污染综合指数作为被解释变量，构建面板空间滞后模型（SLM），分析福建省区域环境差异及影响因素，发现了各区域环境污染存在相关性。

综合来看，研究生态效率及其影响因素的文献很丰富，但较少研究环境治理绩效，而且分析数字经济对生态效率影响的研究还不够深入，本书构建环境治理绩效指标体系，运用超效率 SBM 模型测算各地区环境治理绩效值，计算达昆（Dagum）基尼系数分析其空间分布特征，并构建指标体系测算各地数字经济发展水平，再构建空间计量模型，从作用机制和模型实证两方面探究数字经济对区域环境治理绩效的影响及其空间效应，进而提出通过发展数字经济改善环境治理绩效的建议。

二、理论分析和研究假设

如何提升效率是经济发展中的核心问题之一，无论是宏观管理还是微观决策，都需要在投入与产出之间做出统筹规划，在满足一定约束情况下不断提升投入产出效率，实现资源优化配置。技术效率为决策单元在等量要素投入下实际产出与最优产出之间的比率，该比率越大，技术效率越高。[5] 而最优产出由一定技术水平下技术效率最高的部分决策单元组成生产前沿面决定，技术进步推动生产前沿面向外移动。决策单元只有充分利用技术进步，优化配置各种要素，提升生

---

① 余紫菱，任孟成，马莉莉. 数字经济空间集聚对区域全要素能源效率的影响 [J]. 工业技术经济，2022，41（7）：28－34.

② Li Zhiguo，Wang Jie. The Dynamic Impact of Digital Economy on Carbon Emission Reduction：Evidence City-level Empirical Data in China [J]. Journal of Cleaner Production，2022：351.

③ 刘新智，孔芳霞. 长江经济带数字经济发展对城市绿色转型的影响研究——基于"三生"空间的视角 [J]. 当代经济管理，2021，43（9）：64－74.

④ 肖琳琳. 福建省环境管理区域差异及影响因素研究 [J]. 石家庄铁道大学学报（社会科学版），2017，11（2）：8.

⑤ Farrell M. J. The Measurement of Productive Efficiency [J]. Journal of Royal Statistical Society，Series A，1957，120：253－281.

产效率，才能不断向生产前沿面靠近，生产效率最高并且保持技术进步的决策单元者可以维持在生产前沿面。

工业革命以来，每一次重大的技术革新和产业变革都伴随着能源技术和能源消耗的重大突破，能源越来越多地作为生产要素的重要组成部分，对环境效率的投入端产生实质性影响。同时，工业污染排放对环境影响日益严峻，其"经济外部性"难以用传统 GDP 等指标来衡量，科学评价经济效率需要综合考虑污染排放等副产品。生态文明视域下，经济和环境是有机统一体，经济高质量发展必然要求考虑资源和环境的承载力约束，把生产过程中的资源消耗和污染排放纳入投入产出效率的综合考评范围，更加科学地评价经济效率，将污染排放作为"非期望"产出成为生态效率评价的基本方法。

环境治理绩效本质上是经济效率的一种表现，是同时考虑各类要素投入和经济、环境产出的综合效率测度，因此，影响环境治理绩效的各种因素中，既包括决定经济效率的技术进步、产业结构等一般因素，也包括影响污染排放的技术和管理等特殊因素。一般而言，经济发展水平、经济结构、技术水平、政府环境规制、对外开放、公众环保意识对环境治理绩效有不同程度的影响[1]。具体到环境规制，强制型环境规制、自愿型环境规制和城镇化对区域环境效率的提升具有显著促进作用[2]，环境规制和财政分权、贸易开放等因素产生交互作用，对环境绩效的影响具有非线性特点[3]。

以大数据、人工智能、互联网应用为代表的新技术带来新产业新业态涌现，推动新一轮产业升级。数字经济的蓬勃发展通过数字产业发展壮大，提高数字经济对经济发展具有直接带动效应，还通过数字经济赋能传统产业，推动传统产业改造升级，为实现经济高质量发展提供动能。数字经济发展对环境治理绩效产生深刻影响，主要通过转变发展方式、产业结构升级、治理能力提升等途径来实现。

第一，数字经济在经济体系中的重要地位日益凸显，在供给侧和需求侧两端发力，促进经济发展方式转变和产业结构优化升级，实现生产绿色化转型。数字经济包括数字产业化、产业数字化和数字治理等方面，通过数字产业化，关键技术和核心产业能够不断把消费、生产、服务过程中所创造的数据变成生产要素，

① 王兵，吴延瑞，颜鹏飞. 中国区域环境效率与环境全要素生产率增长［J］. 经济研究，2010（5）.
② 官永彬，谢正蕾. 高质量发展下中国区域环境效率的实证测度、时空特征及影响因素研究［J］. 重庆师范大学学报（社会科学版），2022，42（1）：5－18.
③ 齐英瑛，邓翔，任崇强. 贸易开放、环境规制与城市绿色发展效率——来自中国 2010～2018 年 282 个城市的证据［J］. 经济问题探索，2022（5）：145－160.

从而提供新服务和新应用；通过产业数字化，推动传统产业、重点企业数字化转型，实现农业数字化和制造业智能化升级，以及生产性、生活性服务业网络化普及，从而持续利用数字技术改造并赋能产业体系。数字经济包括数据和数字技术两个关键要素，当前大数据被广泛地运用于生产、生活和社会治理等经济活动，成为并列于资本、劳动和自然资源的新要素。数据要素具有无损耗、易复制、边际成本低等特点，是数字经济快速发展的引擎。数字经济能够有效提高资源利用效率，降低资源消耗和污染排放，是资源节约和环境友好型的经济形态，对提升环境治理绩效起到积极作用。因此，从资源利用效率视角看，数字经济对生态环境的破坏较小，能够通过挤压以高投入、高污染、高排放为特征的传统经济，对节约资源和保护环境的积极效用①，整体上达到改善环境治理绩效的效果。数字经济发展也极大地改变了人们生活方式，网络技术的广泛应用使得电子商务、线上办公和在线服务业日益普及，逐步形成绿色低碳的生活和消费模式②。绿色消费模式的形成有助于降低对自然资源的依赖和损耗，达到保护生态环境和提高环境治理绩效目的③。

第二，数字技术的快速发展和广泛应用，提升了技术创新效率和生产模式改进速度，加快改变粗放型增长方式，赋能绿色发展，从而提升环境治理绩效。熊彼特的创新理论和工业进程的发展经验表明，技术变革促进技术创新和技术效率提升，成为经济增长的主要动力。作为数字经济的核心要素，数字技术具备迭代快、扩散快、渗透性强等特点，在行业内部和行业之间通过加快技术创新的供给和扩散，提高生产过程中的技术效率，从而提高生产效率。数字技术扩散过程中，绿色生产技术和清洁能源技术也都相伴快速发展并得到广泛应用。虽然在绿色生产技术投放前期，由于研发和技术改造的较多投入可能导致增加成本降低利润，但与绿色技术相配套的技术创新也会加快步伐，从整体上提升新型产业的利润水平，因而会逐步提升绿色产业竞争优势，促进环境治理绩效④。数字技术可以实现能源调度的智能化、网络化，提升整体能源效率，有利于碳金融市场的发展和推动生态产品价值实现，对环境治理绩效产生积极影响。

① 裴长洪，倪江飞，李越. 数字经济的政治经济学分析 [J]. 财贸经济，2018，39（9）：5 – 22.

② 宋洋. 经济发展质量理论视角下的数字经济与高质量发展 [J]. 贵州社会科学，2019（11）：102 – 108.

③ 周清香，何爱平. 数字经济赋能黄河流域高质量发展 [J]. 经济问题，2020（11）：8 – 17.

④ 荆文君，孙宝文. 数字经济促进经济高质量发展：一个理论分析框架 [J]. 经济学家，2019（2）：66 – 73.

第三，数字政务的广泛应用，加快推进政务服务标准化、规范化、便利化，使政府可以利用数字技术和网络技术治理经济社会，提高公共服务数字化水平，大大提高了政府治理效率，这对政府的环境规制是非常有利的。各地政府依托大数据技术和数据平台，建立了完善的生态环境指标实时监测数据库，及时反馈空气、水、土壤等各方面动态环境变化，有利于建立全方位、多层次、立体化监管体系，对生态风险进行动态监测、风险评估和风险预警，提升生态风险防范水平，奠定了生态环境数字化治理的基础。依托区块链、云计算和人工智能等数字技术，构建"云—管—端"协同促进的产业信息链生态，及时反映重点企业能源消耗和污染排放实时情况，便于基于节能减排数据的收集，实现精准监督，提高环境监督效率①。

第四，从区域角度来看，环境问题具有公共属性，大气和水的污染具有区域联动和空间外溢性，现代化大生产下的分工机制形成了产业链和供应链，产品流动和产业转移形成了资源环境的空间属性，环境治理更需要区域协作。数字经济的交易活动发生在覆盖全球的网络空间内，不同于传统生产方式以物理空间和地理空间为主要分布和资源配置方式，而是有其独特的发展规律、基本路径与成长特征。数字经济不能脱离传统产业而完全虚拟化，虽然大数据中心和平台经济具有明显的集聚特点，但数字经济体系具有分布式网络特点，能够把分布于不同空间和区域的资本、技术、人才、信息和数据要素相互联系起来，产生具有区域外溢性和空间交互性的资源配置方式。随着经济发展水平的提高，实现社会福利最大化要求各地的治理从"为增长而竞争"转变为"为和谐而竞争"②。两地效率差异会产生不同的空间溢出效应，环境治理绩效提升主要来源于邻近区域空间溢出的两种力量，即高位压力和低位吸力，当邻近区域环境治理绩效的差异越大，地方政府改善本地区环境治理绩效的积极性越强时，溢出效应的影响可能就会越大③。在这方面，数字经济发挥积极影响，通过数据集聚和数据处理技术来实现资源优化配置，其网络分布特性会提升环境治理绩效的空间性。

---

① 郭海，李永慧. 数字经济背景下政府与平台的合作监管模式研究 [J]. 中国行政管理，2019 (10)：56 – 61.

② 陈钊，徐彤. 走向"为和谐而竞争"：晋升锦标赛下的中央和地方治理模式变迁 [J]. 世界经济，2011 (9)：3 – 18.

③ 黄建欢，方霞，黄必红. 中国城市生态效率空间溢出的驱动机制：见贤思齐 VS 见劣自缓 [J]. 中国软科学，2018 (3)：97 – 109.

三、模型设计、变量测量与数据描述

1. 测度环境治理绩效

环境治理绩效既涉及劳动力、资源和政府等投入和国内生产总值等期望投入，也绕不开对环境污染等非期望产出的考量，是一个多维度的综合指标。数据包络分析（DEA）可以通过多投入和多产出指标来测量个体之间相对效率，被广泛用于测度环境治理绩效。但传统 DEA 模型既无法区分同时处在生产前沿面上决策单元（DMU）之间的差异，也无法测量带有非期望产出的指标体系的效率值。对此，安德森（Andersen）和皮特森（Petersen）[1] 提出的超效率模型突破了效率值最高为 1 的限制，更加明确了有效单元之间的差别；托恩（Tone）[2][3] 则提出了考虑非期望产出的 SBM 模型，既在非径向和非角度的视角下有效避免了投入和产出松弛的问题，也充分考虑了如二氧化硫排放等非期望产出的存在，从而提高了效率测算的合理性，基于非期望产出的超效率 SBM 模型见如下公式：

$$\min \rho = \frac{1 + \dfrac{1}{m}\sum_{i=1}^{m}\dfrac{s_i^-}{X_{ik}}}{1 - \dfrac{1}{s_1 + s_2}\left(\sum_{r=1}^{s_1}\dfrac{s_r^g}{Y_{rk}^g} + \sum_{t=1}^{s_2}\dfrac{s_t^h}{Y_{tk}^h}\right)}$$

$$\text{s. t.} \sum_{j=1,j\neq k}^{k}\lambda_j X_{ij} - s_i^- \leqslant X_{ik}, \ i=1, \cdots, m$$

$$\sum_{j=1,j\neq k}^{k}\lambda_j Y_{rj}^g + s_r^g \geqslant Y_{rk}^g, \ r=1, \cdots, s_1$$

$$\sum_{j=1}^{k}\lambda_j Y_{tj}^h - s_t^h \leqslant Y_{tk}^h, \ t=1, \cdots, s_2$$

$$1 - \frac{1}{s_1 + s_2}\left(\sum_{r=1}^{s_1}\frac{s_r^g}{Y_{rk}^g} + \sum_{t=1}^{s_2}\frac{s_t^h}{Y_{tk}^h}\right) > 0$$

$$\lambda_j, \ s_i^-, \ s_r^g, \ s_t^h \geqslant 0, \ j=1, \cdots, n, \ j\neq k \qquad (8-1)$$

在式（8-1）中，共有 k 个 DMU，每个 DMU 有 m 种投入和 s 种产出，包括

① Andersen P. , Petersen N. C. A Procedure for Ranking Efficient Units in Data Envelopment Analysis [J]. Management Science, 1993, 39 (10): 1261-1264.

② Tone K. A Slacks-based Measure of Efficiency in Data Envelopment Analysis [J]. European Journal of Operational Research, 2001 (3): 498-509.

③ Tone K. Dealing with Undesirable Outputs in DEA: A Slacks-based Measure (SBM) Approach [J]. GRIPS Research Report Series, 2003.

s_1 种期望产出和 s_2 种非期望产出，每个 DMU 的第 i 种投入和第 r 种产出分别用 x_{ik} 和 y_{rk} 来表示，s^+ 为投入的松弛变量，即投入高于最优的部分，s^- 为产出松弛变量，即产出低于最优的部分。s^-、s^g 和 s^h 分别为投入冗余、期望产出不足和非期望产出溢出，当 $\rho > 1$ 时 DMU 为有效单元且数值越大效率越高，即 $s^- = s^g = s^h = 0$ 时，表示在既定投入下产出最优，DMU 有效，$\rho < 1$ 则说明还有改进空间，DMU 无效。

2. Dagum 基尼系数及其分解

基于达昆（Dagum）提出的基尼系数及其按子群分解的方法，其定义见公式（8－2），其中 $y_{ji}(y_{hr})$ 是 $j(h)$ 地区内各省（区、市）的生态环境效率，μ 是各省生态环境效率的平均值，n 是省份个数，k 是地区个数，$n_j(n_h)$ 是 $j(h)$ 地区内省份个数。

$$G = \frac{\sum_{j=1}^{k} \sum_{h=1}^{k} \sum_{i=1}^{n_j} \sum_{r=1}^{n_h} |y_{ji} - y_{hr}|}{2n^2 \mu} \tag{8－2}$$

首先对各地区的生态环境效率的均值排序，然后将总体基尼系数分解为地区内差距贡献 G_w，地区间差距贡献 G_{nb}，超变密度贡献 G_t，且满足 $G = G_w + G_{nb} + G_t$，公式（8－3）和公式（8－4）分别表示 j 地区内的基尼系数 G_{jj} 和地区内差距贡献 G_w，公式（8－5）和公式（8－6）表示 j 和 h 地区的地区间基尼系数 G_{jh} 和地区间差距的贡献值 G_{nb}，公式（8－7）表示超变密度的贡献。

$$G_{jj} = \frac{\frac{1}{2\overline{Y_j}} \sum_{i=1}^{n_j} \sum_{r=1}^{n_j} |y_{ji} - y_{jr}|}{n_j^2} \tag{8－3}$$

$$G_w = \sum_{j=1}^{k} G_{jj} P_j s_j \tag{8－4}$$

$$G_{jh} = \frac{\sum_{i=1}^{n_j} \sum_{r=1}^{n_h} |y_{ji} - y_{hr}|}{n_j n_h (\overline{Y_j} + \overline{Y_h})} \tag{8－5}$$

$$G_{nb} = \sum_{j=2}^{k} \sum_{h=1}^{j-1} G_{jh} (p_j s_h + p_h s_j) D_{jh} \tag{8－6}$$

$$G_t = \sum_{j=2}^{k} \sum_{h=1}^{j-1} G_{jh} (p_j s_h + p_h s_j)(1 - D_{jh}) \tag{8－7}$$

其中，$p_j = \frac{n_j}{n}$，$s_j = \frac{n_j \overline{Y}}{n \overline{Y}}$，$j = 1, 2, \cdots, k$，$D_{jh}$ 为 j，h 地区间的生态环境效率，如公式（8－8）所示。其中，d_{jh}，p_{jh} 的计算过程如公式（8－9）和公式

（8－10）所示。

$$D_{jh} = \frac{d_{jh} - p_{jh}}{d_{jh} + p_{jh}} \qquad (8-8)$$

$$d_{jh} = \int_0^\infty \mathrm{d}F_j(y) \int_0^y (y-x)\mathrm{d}F_h(x) \qquad (8-9)$$

$$p_{jh} = \int_0^\infty \mathrm{d}F_h(y) \int_0^y (y-x)\mathrm{d}F_j(y) \qquad (8-10)$$

其中，$F_j(F_h)$ 为 $j(h)$ 地区的累计密度分布函数。定义 d_{jh} 为各地区间生态环境效率之间的差值，即 j、h 地区中 $y_{ji} - y_{hr} > 0$ 的样本值加总的数学期望，p_{jh} 定义为超变一阶矩，即 j、h 地区中 $y_{hr} - y_{ji} > 0$ 的样本值加总的数学期望。

3. 空间相关性

考虑到环境治理绩效的空间相关性，利用经济距离、地理距离和是否邻近三种空间距离矩阵，测算莫兰指数（Moran's I），对变量空间自相关性进行预备检验，其取值范围为 ［－1，1］，大于 0 说明空间正相关，值越大相关性越强；小于 0 说明空间负相关，值越小差异性越大；接近于 0 说明空间分布呈随机性。全局莫兰指数公式为：

$$Moran's\ I_1 = \frac{\sum\limits_{i=1}^{k}\sum\limits_{j=1}^{k}\omega_{ij}(x_i-\bar{x})(x_j-\bar{x})}{\sum\limits_{i=1}^{k}\sum\limits_{j=1}^{k}\omega_{ij}S^2} \qquad (8-11)$$

局部莫兰指数公式为：

$$Moran's\ I_2 = \frac{(x_i-\bar{x})\sum\limits_{j=1}^{k}\omega_{ij}(x_j-\bar{x})}{S^2} \qquad (8-12)$$

式（8－11）和式（8－12）中，$S^2 = \frac{1}{k}\sum\limits_{i=1}^{k}(x_i-\bar{x})^2$，$\bar{x} = \frac{1}{k}\sum\limits_{i=1}^{k}x_i$，$x_i$ 为区域 i 的测量值，ω_{ij} 为区域 i 与区域 j 的距离。

4. 空间效应分析模型

为考察数字经济与环境治理绩效之间的关系，构建基准回归模型如下：

$$Egp_{it} = \alpha_0 + \alpha_1 Dige_{it} + \alpha_2 Control_{it} + \delta_t + \varepsilon_{it} \qquad (8-13)$$

式（8－13）中，下角标 i 和 t 分别代表省份和年份，Egp_{it} 为环境治理绩效，$Dige_{it}$ 为数字经济发展水平，$Control_{it}$ 则代表控制变量，δ_t 为年份固定效应，ε_{it} 为随机干扰项，α_1 和 α_2 分别为数字经济和控制变量的回归系数。该式主要反映了数字经济对环境治理绩效的直接作用，为研究两者之间可能存在的作用机制。考虑到内生性问题，采用中介效应法构建模型，探讨数字经济对环境治理绩效的间接作用，以绿色技术创新为中介变量，见式（8－14），其中绿色技术创新 $\ln Pat_{it}$ 分别采用绿色专利申请数量以及绿色专利授予数量来衡量，β_1 和 β_2 为数字经济和控制变量的系数。

$$\ln Pat_{it} = \beta_0 + \beta_1 Dige_{it} + \beta_2 Control_{it} + \delta_t + \varepsilon_{it} \qquad (8-14)$$

另外，根据地理学第一定律，个体之间关联性取决于它们之间的"距离"，距离远近与关联程度的强弱呈现反方向变化关系（Tobler，2016）。考虑到环境治理的空间自相关性，引入空间距离权重矩阵来研究数字经济与环境治理绩效的空间溢出效应，构建空间自回归模型（SAR），见式（8－15）：

$$Egp_{it} = \alpha_0 + \rho WEgp_{it} + \alpha_1 Dige_{it} + \alpha_2 Control_{it} + \delta_t + \varepsilon_{it} \qquad (8-15)$$

在空间自回归模型的基础上，考虑到数字经济活动的空间自相关性，将空间距离权重矩阵与解释变量的乘积加入公式右边，构建空间杜宾模型（SDM），见式（8－16）：

$$Egp_{it} = \alpha_0 + \rho WEgp_{it} + \alpha_1 Dige_{it} + \varphi_1 WDige_{it} + \alpha_2 Control_{it} + \varphi_2 WControl_{it} + \delta_t + \varepsilon_{it}$$

$$(8-16)$$

式（8－15）和式（8－16）中，$WEgp_{it}$ 为环境治理绩效的空间滞后项，$WDige_{it}$ 为数字经济的空间滞后项，$WControl_{it}$ 为控制变量的空间滞后项。

5. 变量和指标描述

（1）被解释变量。环境治理绩效采用超效率 SBM 模型来测量，指标体系见表 8－1。政府投入采用污染环境治理投资额总额来衡量，能源投入采用能源消耗总量来衡量，水资源投入采用用水总量进行衡量，劳动力投入采用年末劳动力人口，资本投入采用张军（2004）的方法和基础数据，用永续盘存法计算资本存量。期望产出采用地区生产总值（GDP），依据国家"五年规划"中约束性环境指标，非期望产出选取二氧化硫（SO_2）、氮氧化物、化学需氧量和氨氮排放总量。

（2）核心解释变量。借鉴刘军（2020）的方法，构建指标体系测度数字经济指数以衡量各省数字经济发展水平，数字经济指数包括 3 个一级指标，分别是信息化发展（Infor）、互联网发展（Inter）、数字交易发展（Trans）。

（3）控制变量。考虑到对环境治理绩效产生影响的各类因素，并借鉴赵涛等（2020）、胡艺（2019）等和刘强等（2022）的研究，选择其他 5 个控制变量，人口密度（lnDen）变量采用人口与行政区划面积比值的对数值，投资（Fix）变量采用固定资产投资与地区生产总值的比值，产业结构（Stru）变量采用第二产业和第三产业增加值之和占 GDP 比重，对外开放程度（Fdi）变量采用外商投资额与 GDP 比值，政府监管（Gov）变量采用环境治理投资额与 GDP 比值。

表 8－1 环境治理绩效指标体系

主指标	二级指标	三级指标	测度指标	单位
环境治理绩效指数	投入指标	政府投入	污染环境治理投资额总额	亿元
		资源投入	能源消耗总量	万吨标准煤
			从业人员	万人
			资本存量	亿元
			用水总量	亿立方米
	产出指标	期望产出	地区生产总值（GDP）	亿元
		非期望产出	二氧化硫（SO_2）排放量	万吨
			氮氧化物排放总量	万吨
			化学需氧量排放总量	万吨
			氨氮排放总量	万吨

（4）中介变量。绿色技术创新作为数字经济影响环境治理绩效的中介变量，从中国研究数据服务平台（CNRDS）的经济特色库中获取绿色专利的申请量和授予量，并分别取对数（lnGpat）和（lnSpat）作为变量指标。

（5）数据描述。基于 2013～2020 年中国 30 个省份（西藏、港澳台除外）的面板数据进行实证分析，各指标数据主要源于历年《中国统计年鉴》《中国环境统计年鉴》和《中国城市统计年鉴》，对于个别缺失值采用线性插值法进行处理，简要描述统计见表 8－2。

表 8－2 变量描述统计

变量测度方法	变量	观测数	均值	方差	最小值	最大值
被解释变量	Egp	240	0.484	0.300	0.137	1.189
核心解释变量	Dige	240	0.222	0.124	0.0730	0.768
	Infor	240	0.0777	0.0495	0.0210	0.304
	Inter	240	0.0771	0.0268	0.0280	0.141
	Trans	240	0.0675	0.0574	0.0130	0.361

续表

变量测度方法	变量	观测数	均值	方差	最小值	最大值
控制变量	lnDen	240	5.461	1.258	2.090	8.027
	Fix	240	0.822	0.269	0.210	1.480
	Stru	240	0.905	0.0511	0.749	0.997
	Fdi	240	1.825	1.428	0.0100	7.960
	Gov	240	3.022	0.975	1.179	6.814
中介变量	lnGpat	240	7.678	1.326	4.220	10.38
	lnSpat	240	6.334	1.333	1.946	9.211

四、实证结果分析

1. 环境治理绩效

以国家统计局划分的三大区域为考察对象，选取我国 30 个省级区域 2013 ~ 2020 年的投入产出数据构建生产前沿面，以各区域单元相对于生产前沿面的距离来测量相对效率，运用 Matlab 软件测量得到各省环境治理绩效值，如表 8 - 3 所示。

表 8 - 3　　　　　　　　　各省份环境治理绩效值

地区	2013 年	2014 年	2015 年	2016 年	2017 年	2018 年	2019 年	2020 年
北京	1.138	1.129	1.129	1.139	1.185	1.174	1.169	1.150
天津	1.072	1.065	1.095	1.174	1.135	1.134	1.041	0.394
河北	0.377	0.386	0.364	0.306	0.293	0.281	0.245	0.229
辽宁	0.503	0.548	0.477	0.303	0.316	0.326	0.323	0.276
上海	1.086	1.077	1.052	1.048	1.118	1.125	1.136	1.134
江苏	0.618	0.682	0.586	0.607	1.003	1.005	0.490	0.492
浙江	0.723	0.695	0.661	0.633	0.608	0.590	0.586	0.495
福建	0.530	0.639	0.560	0.519	0.480	0.431	0.459	0.410
山东	0.533	0.605	0.545	0.525	0.482	0.465	0.372	0.352
广东	1.100	1.097	1.090	1.042	1.033	1.005	0.552	0.479
海南	0.517	1.012	0.506	0.405	0.335	0.333	0.235	0.283

地区	2013 年	2014 年	2015 年	2016 年	2017 年	2018 年	2019 年	2020 年
东部均值	0.577	0.622	0.558	0.527	0.534	0.523	0.483	0.429
山西	0.299	0.331	0.277	0.229	0.288	0.286	0.24	0.264
内蒙古	0.309	0.327	0.262	0.269	0.239	0.247	0.214	0.158
吉林	0.478	0.493	0.438	0.367	0.371	0.341	0.252	0.201
黑龙江	0.318	0.340	0.321	0.278	0.273	0.251	0.208	0.165
安徽	0.335	0.381	0.327	0.344	0.317	0.314	0.338	0.331
江西	0.412	0.42	0.397	0.351	0.326	0.309	0.299	0.317
河南	0.454	0.485	0.449	0.335	0.35	0.336	0.345	0.323
湖北	0.484	0.478	0.496	0.415	0.375	0.373	0.389	0.335
湖南	0.492	0.509	0.364	0.475	0.414	0.394	1.017	1.012
中部均值	0.398	0.418	0.370	0.340	0.328	0.317	0.367	0.345
广西	0.346	0.366	0.332	0.304	0.28	0.263	0.243	0.219
重庆	0.493	0.53	0.548	1.002	0.531	0.501	0.514	0.467
四川	0.506	0.487	0.493	0.419	0.387	0.361	0.375	0.368
贵州	0.344	0.329	0.346	0.322	0.286	0.276	0.263	0.288
云南	0.33	0.356	0.343	0.27	0.291	0.251	0.308	0.289
陕西	1.185	1.189	1.182	1.174	1.174	0.418	0.377	0.351
甘肃	0.264	0.273	0.249	0.239	0.23	0.179	0.204	0.192
青海	0.239	0.244	0.222	0.154	0.16	0.217	0.197	0.207
宁夏	0.224	0.221	0.2	0.185	0.175	0.173	0.141	0.137
西部均值	0.437	0.444	0.435	0.452	0.390	0.293	0.291	0.280

从区域层面来看，东部省份环境治理绩效最高，中部省份次之，西部省份最低，呈现东部＞中部＞西部。2013 年东部和东北地区生态环境效率值较高，北京、天津、上海、广东地区达到了生产前沿面。2020 年东部沿海和中部部分省份的生态环境效率值较高，只有北京、上海、湖南达到了生产前沿面。

从动态变化来看，东部和西部的平均效率值呈现下降趋势，中部地区的平均效率值在样本考察期内趋于稳定，总体上与全国的波动保持一致。一方面是国家越来越重视生态环保工作，各种生态文明建设政策逐步产生成效；另一方面产业转型升级和梯度转移使各区域环境治理绩效出现异质性变化，东部地区经济发展水平较高，高新技术产业和数字经济占比较高，是环境治理绩效更优的主要原因，而西部地区承接低附加值产业和污染型产业，导致环境治理绩效偏低。

2. Dagum 基尼系数分解

为进一步分析环境治理绩效的地区差异，用 Matlab 软件测算环境治理绩效的 Dagum 基尼系数（见表8-4），按照东、中、西三大地区测算 2013~2020 年环境治理绩效值的区域差异。

表8-4　　　　　　　　　　　　环境治理绩效得分基尼系数

年份	全国基尼系数	区域内			区域间			贡献率		
		东	中	西	东-中	东-西	中-西	区域内	区域间	超变密度
2013	0.273	0.203	0.108	0.280	0.312	0.356	0.220	25.727	55.105	19.168
2014	0.275	0.173	0.095	0.282	0.328	0.374	0.218	23.073	58.742	18.185
2015	0.284	0.207	0.117	0.298	0.335	0.356	0.234	25.872	56.365	17.763
2016	0.325	0.254	0.117	0.370	0.365	0.384	0.301	21.718	49.829	22.453
2017	0.331	0.267	0.090	0.334	0.393	0.415	0.254	26.318	56.393	17.289
2018	0.324	0.272	0.085	0.206	0.399	0.457	0.175	23.916	68.701	7.383
2019	0.329	0.300	0.273	0.215	0.364	0.402	0.267	28.692	52.971	18.337
2020	0.313	0.289	0.304	0.202	0.352	0.353	0.277	29.642	47.358	22.901
均值	0.307	0.246	0.149	0.273	0.356	0.387	0.243	25.620	55.683	17.935

从图8-1中可以看出，2015~2017年全国环境治理绩效基尼系数出现跳跃式增加，近几年有所下降，但整体呈现波动上升，反映出我国环境治理绩效的地区差异有扩大趋势。从地区内差异来看，东部地区各省份之间的差异较大，这是由于它们的环境治理绩效值较高，相互之间的差距较大；中部地区各省份的环境治理绩效值分布较为集中，但2019年、2020年出现较大差异，基尼系数分别为0.273和0.304；西部地区各省份的环境治理绩效也具有较大差异。从地区间差异来看，我国东、中、西三地区的环境治理绩效值之间的差异整体上呈先上升后下降的趋势，东部与中部地区、东部与西部地区的差距都是逐步上升，之后开始下降。中部和西部地区的差距是不稳定的波动，但整体呈现先上升后下降的趋势。从环境治理绩效差异的贡献率来看，区域间的差异一直占主导地位，贡献率虽然有所波动，但常年超过50%，远远超过区域内差异的贡献率，这说明区域间差异是导致我国环境治理绩效整体差异性的主要原因。

图 8 - 1　总体基尼系数走势

3. 计量分析

（1）基准回归。先对数字经济影响环境治理绩效做基准回归分析，经过 Hausman 检验和 F 检验进行判断，选择时间固定效应模型，估计结果见表 8 - 5。

表 8 - 5　　　　　　　　　　　　　　　　　基准回归结果

变量	数字经济		信息化发展	互联网发展	数字交易发展
	（1）	（2）	（3）	（4）	（5）
Dige	1. 875 *** （6. 655）	1. 031 *** （4. 543）			
Infor			0. 908 ** （3. 449）		
Inter				1. 775 ** （2. 598）	
Trans					0. 142 （0. 634）
lnDen		0. 047 *** （4. 931）	0. 073 *** （6. 145）	0. 075 *** （7. 007）	0. 070 *** （5. 684）
Stru		− 0. 291 （− 1. 652）	− 0. 663 ** （− 2. 627）	− 0. 654 * （− 2. 285）	− 0. 34 （− 1. 252）
Fix		− 0. 153 *** （− 3. 985）	− 0. 395 *** （− 6. 794）	− 0. 401 *** （− 5. 667）	− 0. 357 *** （− 6. 501）

变量	数字经济		信息化发展	互联网发展	数字交易发展
	(1)	(2)	(3)	(4)	(5)
Fdi		0.048 *** (6.408)	0.052 *** (7.884)	0.050 *** (9.067)	0.046 *** (6.448)
Gov		−0.036 *** (−7.569)	−0.035 ** (−3.292)	−0.028 * (−1.992)	−0.037 *** (−4.001)
Constant	0.067 (−1.064)	0.348 (1.537)	0.897 ** (3.021)	0.806 ** (2.684)	0.664 * (2.126)
省份固定	NO	NO	NO	NO	NO
年份固定	YES	YES	YES	YES	YES
样本量	240	240	240	240	240
R^2	0.411	0.594	0.540	0.542	0.527

注：Robust t – statistics in parentheses *** $p < 0.01$，** $p < 0.05$，* $p < 0.1$；括号内为 t 值。

在表 8 – 5 的模型（1）中，核心解释变量是数字经济指数（Dige），其系数显著为正，模型（2）加入控制变量后 Dige 仍在 1% 的水平上显著为正，说明数字经济显著提高了环境治理绩效，与理论分析的假设相符。模型（3）、模型（4）和模型（5）则报告了数字经济的二级指标对环境治理绩效的影响，信息化发展（Infor）与环境治理绩效呈现显著正向关系，信息化指以智能工具为代表的新兴生产力，可以降低物资消耗和流通成本，为实现节约资源、保护环境和可持续发展的经济增长方式做出贡献；互联网发展（Inter）的系数为正且通过了 5% 显著性水平检验，随着网络技术的普及，在生产和生活各领域产生积极影响，助力于提高环境治理绩效水平；数字化交易发展（Trans）的系数为正但不显著。

控制变量中，人口密度（lnDen）的系数显著为正，说明人口集中的集聚效应有助于资源的节约利用和优化配置，有利于提高环境治理水平。而产业结构（Stru）与环境治理绩效之间存在不显著的负向关系，说明工业化进程还处在不利于生态文明建设阶段。固定资产投资（Fix）和政府投入（Gov）的系数都在 1% 的水平下显著为负，说明目前生产中的投入，加大了对资源需求和污染排放的环境压力，进而对环境治理绩效造成了负面作用。而外商投资（Fdi）与环境治理绩效存在着显著的正向关系，说明引进外资通过技术和管理的"外溢"，有利于提高资源利用效率。

（2）机制检验。传统中介效应分析的逐步法检验存在内生性问题，江艇（2022）认为，选取中介变量时需要与因变量的因果关系明显、因果链条短、不明显受到因变量反向影响。借鉴刘学悦（2020）等和郭丰等的研究（2022），仅采用逐步法的第二步进行机制作用检验分析，分析数字经济对绿色技术创新的影响机制，而绿色技术创新对环境治理绩效的影响更多采用理论和文献引用来证实其可靠性。绿色技术创新指标的选取包涵了两个方面，分别作为因变量进行回归，一是绿色创新数量，采用绿色专利申请总量的对数（lnGpat）进行衡量；二是绿色创新质量，采用绿色专利授予总量的对数（lnSpat）来进行衡量。表8－6中模型（1）~（4）数字经济的系数都显著为正，说明数字经济对绿色技术创新的数量和质量都具有明显的促进作用。

表 8 – 6　　　　　　　　　　数字经济对绿色技术创新的作用机制

变量	lnGpat		lnSpat	
	（1）	（2）	（3）	（4）
Dige	4. 805 *** (10. 125)	5. 037 *** (8. 195)	4. 805 *** (10. 125)	5. 003 *** (8. 339)
Constant	3. 760 *** (3. 989)	3. 707 *** (4. 021)	2. 892 *** (3. 255)	2. 882 *** (3. 202)
Controls	YES	YES	YES	YES
省份固定	NO	NO	NO	NO
年份固定	NO	YES	NO	YES
R^2	0. 709	0. 735	0. 744	0. 750
Observations	240	240	240	240

注：Robust t – statistics in parentheses *** $p < 0.01$，** $p < 0.05$，* $p < 0.1$；括号内为 t 值。

以"数据"要素为基础的数字经济极大地降低了绿色创新主体之间进行资源交换的时间成本和交易成本，也通过多样化的信息渠道提高了资源在区域间的流动能力和配置效率，企业进行绿色技术创新的动机和机会变多，更为重要的是通过互联网信息提高了网民的绿色意识，进一步推动创新向着绿色化方向发展。显而易见地，绿色技术创新提升企业绿色发展水平，相应地提升环境治理绩效。一方面，绿色技术创新是以绿色发展为理念，以创造绿色发展新动力为导向，以推动能源结构转型为驱动，以减少环境的污染破坏和节约资源为目的，显然有利于保护和改善生态环境。另一方面，绿色技术创新有利于产业优化升级、减少二氧化碳和各类污染物的排放，且具有显著正向的空间溢出效应，能够充分转化数字经济所带来的巨大红利，是实现生态环境保护和经济可持续发展的有效途径（徐佳和崔静波，2020；禄雪焕和白婷婷，2020；王珍愚等，2021；庞瑞芝等，2021；刘海英等，2022）。

（3）空间效应分析。首先，基于三种空间距离权重矩阵，使用全局莫兰指数（Moran's I）来检验数字经济和环境治理绩效的空间自相关性。总体而言，大部分莫兰指数都显著为正，说明观测期内环境治理绩效指数与数字经济指数都存在正向空间集聚现象（见表 8 – 7）。

表 8 – 7　　　　　　　　　数字经济与环境治理绩效全局莫兰指数

变量	Egp			Dige		
年份	邻近矩阵	地理矩阵	经济矩阵	邻近矩阵	地理矩阵	经济矩阵
2013	0. 153 * 1. 545	0. 02 ** 1. 787	0. 261 *** 3. 059	0. 177 ** 1. 777	0. 032 ** 2. 236	0. 308 *** 3. 624
2014	0. 279 *** 2. 543	0. 021 ** 1. 795	0. 235 *** 2. 749	− 1. 777 2. 017	0. 038 *** 2. 407	0. 314 *** 3. 665
2015	0. 156 * 1. 572	0. 017 ** 1. 694	0. 257 *** 3. 019	0. 219 ** 2. 119	0. 037 ** 2. 367	0. 29 *** 3. 406
2016	0. 171 ** 1. 674	0. 009 ** 1. 404	0. 256 *** 2. 974	0. 192 ** 1. 895	0. 028 ** 2. 088	0. 281 *** 3. 319
2017	0. 2 ** 1. 915	0. 042 *** 2. 476	0. 315 *** 3. 592	0. 143 * 1. 499	0. 019 ** 1. 8	0. 267 *** 3. 19
2018	0. 361 *** 3. 284	0. 096 *** 4. 308	0. 38 *** 4. 322	0. 134 * 1. 424	0. 018 ** 1. 777	0. 245 *** 2. 974
2019	0. 291 *** 2. 743	0. 054 *** 2. 968	0. 239 *** 2. 888	0. 137 * 1. 456	0. 023 ** 1. 929	0. 253 *** 3. 079
2020	0. 15 * 1. 612	− 0. 005 1. 007	0. 186 *** 2. 425	0. 115 1. 277	0. 017 ** 1. 757	0. 242 *** 2. 966

注：*** 表示 $p < 0.01$，** 表示 $p < 0.05$，* 表示 $p < 0.1$，统计量下方为 z 值。

其次，基于经济距离空间矩阵测算 2013 年和 2020 年数字经济和环境治理绩效的局部莫兰指数，见图 8 – 2。大部分省份位于第三象限（L – L），即低低集聚，部分位于第一象限（H – H），即高高集聚，位于第二象限的低高集聚

（L－H）和第四象限的高低集聚（H－L）个体较少，而且拟合回归线均穿过原点，说明变量存在正向局部自相关性。

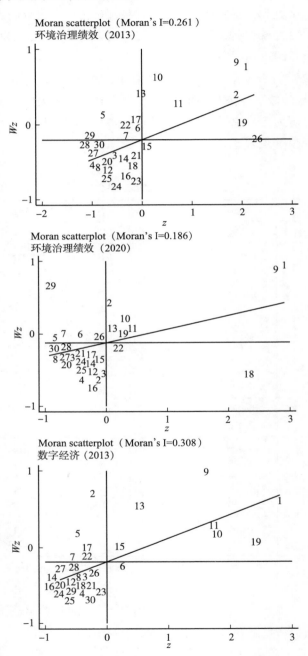

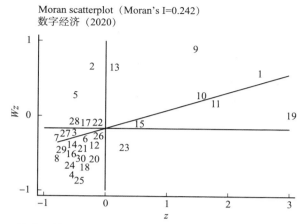

图 8 - 2   环境治理绩效局部莫兰指数散点图和数字经济局部莫兰指数散点图

注：图中数字分别代表 1. 北京，2. 天津，3. 河北，4. 山西，5. 内蒙古，6. 辽宁，7. 吉林，8. 黑龙江，9. 上海，10. 江苏，11. 浙江，12. 安徽，13. 福建，14. 江西，15. 山东，16. 河南，17. 湖北，18. 湖南，19. 广东，20. 广西，21. 海南，22. 重庆，23. 四川，24. 贵州，25. 云南，26. 陕西，27. 甘肃，28. 青海，29. 宁夏，30. 新疆。下图同。

接下来做空间计量模型回归，先进行 LM 检验和空间 Hausman 检验，拒绝混合 OLS 和随机效应的原假设，采取固定效应模型，再根据 LR 检验和 Wald 检验结果，拒绝模型退化为 SEM 模型和 SAR 模型的假设，然后进行 SDM 简化回归检验，最后选择时间固定的 SDM 模型进行空间效应分析，并采用偏微分法，即将总效应分解为直接效应和间接效应来解释自变量的空间溢出效应。为了对模型进行合理估计以及模型之间的选择比较，表 8 - 8 列出了三种距离空间矩阵下的 SDM 模型和 SAR 模型估计结果。

表 8 - 8   **空间效应回归结果**

变量	SDM			SAR		
	经济矩阵	地理矩阵	临近矩阵	经济矩阵	地理矩阵	临近矩阵
Dige	1. 015 *** (5. 486)	0. 655 *** (3. 427)	0. 904 *** (5. 686)	1. 005 *** (6. 171)	0. 988 *** (6. 177)	0. 926 *** (5. 859)
W × Dige	1. 796 ** (2. 289)	− 4. 831 ** (− 2. 521)	− 0. 265 (− 0. 876)			
rho	− 0. 222 * (− 1. 799)	− 0. 759 ** (− 2. 300)	− 0. 189 ** (− 2. 047)	− 0. 211 ** (− 1. 966)	− 0. 739 *** (− 2. 973)	− 0. 350 *** (− 4. 290)

变量	SDM			SAR		
	经济矩阵	地理矩阵	临近矩阵	经济矩阵	地理矩阵	临近矩阵
LRDirect	0.956 ***	0.794 ***	0.929 ***	1.021 ***	1.014 ***	0.959 ***
	(5.431)	(4.566)	(5.834)	(6.080)	(6.099)	(5.815)
LRIndirect	1.351 **	-3.245 **	-0.368	-0.178 *	-0.429 ***	-0.264 ***
	(2.092)	(-2.422)	(-1.305)	(-1.959)	(-3.515)	(-3.953)
LR_Total	2.308 ***	-2.451 *	0.561	0.843 ***	0.586 ***	0.694 ***
	(3.156)	(-1.729)	(1.614)	(4.909)	(3.986)	(5.050)
Controls	YES	YES	YES	YES	YES	YES
省份固定	NO	NO	NO	NO	NO	NO
年份固定	YES	YES	YES	YES	YES	YES
R^2	0.318	0.548	0.544	0.489	0.530	0.525
Observations	240	240	240	240	240	240

注：*** 表示 $p < 0.01$，** 表示 $p < 0.05$，* 表示 $p < 0.1$；括号内为 t 值。

仅有邻近空间矩阵下的 SDM 模型间接效应不显著，经济距离空间矩阵下的 SDM 间接效应显著为正，且通过了上述所有检验，因此主要分析该模型结果。数字经济的系数和数字经济空间交互项的系数均显著为正，说明数字经济存在显著的空间外溢效应，发展数字经济不但提升本地环境治理绩效，还会促进相邻地区环境治理绩效的提升。从空间效应分解来看，直接效应系数在 1% 的显著水平下为正，间接效应系数在 5% 的显著水平下为正，说明数字经济对环境治理绩效的促进作用会辐射到其周边的省份，随着城市集群区，比如珠江三角洲、长江三角洲、京津冀和成渝城市群等集群区的发展，环境保护与生态建设一体化程度不断加深，数字经济发达的省份对周边省份的环境治理也能起到积极的正向溢出作用。

（4）稳健性检验。为进一步检验数字经济对环境治理提升作用的可靠性，采取以下 5 种方法进行稳健性检验：①对被解释变量进行替换，将测算环境治理绩效指标的非期望产出替换成工业三废重新进行 Super – SBM 效率测度，得到新的被解释变量指标（Ep），再次基于经济距离空间矩阵进行年份固定的 SDM 模型分析，发现数字经济的系数仍在 1% 的水平上显著为正。②剔除部分样本，考虑到直辖市与普通省份的数字经济发展水平和环境治理能力有较大差异，剔除北京市等 4 个直辖市后进行回归，数字经济的系数仍旧显著为正。③样本缩尾处理，鉴于部分变量的方差较大，对样本数据进行2%的缩尾处理后重新回归，得到数字经济的系数与基准回归的系数差异很小。④更换空间计量模型，采用 SEM 模型替换 SDM 模型进行稳健性检验，发现数字经济系数的符号与显著性均未有太大变化。⑤考虑到模型可能存在内生性问题，对 SDM 模型的因变量一阶滞后进行分析，数字经济的系数不显著为负，一阶滞后的数字经济（Dige－L1）系数显著为正，且 p 值通过1%的水平检验。以上所有回归结果均证明了数字经济显著地提高了环境治理绩效水平，实证结果具有稳健性，进一步佐证了核心观点（见表8－9）。

表8－9　　　　　　　　　　　　　稳健性回归检验

变量	替换被解释变量（Ep）	剔除部分样本	样本缩尾处理	更换模型	一阶滞后
Dige	1.051 *** (4.842)	1.062 ** (3.201)	1.141 *** (5.914)	1.020 *** (6.123)	－0.178 （－1.482）
Dige－L1					1.047 *** (25.057)
Constant	0.352 (1.653)	0.601 ** (2.470)	0.295 (1.400)		
λ				0.038 (0.310)	
控制变量	YES	YES	YES	YES	YES
省份固定	NO	NO	NO	NO	NO
年份固定	YES	YES	YES	YES	YES
R^2	0.556	0.460	0.599	0.455	0.257
Observations	240	208	240	240	240

注：*** 表示 $p<0.01$，** 表示 $p<0.05$，* 表示 $p<0.1$；括号内为 t 值。

　　尽管将数字经济指数一阶滞后进行回归一定程度上解决了内生性问题所带来的偏误，但仍存在其他因素可能导致内生性误差问题，例如遗漏重要变量导致回归系数出现不符合常理的波动，或可能存在的双向因果关系，比如数字经济促进了绿色创新技术进步，提高资源利用率和降低了环境污染产出，环境治理绩效得到提高，反过来，环境治理能力建设也促使政府和企业加快应用数字技术，进一步促进数字经济发展。鉴于此，采用工具变量法来减少内生性偏误，构建一阶滞后的数字经济指数（L_Dige）和全国 30 个省份数字经济指数均值的一阶差分形式（D_Dige）的乘积作为工具变量，进行两阶段工具变量法回归（邓荣荣和张翱祥，2022）。

在第一阶段中，工具变量（IV）的系数显著为正，Kleibergen – Paap rk LM 统计量显著拒绝了工具变量识别不足的假设，Kleibergen – Paap rk Wald F 统计量也大于检验的 10% 临界值 16.38，充分证明了工具变量的合理性。在第二阶段回归中，无论控制变量是否存在，数字经济的系数都在 1% 的显著水平上为正，系数值略小于不考虑内生性的基准回归分析，结果变得更加合理，再次充分证明了数字经济对环境治理绩效的正向作用（见表 8 – 10）。

表 8 – 10 　　　　　　　　　　　　　　　两阶段工具变量法回归

变量	第一阶段 Dige		第二阶段 Egp	
IV	34. 909 ***	34. 190 ***		
Dige			1. 760 *** （8. 273）	0. 941 *** （4. 327）
控制变量	NO	YES	NO	YES
省份固定	NO	NO	NO	NO
年份固定	YES	YES	YES	YES
R^2	0. 9820	0. 9825	0. 434	0. 606
Observations	210	210	210	210
Kleibergen – Paap rk LM	34. 102 ***	35. 157 ***		
Kleibergen – Paap rk Wald F	2451. 670 [16. 38]	1904. 863 [16. 38]		

（5）异质性分析。由于要素禀赋、发展阶段和政策倾斜方向的不同，不同省份信息化发展水平、互联网发展水平、环境污染程度和环保财政投入等要素均存在较大差异，有必要区分不同样本进行异质性分析（见表 8 – 11）。

在"双碳"战略背景下，以各省年均碳排放量为标准，将样本分为碳排放量较高省份和碳排放量较低省份，分别进行回归，表中（1）（2）结果都显示数字经济显著促进了环境治理绩效的提高，对低碳排放量的省份促进效果更强，可能原因是碳排放量较低省份环境治理能力较强，数字经济渗透传统产业，效果更为明显，而碳排放较高省份的产业结构多以重工业为主，数字经济基础设施建设不完善以及渗透程度不高，所以数字经济对环境治理的作用略低。

表 8 - 11　　　　　　　　　　分区域异质性分析

变量	OLS		SDM		
	高碳排放 （1）	低碳排放 （2）	东部 （3）	中部 （4）	西部 （5）
Dige	0.853 ** （2.663）	1.331 *** （8.692）	0.611 *** （3.879）	-2.357 （-1.628）	2.547 * （1.911）
W × Dige			0.846 ** （2.408）	-13.394 *** （-3.232）	0.594 （0.245）
LR_Direct			0.554 *** （2.737）	-1.018 （-0.778）	2.599 ** （2.027）
LR_Indirect			0.211 （0.796）	-10.073 *** （-2.885）	-0.150 （-0.074）
LR_Total			0.765 *** （3.623）	-11.090 ** （-2.492）	2.449 （0.895）
控制变量	YES	YES	YES	YES	YES
省份固定	NO	NO	NO	NO	NO
年份固定	YES	YES	YES	YES	YES
R^2	0.419	0.787	0.645	0.067	0.155
Observations	120	120	88	72	80

注：*** 表示 $p < 0.01$，** 表示 $p < 0.05$，* 表示 $p < 0.1$；括号内为 t 值。

将各省份分为东部、中部和西部区域进行异质性分析，表中（3）（4）（5）的结果显示，从数字经济的系数来看，东部地区数字经济对环境治理的正向作用最为显著，其次西部地区也通过了 10% 显著性水平检验，但中部地区系数不显著为负。这是由于东部地区经济发达、基础设施条件好和政策对数字经济发展的扶持作用，所以数字经济发展迅速并且推动了环境治理水平的提高，环境治理绩效高于中西部地区。从空间效应来看，东部地区直接效应显著为正但间接效应不显著，说明数字经济对当地的环境治理绩效有促进作用，对邻近地区有正向作用但不明显，但总效应为正，说明东部地区的正向空间溢出效应主要利于提升中部地区环境治理绩效，而东部地区高发展水平省份之间存在溢出效应。中部地区直接效应不显著但间接效应显著为负，说明产业迁移加剧了中部地区经济竞争，数字经济发展水平有待提高，空间效应的积极作用还未发挥。西部地区直接效应与间接效应均不显著，是由于西部省份经济发展水平相对较低，多为资源密集型产业，环境治理难度较大，对技术和人才引进的力度也不足，数字经济发展程度尚低，也就无法存在空间溢出效应。

五、简要结论和启示

1. 简要结论

一是构建包含政府治理投入和国家"五年规划"约束性环境指标在内的投入产出指标体系，基于超效率 SBM 模型测算各省环境治理绩效，发现东部地区最高，中部次之，西部最低，与绝大多数文献结论一致。二是根据 Dagum 基尼系数分解，发现各省环境治理绩效差异来源主要是地区之间，贡献率超过一半，地区内部的差异较小。根据全局莫兰指数和局部莫兰指数测算结果，反映环境治理绩效指数存在空间集聚现象，而且存在正向局部自相关性。三是构建包含信息化发展、互联网发展、数字交易发展 3 个二级指标的数字经济指标体系，测算各省份数字经济发展指数。四是构建空间计量模型，分析数字经济影响环境治理绩效的空间效应，通过各种检验和空间效应分解，得到了数字经济系数显著为正的结论，验证了数字经济发展能有效提升环境治理绩效的理论假说，同时把绿色科技创新作为中介变量进行分析，验证了数字经济通过技术创新影响环境治理绩效的传导机制。五是采用五种方法进行稳健性检验，并采用工具变量法处理自变量的内生性问题，均说明了实证结果的可靠性。六是分别用碳排放水平和所属区域划分样本进行异质性分析，发现碳排放较低省份和东部经济较发达省份的样本中，数字经济对环境治理绩效的影响更为显著。

2. 对策建议

数字经济是新发展阶段经济高质量发展的大势所趋，绿色经济是建设生态文明和实现"双碳"战略的必由之路，要着力推动生态经济数字化，发挥数字经济提升环境治理绩效的积极作用，把数字经济和绿色经济深度融合发展，共同推动生态文明建设。

一是贯彻绿色发展理念，推动数字经济和绿色经济融合发展。要把"双碳"战略融入生态文明建设总体布局，把绿色发展作为经济高质量发展的必由之路。把握数字经济的数字化、网络化、智能化特点，完善数字基础设施，推动互联网、大数据、人工智能同产业深度融合，推动数字经济和实体经济融合，形成数字经济和绿色低碳经济的主导地位，加快构建环境友好与资源节约型产业体系。运用数字生产力培育和壮大生态产业，以数字技术、数字经济拓展生态发展新空间，从而为经济社会注入强劲新动能。

二是推行创新驱动战略，推动数字技术和绿色技术协同创新。发挥我国制度优势、体制优势和市场优势，坚定不移地实施创新驱动发展战略，千方百计加大研发投入和人才储备，加强关键核心技术自主创新能力建设，迅速提升数字信息技术和绿色低碳技术的基础研发能力、应用创新能力和科技创新成果转化能力，尽快实现技术创新自立自强。加强技术攻关，推动数字产业创新发展，面向应用需求，利用数字技术改造传统产业链、供应链，推动农业、制造业和服务业的数字化，提高全行业节能降碳能力，提升全要素生产率。

三是实行区域协调发展战略，推动区域产业的数字化和绿色化协调发展。进一步完善区域的功能区定位和规划，加强数字产业和绿色低碳产业规划上的协同对接，建立和完善区域经济数字化和绿色化的合作机制，在目标设定、政策协调、统一市场、区域补偿、技术创新等方面全面加强合作，充分发挥数字经济的高效协作优势，使资金、技术、人才和信息在区域间优化配置，提升区域绿色发展动能。

第二节　中央环保督察提升行业绿色绩效的实证分析

工业是资源消耗和污染排放的主要领域，工业绿色发展是实现经济绿色转型的关键，只有推进各行业特别是污染密集型行业的节能降碳和绿色转型，才能实现整体经济的绿色发展，这就需要更好发挥政府在生态环境治理领域的作用，进一步完善现代化环境治理体系。全面贯彻绿色发展理念，发挥政府在生态环保中的主导地位，是我国生态文明建设取得巨大成功的保证。2015年7月，中央全面深化改革领导小组第十四次会议审议通过《环境保护督察方案（试行）》，开始实行中央生态环境保护督察制度，2018年完成第一轮督察并对20个省（区）开展"回头看"，第二轮督察从2019年启动，至2022年6月督察任务全面完成。中央环保督察推进解决一大批影响重大、久拖不决的具体环境问题，严格生态环境损害责任追究，对生态环境违法行为形成强大震慑，极大地改善生态环境质量，推动中国生态文明建设和生态环境保护发生历史性、转折性、全局性变化。作为中国环境治理领域的重大制度革新，中央环保督察是强化环境保护工作和推进生态文明建设的重大制度安排，推动贯彻绿色发展理念和经济增长方式深刻转变，引领各地朝着绿色发展转型。中央环保督察针对环境领域违法行为，具有最权威和有效的处理手段，需要精准科学依法推进边督边改，防止搞"一刀切"和"滥问责"的运动式环保，特别是对涉及民生的产业或领域，更应当妥善处理、有序推进，既要确保环境治理有效，又要保障有序生产和民生就业。因此，高效的环境治理要在污染防治基础上，推动企业提高技术创新和管理创新水平，切实降低能源消耗和污染排放，大幅度提升全要素生产率，加快行业绿色发展进程。考察中央环保督察能否以及多大程度上促进行业绿色创新，提升绿色发展绩效，对未来完善环境治理体系和推动工业绿色转型具有重要现实意义。

一、文献综述

从理论上来说，中央环保督察和"一岗双责""环境审计"等都属于命令控制型环境规制，即政府制定法律法规对高污染行业和企业的排污进行约束，通过行政手段干预企业的排放行为，虽然产生直接效应，但也存在监管难度和干预成本。现代经济迅速发展，采用"命令控制—市场激励—公众参与"的复合型环境规制工具来实现绿色发展效率最大化，能够更高效地实现环境和经济协同发展（胡宗义，2022）。也有部分学者认为市场激励型环境规制主要通过环境税收和环境补贴等规制工具来促进行业提高环境绩效，具备内部约束性的特质，是更优选择，如谢宜章（2021）等认为相比于控制型环境规制，实施政策优惠等激励型环境规制更有利于提高工业行业绿色发展水平。但命令控制型环境规制仍旧是我国解决生态环境保护问题的有效举措，在我国环境治理体系中发挥着无可替代的作用，对行业绿色技术创新的激励效应明显，在节能减排方面具有显著的正向作用[1][2][3]。

具体到中央环保督察上，经历了一个不断完善的过程，大致分为"督企""督政"和"党政同责"三个阶段，已有学者在理论上阐述和探讨了中央环保督

① 胡宗义，薛苏亚．中央环保督察对工业发展质量的影响［J］．软科学，2022，36（1）：1-8，17.

② 王娟茹，张渝．环境规制、绿色技术创新意愿与绿色技术创新行为［J］．科学学研究，2018，36（2）：352-360.

③ 高红贵，许莹莹，朱于珂．命令控制型环境规制对碳市场价格的影响——来自中央环保督察的准自然实验［J］．中国地质大学学报（社会科学版），2022，22（3）：54-66.

察制度的具体内涵、作用机制、面临困境和消弭路径①②③④。也有不少学者对中央环保督察制度的实施效果进行了量化分析，研究聚焦的层面包括省级⑤、地市级⑥和企业⑦，研究领域集中在环境绩效和绿色发展领域，多数研究都认为中央环保督察制度具有积极的正向作用，可以提高能源利用效率和降低工业污染排放，进而推动绿色可持续发展⑧⑨。但也有学者持不同看法，认为中央环保督察等命令强制性环境规制对工业绿色发展的促进作用比较微弱⑩。此外，也有研究分析了中央环保督察政策的经济效益，有利于激发企业的创新活力，显著提高了企业财务绩效⑪⑫。

　　梳理相关文献后发现，中央环保督察制度对工业绿色发展的积极作用得到充分证实，但大多研究倾向于地区和企业层面，关于中央环保督察制度在工业行业层面实施效果的量化研究尚少，且缺乏有关污染密集型行业的深入量化分析。因此本书基于准自然实验方法，采用倾向匹配－双重差分法（PSM－DID）研究中央环保督察对污染密集型行业绿色绩效的影响，并通过异质性分析进一步挖掘环保督察与行业类型、政府支持和技术创新等其他因素的交互作用。

① 陈海嵩. 中央环保督察问责的制度绩效考察［J］. 求索，2022（4）：85－94.

② 戚建刚，余海洋. 论作为运动型治理机制之"中央环保督察制度"——兼与陈海嵩教授商榷［J］. 理论探讨，2018（2）：157－164.

③ 王灿发，周鹏. 环保督察问责机制困局与消弭径路［J］. 湘潭大学学报（哲学社会科学版），2021，45（6）：61－64.

④ 陈海嵩. 环保督察制度法治化：定位、困境及其出路［J］. 法学评论，2017，35（3）：176－187.

⑤ 涂正革，邓辉，谌仁俊，等. 中央环保督察的环境经济效益：来自河北省试点的证据［J］. 经济评论，2020（1）：3－16.

⑥ 刘张立，吴建南. 中央环保督察改善空气质量了吗？——基于双重差分模型的实证研究［J］. 公共行政评论，2019，12（2）：23－42，193－194.

⑦ 谌仁俊，肖庆兰，兰受卿，等. 中央环保督察能否提升企业绩效？——以上市工业企业为例［J］. 经济评论，2019（5）：36－49.

⑧ 王岭，刘相锋，熊艳. 中央环保督察与空气污染治理——基于地级城市微观面板数据的实证分析［J］. 中国工业经济，2019（10）：5－22.

⑨ Jia K. ，Chen S. W. Could Campaign-style Enforcement Improve Environmental Performance？Evidence from China's Central Environmental Protection Inspection［J］. Journal of Environmental Management，2019：245，282－290.

⑩ 谢宜章，邹丹，唐辛宜. 不同类型环境规制、FDI与中国工业绿色发展——基于动态空间面板模型的实证检验［J］. 财经理论与实践，2021，42（4）：138－145.

⑪ 谌仁俊，肖庆兰，兰受卿，等. 中央环保督察能否提升企业绩效？——以上市工业企业为例［J］. 经济评论，2019（5）：36－49.

⑫ 陈宇超，裴庚辛. 中央环保督察与污染企业绩效的相互关系实证研究［J］. 哈尔滨工业大学学报（社会科学版），2021，23（3）：146－153.

二、理论分析和研究假说

中央环保督察制度本质上属于命令控制型环境规制，督查组在各地督察期间，通过举报电话和信箱投诉等渠道吸引公众参与，是复合型环境规制的最新办法（胡宗义，2022）。相比于其他制度，中央环保督察制度搭建了中央与地方之间政策执行的桥梁，强化了中央政府直接对地方环境规制的干预，提高了环保法规对地方政府履行环境治理的约束能力。《中央生态环境保护督察整改工作办法》的出台强化"督"与"被督"的协调联动，进一步完善督查工作的规范化和制度化，通过严厉督察的方式整治一些不达标的"散、乱、污"企业，促进高耗能低效率企业的布局调整和绿色技术创新，整体上提高企业所在行业的能源利用效率和污染排放处理水平，尤其是矿产开采、金属冶炼、印染加工等污染密集型行业，在生产经营过程中排放大量污染物，必然成为中央环保督察的重点督察对象。在考核和问责的高压下，各地必然要贯彻落实环保政策，给各行业下达降低能源消耗和污染排放任务，着力推动污染密集型行业提高绿色绩效，向绿色发展转型。基于上述分析，提出假设1。

假设1：中央环保督察有助于提高污染密集型行业绿色绩效。

在环保督察初期，地方政府为了应对环保督察组的督察，减轻环保压力，可能会采取"一刀切""一律关停"和处罚过当等不合理举措，虽然降低了污染排放，但也会导致生产破坏，出现与政策实施目的背道而驰的困境（Huixiang Z，2021）。

随着环保督察实施力度强化和范围拓展，环保违法惩戒产生示范效应，一方面地方政府不再采取应付式的消极举措，而是更加精准落实环保督察整改工作部署，全面贯彻"三查三看"策略要求，逐步加强对污染密集型行业的监管，积极推动工业绿色转型发展。另一方面，在外部压力作用下，行业内部的绿色竞争意识也在增强，内在绿色技术创新日益活跃，企业需要严格落实排放标准，不能达到环保要求的高污染企业则会被淘汰，从而实现污染密集型行业整体绿色绩效的提高。那么，中央环保督察对污染密集型行业不同子行业的影响会有差别吗？李小平等①采用污染治理支出来衡量行业环境规制强度，认为

---

① 李小平，李小克. 中国工业环境规制强度的行业差异及收敛性研究［J］. 中国人口·资源与环境，2017，27（10）：1 - 9.

污染行业子行业之间的环境规制强度存在较大差异，陈迪等[①]基于上市公司数据，认为不同类别的污染密集型行业受到中央环保督察"回头看"制度的经济效益存在显著差异。按照国民经济行业分类，将工业行业大致分为三类：挖掘采矿业，电力、热力和水的生产供应业，制造业。进一步对制造业行业细分，将污染密集型制造业行业细分为劳动密集型制造业、资本密集型制造业和技术密集型制造业。劳动密集型制造业对技术和设备依赖程度较低，其生产效率多与劳动者挂钩，不属于中央环保督察的重点督察对象，可能受到政策的影响较小；资本密集型制造业指资本有机构成水平较高的行业，多集中在基础工业和重加工业，具有劳动生产率高、设备基数大和生产污染程度较高的特点。环保督察重点就在狠抓治污扩容，全面促进节能减排，对污染排放有明确的限额约束，因此对资本密集型制造业会产生较大的影响；技术密集型制造业采用较高的技术水平，创新管理体系更加完善，绿色环保技术更加先进，环保督察有助于加快技术密集型制造业绿色技术的迭代。中央环保督察政策对技术密集型制造业有显著的正向作用也得到了多数研究的支持[②]。基于上述分析，提出假设2和假设3。

假设2：中央环保督察对污染密集型制造业行业的正向影响更大，包括资本密集型制造业和技术密集型制造业。

假设3：中央环保督察对污染密集型行业的影响会因环保压力、政府支持力度和行业内在技术进步的不同存在差异。

三、研究设计

1. 基准回归模型构建

将环保都督察制度开始执行并作为一次准自然实验，构造双重差分模型比较制度实施前后的差别，研究环保督察是否提高了污染密集型行业的绿色绩效，模型形式如下：

①　陈迪，孟乔钰，石磊，马中，等. 中央环保督察"回头看"的市场反应——基于重污染行业上市公司的影响分析［J］. 中国环境科学，2020，40（7）：3239 - 3248.

②　赵海峰，李世媛，巫昭伟. 中央环保督察对制造业企业转型升级的影响——基于市场化进程的中介效应检验［J］. 管理评论，2022，34（6）：3 - 14.

$$TFP_{i,t} = \alpha + \beta_0 did_{i,t} + \beta control_{i,t} + industry_i + year_t + \varepsilon_{it} \qquad (8-17)$$

其中，下标 i 代表行业，下标 t 代表年份。TFP 表示绿色绩效，did 表示中央环保督察实施虚拟变量，作为核心解释变量，$control$ 表示系列控制变量，$industry$ 表示行业虚拟变量，$year$ 表示年份虚拟变量，ε_{it} 为随机干扰项。

借鉴 BECK（2010）的方法，构建平行趋势检验，线性回归方程如下：

$$TFP_{i,t} = \beta_0 + \beta_{-5} d\_5_{i,t} + \beta_{-4} d\_4_{i,t} + \beta_{-3} d\_3_{i,t} + \beta_{-2} d\_2_{i,t} + \beta_{-1} d\_1_{i,t}$$
$$+ \beta_0^{\wedge} current_{i,t} + \beta_1^{\wedge} d1_{i,t} + \beta_2^{\wedge} d2_{i,t} + \beta_3^{\wedge} d3_{i,t} + \beta control_{i,t}$$
$$+ industry_i + year_t + \varepsilon_{it} \qquad (8-18)$$

式中，d_n 为政策实施前面年份，dn 为政策实施后面年份，$current$ 为中央环保督察政策实施当年。

2. 变量选取与数据来源

（1）被解释变量：行业绿色绩效。

绿色绩效衡量资源的高效配置和有效利用，以及减少甚至消除对环境的破坏，实现长期可持续发展。行业绿色绩效是全部企业绿色绩效的平均水平，需要综合考虑资源投入、经济产出和环境影响，构建投入产出指标体系来测度。数据包络分析（DEA）是测量绿色绩效的常用方法，但传统 DEA 模型从径向的角度来测量效率，要求投入产出同比例变动，也没有考虑到产出中的非期望因素。超效率 DEA 模型的提出打破了效率值不能超过 1 的限制，非径向效率估计方法（SBM）则以差额变数为基础，同时对投入和产出差额进行考虑来进行效率测量。Tone（2003）[①] 则将超效率和 SBM 方法结合，提出考虑非期望的超效率 SBM 模型测量效率，其公式为：

$$\min\rho = \min\left(1 - \frac{1}{m}\sum_{i=1}^{m}\frac{s_i^-}{x_{i0}}\right)\bigg/\left(1 + \frac{1}{s_1+s_2}\left(\sum_{i=1}^{s_1}\frac{s_i^g}{y_0^b} + \sum_{i=1}^{s_2}\frac{s_i^b}{y_{i0}^b}\right)\right)$$

$$\text{s. t. } x_0 = X\lambda + s^-$$
$$y_0^g = Y^g\lambda - s^g$$
$$y_0^b = Y^b\lambda + s^b$$
$$\lambda \geqslant 0, \ s^- \geqslant 0, \ s^g \geqslant 0, \ s^b \geqslant 0 \qquad (8-19)$$

---

① Tone K. Dealing with Undesirable Outputs in DEA：A Slacks-based Measure（SBM）Approach ［J］. GRIPS Research Report Series，2003.

这里有 n 个行业，m 种投入，其元素 $x \in R^m$，并定义 $X = (x_1, x_2, \cdots, x_m) \in R^{m \times n}$ 且 $x_i > 0$；s 种产出，包括 s_1 种期望产出（$y^g \in R^{s_1}$）和 s_2 种非期望产出（$y^b \in R^{s_2}$），并定义 $Y^g = (y_1^g, y_2^g, \cdots, y_n^g) \in R^{s_1 \times n}$，$Y^b = (y_1^b, y_2^b, \cdots, y_n^b) \in R^{s_2 \times n}$，且有 $y_i^g > 0$，$y_i^b > 0$。

测度行业绿色绩效的投入指标包括劳动投入、资本投入和能源投入三个维度：（1）劳动投入指标采用从业人员（万人）的年度平均值来衡量；（2）资本投入采用固定资产净值平均余额（亿元）来衡量，即固定资产原值—累计折旧；（3）能源投入采用能源消耗总量（万吨标准煤）来衡量。产出指标包涵期望产出和非期望产出两个维度：（1）鉴于统计资料和统计口径的限制，官方统计体系2011 年后不再公布工业行业总产值，2012 年后不再公布工业行业增加值，借鉴现有研究使用主营业务收入（亿元）作为期望产出指标[1][2]；（2）非期望产出指标选取化学需氧量排放量（吨）、一般工业固体废物产生量（万吨）和工业二氧化硫排放量（吨）三个指标。

考虑到面板数据中不同时点数据的可比性，利用 Malmquist 指数动态测度行业绿色绩效的相对水平。

$$TFPch = \left[\frac{D^t(X_{t+1}, Y_{t+1})}{D^t(X_t, Y_t)} \times \frac{D^{t+1}(X_{t+1}, Y_{t+1})}{D^{t+1}(X_t, Y_t)} \right]^{\frac{1}{2}}$$

$$= \frac{D^{t+1}(X_{t+1}, Y_{t+1})}{D^t(X_t, Y_t)} \left[\frac{D^t(X, Y)}{D^{t+1}(X_{t+1}, Y_{t+1})} \times \frac{D^t(X_t, Y_t)}{D^{t+1}(X_t, Y_t)} \right]^{\frac{1}{2}} \quad (8-20)$$

公式主要反映了 t 至 $t+1$ 期间绩效的变化状况，可以分解为：$TFPch = TC \times TEC$。式（8-4）中，$TC = \frac{D^{t+1}(X_{t+1}, Y_{t+1})}{D^t(X_t, Y_t)}$ 表示技术进步变动指数（Effch），反映每一个决策单元生产技术的变化程度或者说在生产前沿面上的移动状态。$TEC = \left[\frac{D^t(X, Y)}{D^{t+1}(X_{t+1}, Y_{t+1})} \times \frac{D^t(X_t, Y_t)}{D^{t+1}(X_t, Y_t)} \right]^{\frac{1}{2}}$ 表示综合技术变动指数（Techch），是各要素自由处置且在规模报酬不变的情况下的相对效率变化。

（2）核心解释变量。

将中央环保督察视为一个外生冲击，在 2016 年之前年份虚拟变量取 0，2016

① 侯建，常青山，陈建成，等. 环境规制视角下制造业绿色转型对能源强度的影响 [J]. 中国环境科学，2020，40（9）：4155－4166.

② Soni A., Mittal A., Kapshe M. Energy Intensity Analysis of Indian Manufacturing Industries [J]. Resource－Efficient Technologies，2017，3（3）：353－357.

年之后年份虚拟变量取1。以化学需氧量排放量、工业固体废物产生量和工业二氧化硫排放量三个非期望产出指标为依据，使用熵权法测算各行业环境污染排放综合得分，将各行业分为污染密集型行业和清洁型行业，以0.1为得分节点，将35个行业划分为11个污染密集型行业和24个清洁型生产行业，[①] 污染密集型行业虚拟变量取1，清洁型生产行业虚拟变量取0。年份虚拟变量和行业虚拟变量的交乘项则是本书的核心解释变量 did。

（3）控制变量。

影响行业绿色绩效的其他主要因素，包括行业的规模、融资能力和盈利能力等，同时借鉴相关文献[②③]的研究成果，选取以下变量作为控制变量：（1）行业相对规模，采用产品销售收入与总收入之比（％）；（2）融资约束，采用负债合计与资产总计之比（％）来衡量；（3）要素禀赋，采用资产总额与平均从业人员之比；（4）净盈利能力，采用主营业务收入减去主营业务成本占主营业务收入的比重（％）；（5）外商投资，采用港澳台资本和外商投资占实收资本的比重（％）；（6）所有制结构，采用各行业国有资本占实收资本的比重（％）。

（4）数据说明。

上述所有变量均来自历年《中国统计年鉴》《中国工业统计年鉴》《中国环境统计年鉴》和国泰安数据库，为保证数据的连贯性，去掉部分缺失值较多和统计口径相差较大的行业，将2005～2011年的"橡胶制品业"与"塑料制品业"合并为"橡胶和塑料制品业"，对于个别缺失值采用线性插值法进行填充，最终选择35个工业行业作为研究单元。指标简要描述统计如表8－12所示。

---

① 污染密集型行业包括：煤炭开采和洗选业；黑色金属矿采选业；有色金属矿采选业；农副食品加工业；造纸和纸制品业；石油加工、炼焦和核燃料加工业；化学原料和化学制品制造业；非金属矿物制品业；黑色金属冶炼和压延加工业；有色金属冶炼和压延加工业；电力、热力生产和供应业。

清洁生产型行业包括：石油和天然气开采业；非金属矿采选业；食品制造业；酒、饮料和精制茶制造业；烟草制品业；木材加工和木、竹、藤、棕、草制品业；家具制造业；印刷和记录媒介复制业；医药制造业；化学纤维制造业；橡胶和塑料制品业；金属制品业；通用设备制造业；专用设备制造业；铁路、船舶、航空航天和其他运输设备制造业；电气机械和器材制造业；计算机、通信和其他电子设备制造业；废弃资源综合利用业；燃气生产和供应业；水的生产和供应业；纺织服装、服饰业；皮革、毛皮、羽毛及其制品和制鞋业；文教、工美、体育和娱乐用品制造业；仪器仪表制造业。

② 陈超凡. 中国工业绿色全要素生产率及其影响因素——基于ML生产率指数及动态面板模型的实证研究［J］. 统计研究，2016，33（3）：53－62.

③ 刘传江，张劭辉，李雪. 绿色信贷政策提升了中国重污染行业的绿色全要素生产率吗？［J］. 国际金融研究，2022（4）：3－11.

表 8 – 12   指标简要描述统计

变量	符号	样本数	均值	标准差	最小值	最大值
行业绿色绩效	TFP	490	1. 153	0. 356	0. 356	3. 666
净盈利能力	Profit	490	18. 81	11. 71	1. 915	74. 46
行业相对规模	Size	490	2. 857	2. 564	0. 122	11. 70
融资约束	Debt	490	53. 70	8. 157	21. 48	69. 53
要素禀赋	Labor	490	111. 2	105. 1	3. 373	671. 7
行业相对规模	Stru	490	17. 68	18. 28	0. 159	76. 68
外商投资	Fdi	490	21. 17	15. 76	0. 0549	76. 38

四、实证结果分析

1. 基准回归结果分析

表 8 – 13 报告了基准回归结果，表中结果（1）为控制行业和时间固定效应，但没有加入控制变量的回归结果，核心解释变量 did 系数估计值在1%的显著性水平上为正，说明中央环保督察有助于提高污染密集型行业的绿色绩效。表中结果（2）、结果（3）分别为控制行业固定效应和年份固定效应并加入控制变量的回归结果，did 系数估计值仍显著为正。结果（4）为考虑行业和年份双固定，并将控制变量纳入回归分析的结果，did 系数估计值依然在1%的显著性水平上为正。回归结果说明，在中央环保督察实施后，污染密集型行业绿色绩效有明显增加，推动行业绿色发展，假设 1 得到验证。

表 8 – 13   基准回归结果

变量	（1）	（2）	（3）	（4）
did	0. 199 *** (2. 845)	0. 188 *** (2. 688)	0. 128 * (1. 955)	0. 213 *** (2. 811)
Profit		0. 009 * (1. 851)	− 0. 003 (− 1. 299)	0. 004 (0. 833)
Size		− 0. 027 (− 1. 089)	− 0. 004 (− 0. 657)	− 0. 037 (− 1. 525)
Debt		− 0. 007 (− 1. 129)	− 0. 002 (− 0. 459)	− 0. 011 * (− 1. 716)

变量	(1)	(2)	(3)	(4)
Labor		-0.000 (-0.545)	0.000 * (1.916)	0.001 ** (2.352)
Stru		-0.010 *** (-2.754)	0.001 (0.395)	-0.012 *** (-3.346)
Fdi		0.008 *** (3.091)	0.000 (0.116)	-0.001 (-0.385)
Cons	1.312 *** (23.870)	1.466 *** (3.877)	1.235 *** (5.620)	2.180 *** (5.217)
年份固定	YES	NO	YES	YES
行业固定	YES	YES	NO	YES
Obs	490	490	490	490
R^2	0.164	0.074	0.034	0.199

注: *** 表示 $p < 0.01$, ** 表示 $p < 0.05$, * 表示 $p < 0.1$, 括号内为标准误, 下同。

从控制变量来看, 以结果 (4) 为例, 融资约束 (Debt) 的系数估计值为负, 通过了 10% 的显著性水平检验, 说明高负债率会限制资金流动性, 不利于绿色技术创新的投入, 因此降低负债率有助于污染密集型行业绿色绩效的增长; 要素禀赋 (Labor) 的系数估计值为正, 通过了 5% 的显著性水平检验, 说明吸引多种人才的涌入是提高污染密集行业绿色全要素生产率的触媒; 所有制结构 (Stru) 系数估计值为负, 通过了 1% 的显著性水平检验, 说明国有资本占比较高可能会使行业缺乏创新活力, 对行业绿色绩效产生抑制作用; 净盈利能力 (Profit) 系数估计值为正但不显著, 说明盈利能力强的行业, 并不一定把盈利的优势发挥到绿色创新能力。行业相对规模 (Size) 和外商投资 (Fdi) 的系数估计值为负但不显著, 说明外资引进存在一定的"邻避效应", 但考虑到国家对外资引进的环境准入标准提高, 这种效应有逐步减弱趋势。

2. 倾向得分匹配 – 双重差分模型 (PSM – DID)

考虑到各行业之间的初始禀赋存在较大差异, 以及中央环保督察并非真正意义上的自然实验, 利用倾向得分匹配法来解决样本数据可能存在的选择性偏差问题。这里把高污染密集行业作为实验组, 清洁型行业作为对照组, 首先通过 Logit 模型计算出实验组和对照组的倾向得分均值 (0.6446), 然后将得分相近的实验组和对照组进行匹配来测量政策的效用，通过尝试多种匹配方法得到的结果大致一致，证明了结果的稳健性，既减少了不同行业系统性的差异，又有利于提高 did 的估计精准度。实验证明，匹配后 ATT 的 t 值小于 1.96 不显著，匹配后的协变量（控制变量）的标准化均值偏差虽未全都小于 10%，但匹配过后标准化均值偏差明显小于匹配之前的标准化均值偏差，说明匹配后协变量存在的差异明显变小。共同支撑性假设检验的观测值大多聚集在 0 ~ 0.4 之间，大多数实验组和对照组的样本都在共同取值范围之内。再使用核匹配法进行具体估计，匹配后的核密度曲线明显更加接近（见图 8 - 3），其偏差明显变小，起到了降低选择性偏差的效果，证明了匹配方法的合理性。

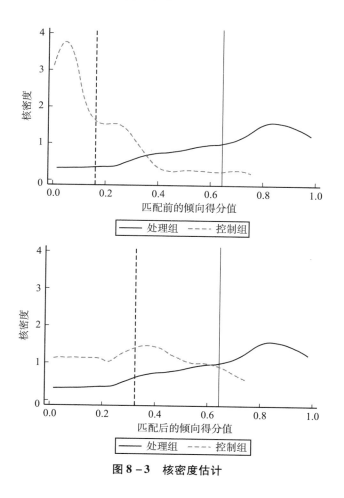

图 8 - 3 核密度估计

3. 稳健性分析

（1）平行趋势检验。

双差分法有效分析的前提是实验组和对照组满足平行趋势假定，即处理组如果没有受到政策干预，其时间趋势应与控制组一样。为避免多重共线性和同时期其他政策可能带来的扰动，仅考虑设置政策实施前5年（d_n）和后3年（dn）的时间虚拟变量，动态效应回归见表8-14结果（1），在政策实施之前，时间虚拟变量 d_5、d_4、d_3、d_2 和 d_1 系数估计值均小于0.1且不显著，说明符合平行趋势假设，即在政策实施之前，实验组和对照组不存在显著差异。在政策实施之后，时间虚拟变量 Current、d1、d2 的系数均为正且显著，并保持平稳，d3为正但不显著，说明政策实施效果在2019年开始减弱。图8-4则是各年实验组和对照组之间行业绿色绩效的差异图，在政策实施之前，实验组和对照组之间差异不明显，而在政策实施之后存在着显著的差异。总之，构建的双重差分模型通过了平行趋势检验，证明中央环保督察对提高污染密集型行业的绿色绩效有正向作用并保持稳定。

表8-14 稳健性检验

变量	（1） 动态效应回归	（2） 缩尾处理	（3） 环保法	（4） 绿色信贷	（5） 其他政策因素
did		0.195 *** （2.792）	0.224 ** （2.180）	0.207 ** （2.428）	0.224 ** （2.176）
Huanbao	.		-0.016 （-0.160）		-0.035 （-0.296）
Xindai				0.013 （0.157）	0.030 （0.294）
d_5	0.205 （1.565）				
d_4	0.063 （0.476）				
d_3	0.082 （0.607）				
d_2	-0.008 （-0.057）				

续表

变量	（1） 动态效应回归	（2） 缩尾处理	（3） 环保法	（4） 绿色信贷	（5） 其他政策因素
d_1	0.090 （0.653）				
Current	0.281** （2.027）				
d1	0.321** （2.327）				
d2	0.249* （1.807）				
d3	0.205 （1.492）				
Constant	2.308*** （5.091）	2.220*** （5.578）	2.160*** （4.952）	2.202*** （4.982）	2.186*** （4.905）
控制变量	YES	YES	YES	YES	YES
年份固定	YES	YES	YES	YES	YES
行业效应	YES	YES	YES	YES	YES
R^2	0.205	0.215	0.199	0.199	0.199

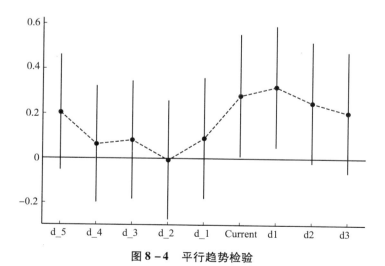

图 8-4 平行趋势检验

注：实心点上下的虚线代表着95%的置信区间。

（2）缩尾处理。

对被解释变量和控制变量进行 1% 的缩尾处理，检验是否存在异常值影响，回归结果见表 8 – 14 结果（2）列。结果发现，核心解释变量系数的估计值和显著性变化不大，证明了估计结果的稳健性。

（3）排除其他政策影响。

在中央环保督察制度发挥作用的同时，考虑到同期其他宏观政策带来的影响，将 2012 年银监会的《绿色信贷指引》和 2014 年新《环境保护法》作为其他宏观政策，设定时间虚拟变量加入回归分析，实验组和对照组保持不变，报告结果分别见表 8 – 14 中结果（3）（4）和（5），did 的系数估计值差异不大，都通过了 5% 的显著性水平检验，即使将其他宏观政策考虑在内，中央环保督察制度仍旧对行业绿色绩效发挥了显著正向作用，说明中央环保督察制度的作用不会受到同时期其他宏观政策的影响，结果具有稳健性。

（4）安慰剂检验。

本书采用安慰剂检验，进一步排除不可观测随机因素的影响，以增强实验结果的稳健性。根据现有研究的一般做法，随机创造政策时间节点，并从 35 个行业中随机抽取与样本污染密集型行业数量相等（11 个）的行业作为实验组，随机生成伪实验组和伪政策的虚拟变量，进行 500 次虚拟实验得到核密度图（见图 8 – 5），虚线为实际中央环保督察的系数估计值 0.213，可见所有安慰剂检验系数值的 t 统计变量均小于实际中央环保督察的系数值，再次证明结果的稳健性。

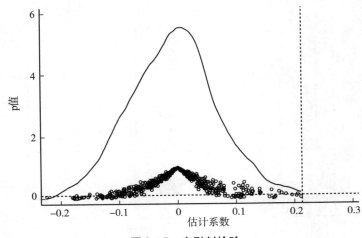

图 8 – 5　安慰剂检验

4. 异质性分析

（1）工业行业分类。

进一步对制造业的细分行业进行分析，借鉴王帅等①的做法，将35个行业分为挖掘采矿业（下称挖掘业）、电力、热力和水的生产供应业（下称供应业）和制造业，并将制造业细分为劳动密集型制造业、资本密集型制造业和技术密集型制造业，构建did和各类行业环境污染排放综合得分的交乘项进行回归，结果见表8-15。

表8-15　　　　　　　　　基于不同行业类型的异质性回归分析

变量	（1）挖掘业	（2）供应业	（3）制造业	（4）劳动密集型	（5）资本密集型	（6）技术密集型
did × score	-0.261（-0.464）	0.180（0.170）	0.967 ***（4.463）	0.263（0.522）	0.965 ***（3.141）	4.118 *（1.682）
Constant	2.272 ***（3.272）	4.654（0.723）	2.039 ***（4.302）	1.947 **（2.220）	3.921 ***（3.987）	3.582 ***（3.290）
控制变量	YES	YES	YES	YES	YES	YES
年份固定	YES	YES	YES	YES	YES	YES
行业效应	YES	YES	YES	YES	YES	YES
Observations	70	42	378	168	98	112
R^2	0.678	0.482	0.227	0.300	0.467	0.398
行业数	5	3	27	12	7	8

中央环保督察对污染密集型制造业绿色绩效的正向作用非常显著，尤其对资本密集型制造业和技术密集型制造业。一方面，淘汰行业内环保不达标企业，压缩高污染、高耗能企业产能，引进绿色环保工艺和器械来降低污染排放，提升绿色绩效；另一方面，加快推动污染密集型行业绿色技术的创新和应用，提高资源能源利用效率，实现制造业绿色发展，契合了环保政策目标，研究假设2得到佐证。

---

① 王帅，李虹. 节能评估对行业隐含能源强度的影响及其机制［J］. 中国人口·资源与环境，2022，32（6）：41-51.

（2）政府支持力度。

毫无疑问，政府对行业绿色创新的支持会对提高污染密集型行业全绿色生产率产生显著的正向作用，也体现了政府对该行业内部进行绿色结构调整的支持力度，本书采用政府对各行业 R&D 内部经费支出来衡量政府支持力度，若行业 R&D 内部经费支出大于行业均值，则赋值为 1，否则赋值为 0。见表 8 - 16 结果（1），did × 政府支持力度的系数估计值显著为正，说明政府支持力度和中央环保督察政策的实施有着相辅相成的关系，两者结合助力污染密集型行业的绿色全要素生产率提高。

表 8 - 16   其他条件异质性回归分析

变量	（1）	（2）	（3）	（4）
did × 政府支持力度	0.353 *** (2.953)			
did × 盈利能力		0.167 (1.430)		
did × 环保压力			0.208 * (1.704)	
did × 内在技术进步				- 0.355 ** (- 2.305)
Constant	2.046 *** (4.909)	2.076 *** (4.899)	2.106 *** (5.025)	2.331 *** (5.538)
其他交互项	YES	YES	YES	YES
控制变量	YES	YES	YES	YES
年份固定	YES	YES	YES	YES
行业效应	YES	YES	YES	YES
Observations	490	490	490	490
R^2	0.214	0.202	0.204	0.208
Number of industry	35	35	35	35

（3）行业盈利能力。

鉴于工业行业总产值的缺失，本书采用工业行业的利润总额来衡量工业行业的盈利能力，以各行业盈利能力均值为分界点，若行业盈利能力大于均值赋值为

1，否则赋值为0。见表中结果（2），did×盈利能力的系数估计值为正但不显著，说明中央环保督察政策的效果与行业的盈利能力无关，中央环保督察政策主要针对工业行业环保领域的权力制约与监督，不会受到行业盈利能力的影响，侧面表明了政策实施目的相比于高利润收益，更加看重"绿水青山"的重要性。

（4）环保压力。

在命令控制型环境规制政策执行的过程中，高能源消耗的行业会受到更多的规制和督导，会面临更大的环保压力，本书以各行业能源消耗总量来衡量环保压力，行业能源消耗总量高于行业均值赋值为1，否则赋值为0。见表8-16结果（3），did×环保压力的系数估计值为正，通过了10%的显著性水平检验，对于环保压力大的行业，中央环保督察政策起到的作用更明显一点，即有利于提高资源利用效率和减小环保压力，证明了中央环保督察政策取得了很好的成效。

（5）内在技术进步。

在中央环保督察政策实施的过程中，行业内在技术进步会产生很大的影响，直接影响到政策对该行业的具体实施效果，本书采用各行业发明专利授权数作为衡量行业内在技术进步的指标，以各行业内在技术进步均值为分界点，大于或等于均值的行业赋值为1，低于均值的行业赋值为0，见表8-16结果（4），did×内在技术进步的系数估计值显著为负，说明中央环保督察政策通过督察方式"严厉"要求总体低技术进步的行业进行内部整改，对内在技术进步水平低的行业产生了更大的效用。

综上所述，中央环保督察政策与多种外部因素共同作用于污染密集型行业，假设3得到证实。

五、简要结论和对策建议

中央环保督察制度是我国生态文明建设的重大制度安排，在推动绿色发展和高质量发展过程中产生深刻影响，发挥了行政命令型环境规制的积极作用。应用倾向得分匹配-双重差分模型实证分析，发现中央环保督察有助于提高污染密集型行业绿色绩效，对污染密集型制造业行业的正向影响更显著，包括资本密集型制造业和技术密集型制造业。通过异质性分析发现，中央环保督察对污染密集型行业的影响会因行业面临环保压力、政府支持和技术进步的不同存在差异。

为更好地发挥中央环保督察制度作用，需要结合碳达峰碳中和战略和创新驱动发展战略，不断创新环保督察工作机制，更好发挥其对提升行业绿色绩效的积极作用。

一是全面贯彻和落实绿色发展理念，把中央环保督察制度纳入生态文明建设总体布局，把生态环保督察工作制度化和常态化，扩大环保督察覆盖面，实现全国各地区、各行业、各企业全覆盖。进一步完善和规范生态环境保护专项督察工作，重点督察污染防治攻坚战任务落实情况，有力推动生态环保督察的监督、督察、整改和反馈落实到位。鼓励各级政府因地制宜构建督察新模式，积极总结和推广有效的督察、整改典型案例和做法，激励社会各界力量积极参与生态环保督察的工作机制，充分利用现代信息技术和监测技术提高督察效率，发挥新媒体平台的传播和警示震慑作用，坚定不移走生态优先、绿色发展之路。

二是通过环保督察推动区域经济高质量发展。深入分析各地经济发展、产业结构、生态安全定位及资源环境禀赋等实际情况，统筹推进污染防治、生态保护、应对气候变化，实现环保督察和碳达峰碳中和工作有机衔接与结合。按照主体功能区规划，不断优化区域国土空间和生态环保规划，围绕长江经济带发展、黄河流域生态保护和生态环境承载能力薄弱地区开展重点督查，重点对区域生态环境保护突出短板问题开展督察。各地要加快制定和实施碳达峰碳中和战略行动方案，严格控制高耗能高污染项目，严格落实项目环评和环境准入标准，努力实现经济效益、环境效益、社会效益多赢，推进经济社会发展全面绿色转型，促进区域经济高质量发展。

三是通过环保督察提升产业绿色创新能力。把命令控制型和市场激励型等多种类环境规制有机结合起来，通过环保督察促进企业严格遵守环境标准，加快淘汰环境不达标的生产技术和企业，压缩低效高排放产能，提高企业绿色生产的自觉性、主动性和积极性。加大对污染密集型行业节能环保和绿色创新的支持力度，推进传统制造业进行数字化改造升级，鼓励绿色生态产业加快发展，鼓励和支持企业加快绿色技术创新，大力扶持绿色产品的研发生产和推广，提升制造业绿色创新能力，全面提升制造业绿色绩效。

第三节 "双碳"战略下中国区域
碳减排的空间效应研究

在两个百年目标交汇之际，"双碳"战略目标的提出，对于贯彻新发展理念，构建新发展格局具有重大时代价值和现实意义。但中国实现"双碳"战略目标不能一蹴而就，还面临着巨大挑战，经济高速增长和人民生活水平日益提高对能源的需求刚性，清洁能源成本高、不稳定导致短期难以大规模替代传统化石能源，区域碳减排能力存在巨大差异。因此，分析我国区域节能降碳的发展趋势及相互影响的空间效应，对于未来加快发展区域低碳经济、全面实现碳达峰具有重要的现实意义。

一、文献综述

国内对碳排放达峰的研究主要围绕以下几个方面展开：

（1）碳排放峰值趋势。从理论和国际经验角度，何建坤、杜祥琬、从建辉、温照杰[①]等总结了发达国家实现碳排放峰值的基本特征。学术界针对中国碳排放影响因素、达峰时间和峰值大小进行了大量研究，林伯强等[②]等大部分学者都认为中国 2030 年可以实现碳排放达峰，结果与英国延德尔气候变化研究中心和美国劳伦斯伯克利国家实验室等研究一致，但峰值却有很大差异。

（2）区域和行业碳排放达峰。在省级层面，研究区域涉及东部地区[③]、中部地区、东北地区和西部地区[④]，在能源结构调整和能源效率提高的情景下，大部分省份碳排放峰值均能在 2030 年之前出现，但经济社会发展的差异性导致了碳排放达峰的非同步性，也体现了碳排放达峰规律的复杂性。王勇、蒋含颖[⑤]等研究了中国大城市的碳排放达峰问题。在产业层面，学术界也深入研究了结构调整对产业碳排放峰值的影响。颜廷武等认为东中部大多数省份的农业碳排放已经达峰，未达峰省份所需时长也有所区别。郭朝先发现中国工业行业碳排放将于 2030 年达到峰值，袁晓玲等[⑥]分析中国工业部门整体以及八大细分行业碳排放驱动因素，并预测了碳排放峰值，但刘晓辉认为峰值将在 2035 年达到。陈怡[⑦]等认为在既有政策情景下，电力行业碳排放在 2030 年左右达到峰值。

（3）实现碳达峰目标的战略和对策。卓骏等[⑧]利用 CGE 模型分析碳减排政

①　温照杰 . 中国与 OECD 国家碳排放达峰进程分析 ［D］. 哈尔滨：哈尔滨工业大学，2019.

②　林伯强，李江龙 . 环境治理约束下的中国能源结构转变——基于煤炭和二氧化碳峰值的分析 ［J］. 中国社会科学，2015（9）.

③　潘栋，等 . 基于能源碳排放预测的中国东部地区达峰策略制定 ［J］. 环境科学学报，2021（1）.

④　董棒棒，等 . 环境规制、FDI 与能源消费碳排放峰值预测——以西北五省为例 ［J］. 干旱区地理，2019（3）.

⑤　蒋含颖，等 . 基于统计学的中国典型大城市碳排放达峰研究 ［J］. 气候变化研究进展，2021（1）.

⑥　袁晓玲，等 . 中国工业部门碳排放峰值预测及减排潜力研究 ［J］. 统计与信息论坛，2020（9）.

⑦　陈怡，等 . 中国电力行业碳排放达峰及减排潜力分析 ［J］. 气候变化研究进展，2020（5）.

⑧　卓骏，刘伟东，丁文均 . 碳排放约束对我国经济的影响——基于动态 CGE 模型 ［J］. 技术经济，2018（11）.

策的影响，发现碳税将优化能源结构，但不利于宏观经济发展。黄润秋认为碳达峰碳中和目标愿景的提出，有利于推动经济结构绿色转型、减缓气候变化带来的不利影响、减少对化石能源进口的过度依赖。而且强化节能减排的各项指标和措施，提振了世界应对气候变化的雄心，更是推进了中国减碳进程[1]，将成为推进高质量发展的一个重要抓手和着力点，也将对世界范围内实现绿色复苏起到引领作用[2]。对于如何实现碳排放达峰目标，胡鞍钢[3]认为需要控制能源消耗总量及增速、大幅度提升非化石能源占比、消减煤炭生产和消费等，以形成"政策合力"和"协同效应"。要积极探索排污交易、碳市场和电力市场有机融合的市场化治污降碳新方式（陈菡，2020），要把落实碳达峰工作作为重要政治任务，把应对气候变化作为推动实现高质量发展的重要抓手，研究部署"十四五"规划方案。[4]

二、区域碳排放的趋势和特征

碳排放的主要来源是化石能源消耗，主要影响因素是经济增长，经济总量的快速增长必然是由于工业、交通等生产和生活对能源的消耗，而技术水平的高度决定了碳排放效率，同时能源结构在一定程度上影响碳排放，清洁能源的发展能够有效满足经济增长对能源的需求，降低碳排放增长速度。改革开放以来，中国经济进入高速增长的快车道，特别是加入 WTO 以后，全面对外开放体系逐步建成，大规模进出口的国际循环促进经济增长的同时，使中国这个"世界工厂"在工业化进程中的能源消耗和碳排放也是与日俱增。

1. 区域碳排放总量变化趋势

中国区域经济发展不平衡不协调，各地产业结构和技术水平存在明显差异，导致各地经济发展过程中能源消耗和碳排放呈现显著差异。虽然我国在 20 世纪90 年代就强化了资源节约和环境保护意识，后来更是逐步加强了节能减排的政策约束，直至 2020 年国家宣布"双碳"战略目标，要求全国和各地 2030 年之前实现碳达峰目标，但是区域经济在工业化进程中，仍然呈现出能源消耗的快速增长和碳排放快速上升趋势。表 8 – 17 中是部分年份 30 个省份碳排放总量以及增

---

① 潘家华. 压缩碳排放峰值加速迈向净零碳 [J]. 环境经济研究，2020，5（4）.

② 何建坤. 强化实现碳达峰目标的雄心和举措 [N]. 中国财经报，2020 – 11 – 17.

③ 胡鞍钢. 中国实现 2030 年前碳达峰目标及主要途径 [J]. 北京工业大学学报（社会科学版），2021（1）.

④ 王金南，严刚. 加快实现碳排放达峰推动经济高质量发展 [N]. 经济日报，2021 – 01 – 04.

速比较。

表 8-17　30 个省份碳排放总量和增长态势

地区	2005 年（百万吨）	2010 年（百万吨）	2015 年（百万吨）	2019 年（百万吨）	2010～2015 年增长（%）	2015～2019 年增长（%）	2005～2019 年增长（%）
北京	95.4	96.8	83.4	70.6	-13.9	-15.3	-26.0
天津	89.6	134.3	135.1	137.7	0.6	1.9	53.7
河北	408.9	569.4	639.4	593.4	12.3	-7.2	45.1
山西	296.5	654.0	1474.5	1700.0	125.4	15.3	473.4
内蒙古	246.6	562.5	753.8	972.8	34.0	29.1	294.5
辽宁	397.9	494.6	502.4	628.0	1.6	25.0	57.8
吉林	146.9	225.8	218.9	197.8	-3.1	-9.6	34.7
黑龙江	228.0	351.5	347.8	341.1	-1.1	-1.9	49.6
上海	142.3	161.4	161.6	159.5	0.1	-1.3	12.1
江苏	386.7	546.3	634.2	636.6	16.1	0.4	64.6
浙江	267.4	375.8	381.5	419.1	1.5	9.9	56.8
安徽	171.6	282.9	392.8	399.0	38.9	1.6	132.4
福建	99.4	179.6	234.5	276.0	30.5	17.7	177.7
江西	90.3	134.2	170.4	186.2	27.0	9.3	106.1
山东	661.8	929.1	1052.2	1244.7	13.2	18.3	88.1
河南	343.3	573.1	537.1	464.0	-6.3	-13.6	35.1
湖北	167.8	279.6	252.9	282.4	-9.6	11.7	68.2
湖南	167.2	231.7	250.5	242.1	8.1	-3.4	44.8
广东	272.2	445.1	497.9	569.0	11.9	14.3	109.1
广西	70.5	134.3	173.2	226.6	29.0	30.8	221.2
海南	7.6	44.9	65.4	66.1	45.5	1.1	774.9
重庆	73.3	138.4	139.2	125.7	0.6	-9.6	71.5
四川	159.4	283.6	253.6	276.6	-10.6	9.1	73.5
贵州	144.1	246.8	327.6	289.2	32.8	-11.7	100.7
云南	124.6	176.3	178.7	172.1	1.4	-3.7	38.2
陕西	217.3	308.3	529.4	611.6	71.7	15.5	181.4

地区	2005 年 （百万吨）	2010 年 （百万吨）	2015 年 （百万吨）	2019 年 （百万吨）	2010～2015 年 增长（%）	2015～2019 年 增长（%）	2005～2019 年 增长（%）
甘肃	104.5	145.1	176.6	185.4	21.7	5.0	77.4
青海	21.1	37.1	44.1	45.3	18.6	2.8	114.4
宁夏	74.0	151.5	193.4	251.9	27.6	30.3	240.3
新疆	132.4	240.8	379.1	519.3	57.4	37.0	292.1

资料来源：中国碳核算数据库（https：//www.ceads.net.cn/）。

数据表明，中国各省份碳排放总量总体保持高速增长态势，2005 年碳排放总量最大的是山东，为 6.62 亿吨，超过 3 亿吨的有 5 个省份，分别是山东、河北、辽宁、江苏、河南，超过 2 亿吨的有 6 个省份，超过 1 亿吨的有 10 个省份。到 2019 年，碳排放超过 1 亿元吨的省份有 27 个，有 6 个省份碳排放总量超过 6 亿吨，其中山西和山东的碳排放总量分别为 17 亿吨和 12.45 亿吨，只有北京、海南和青海碳排放总量低于 1 亿吨。可见，近 20 年来，各省份碳排放总量增长明显，超大规模碳排放的省份数量明显增加。

从碳排放总量增长情况来看，"十二五"期间，有 24 个省份碳排放呈现增长，6 个省份下降，有 12 个省份增长超过 20%，3 个省份增长超过 50%，其中山西增长超过 125%。截至 2019 年，"十三五"期间有 20 个省份的碳排放增长，10 个省份下降，有 5 个省份增长超过 20%，3 个省份增长超过 30%，其中新疆增长最高达到 37%。比较而言，"十三五"期间能源约束力度加大，经济转型速度加快，清洁能源的快速发展和能源结构的持续优化，使各区域碳排放总量增速明显放缓，总量下降的省份明显增加。2005～2019 年，全国只有北京的碳排放总量实现了下降，而且下降幅度较大为 26%，其他省份都有上升，其中有 13 个省份的碳排放总量翻倍，尤其是海南总量增长 7 倍多，山西增长 4 倍多。因此，要控制碳排放总量增长，确保实现碳达峰目标，必须重点关注碳排放总量快速增长的省份，使这些省份的碳排放增长速度得到有效控制。

2. 区域碳排放强度变化趋势

自 2009 年中国参加哥本哈根气候变化大会，明确了中国在应对气候上的立场，并多次向世界宣布中国自愿减排目标，即 2020 年碳排放强度比 2005 年下降 40%～45%。此后逐步提出了碳减排的行动方案和各项政策举措，继而在国家"十二五"和"十三五"规划中明确提出了碳减排目标，并要求各省份把碳排放强度下降目标作为约束性指标纳入各个五年规划。这里对各省碳排放强度及其变化进行比较分析，考虑到可比性，计算碳排放强度时 GDP 以 2005年不变价核算，表 8 – 18 是 2019 年各省碳排放强度和 2005～2019 年碳排放强度变化。

表 8 – 18　　　　　　　　　　30 个省份碳排放强度及变化分类

碳强度（吨/万元）	碳强度变化		
	60% 以下	60%～100%	100% 以上
低于 1 吨/万元	北京、上海、江苏、浙江、湖南、广东、重庆、四川	福建	
1～5 吨/万元	天津、河北、辽宁、吉林、黑龙江、安徽、江西、山东、河南、湖北、贵州、云南、甘肃、青海	广西、陕西	海南
5～10 吨/万元		内蒙古	新疆
高于 10 吨/万元		宁夏	山西

资料来源：国家统计局网站、中国碳核算数据库。

汇总结果表明，碳排放强度低于 1 吨/万元的有 9 个省份，大多数是东部沿海较发达地区，另外中部湖南和西部四川、重庆的碳排放强度也都很低，其中北京碳排放强度最低，只有 0.31 吨/万元。碳排放强度处于 1～5 吨/万元的省份有17 个，大多数是中西部和东北地区。内蒙古和新疆的碳排放强度超过 5 吨/万元，宁夏和山西的碳排放强度超过 10 吨/万元，都是中西部地区。

从碳排放强度变化来看，2005～2019 年下降幅度超过 40% 的有 22 个省份，也即这些省份提前实现了碳排放强度下降 40%～45% 的国家碳减排目标，其中北京碳排放强度下降幅度最大，为 77.7%，另外云南、湖南、重庆、河南、上海、湖北 6 省市碳排放强度下降幅度超过 60%，还有四川等 9 个省份碳排放强度下降幅度超过 50%。没有完成国家碳排放强度下降目标的省份有 8个，其中福建是东部省份，其他都是中西部地区，新疆、海南和山西的碳排放强度不降反升，而山西和海南的碳排放强度甚至翻倍增长，对节能降碳和碳达峰目标不利。

3. 区域碳排放的脱钩弹性分析

弹性系数是一个变量增长速度与另一个变量增长速度的比值，反映两个变量增长的同步性，可以用来反映碳排放与经济增长的脱钩问题，一般根据弹性系数值大小、变量增速的正负性综合判断是否脱钩以及脱钩强度，共分为脱钩、负脱钩、连接三种状态和八种脱钩类型。图8－6反映了关键年度和期间30个省份碳排放弹性系数。

结果显示，2005年有山西、湖北、海南和四川4个省份弹性系数小于0，实现碳排放强脱钩，有上海等7个省份弹性系数小于0.8，是弱脱钩，但有吉林、黑龙江和江苏等11个省份弹性系数大于1.2，是扩张负脱钩。2010年，没有碳排放强脱钩省份，有北京等12个省份是弱脱钩，仍然有天津等10个省份是扩张负脱钩，其他省份都是扩张连接。2019年，没有强脱钩省份，有北京等12个省份是弱脱钩，有天津等10个省份是扩张负脱钩。

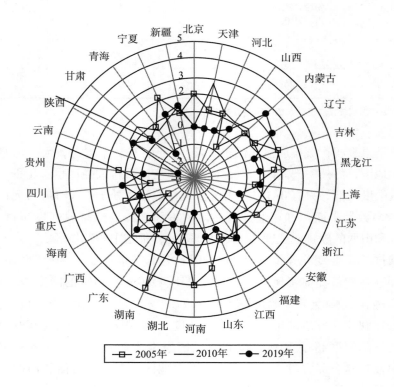

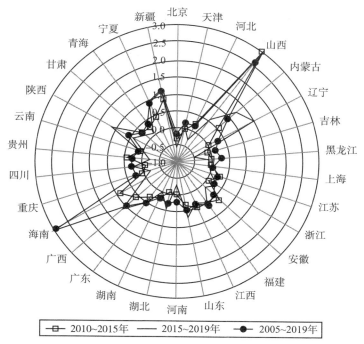

图 8-6 区域碳排放和经济增长的弹性系数

资料来源：国家统计局网站、中国碳核算数据库。

从期间评价来看，"十二五"期间，北京、吉林、黑龙江、河南、湖北和四川 6 个省份实现强脱钩，天津等 21 个省份实现弱脱钩，只有山西 1 个省是扩张负脱钩。"十三五"期间，有北京等 10 个省份实现强脱钩，天津等 15 个省份实现弱脱钩，内蒙古、辽宁和新疆 3 个省是扩张负脱钩。相比"十二五"期间，实现强脱钩的省份增加了 4 个，但是扩张负脱钩的省份也增加了 2 个。2005～2019 年，只有北京 1 个省份实现了强脱钩，但是有天津等 23 个省份实现了弱脱钩，山西和海南 2 个省份是扩张负脱钩。能够实现强脱钩和弱脱钩的省份日益增加，区域经济增长碳排放脱钩趋势日益向好，表明我国碳减排政策举措取得积极成效，但还是有个别省份经济增长形成了对资源能源的路径依赖，短期内难以有效控制碳排放增长速度，需要切实转变发展方式和增长动能，加快形成碳排放脱钩的良好局面。

三、区域碳排放的空间效应分析

全局莫兰指数（Moran's I）是一种空间自相关分析的统计指标，强调区域指标和均值差异的共变性，利用个体之间空间距离权重矩阵，反映总体或者样本平均的空间相关性和空间集聚效应，计算公式为：$I = \dfrac{n}{\sum_i \sum_j w_{ij}} \times \dfrac{\sum_i \sum_j w_{ij}(x_i - \bar{x})(x_j - \bar{x})}{\sum_i (x_i - \bar{x})^2}$，取值范围〔-1，1〕，其中 i，j 代表个体，w 为空间距离权重。局部莫兰指数则反映个体之间的空间相关性和空间集聚效应，如果指数显著，说明个体之间存在"高-高"聚集、"低-低"聚集、"高-低"异常、"低-高"异常等几种可能的空间相关性，个体的局部莫兰指数平均数为全局莫兰指数，其计算公式为：$I_i = \dfrac{n^2}{\sum_i \sum_j w_{ij}} \times \dfrac{(x_i - \bar{x})\sum_j w_{ij}(x_j - \bar{x})}{\sum_j (x_j - \bar{x})^2}$。这里测算全国区域碳排放强度和碳排放弹性系数的全局莫兰指数和局部莫兰指数，以分析区域碳排放的空间效应。空间距离权重矩阵采用地理相邻方法设置，即如果两个省份存在地理接壤，权重设定为1，否则设定为0。

1. 碳排放强度的空间效应分析

选取 2005 年、2010 年、2015 年、2019 年 4 个关键年份的碳排放强度指标测算全局莫兰指数，结果分别为 0.3857、0.2544、0.2417 和 0.1614，基本上都能够通过显著性检验，除了 2019 年指数值较小，显著性水平只有 9%，其他年份的莫兰指数都比较大，能够在 5% 显著性水平下通过检验，说明 30 个省份碳排放强度具有明显的空间效应，碳排放具有空间上的正相关性（见图 8-7）。

从区域碳排放强度的局部莫兰指数散点图来看，大部分省份处于第一象限"高-高"聚集区域和第三象限"低-低"聚集区域，只有少数省份落在第三、四象限。碳排放强度高的省份，周边省份的碳排放强度也比较高，反之，碳排放强度较低的省份，周边省份的碳排放强度也比较低，这说明区域碳排放强度的空间聚集效应比较明显。为加强区域碳排放管理，促进碳减排的区域合作成为必要途径，要重点关注第一象限"高-高"聚集区的省份，大多数是西部地区，经济较不发达，碳排放强度偏高，应该采取积极措施，推动低碳经济发展，切实降低碳排放强度，为实现碳达峰战略目标奠定基础。

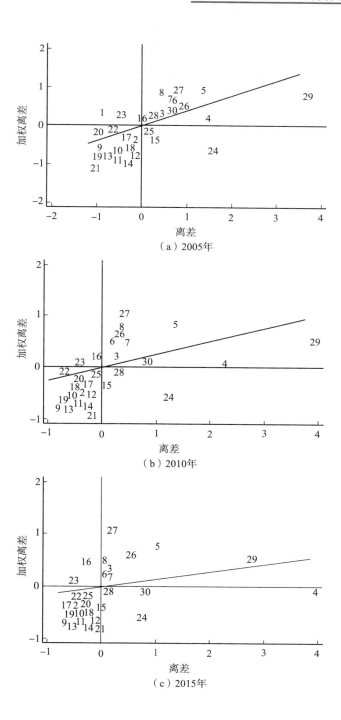

（a）2005年

（b）2010年

（c）2015年

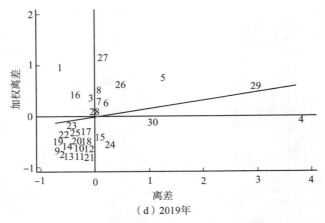

（d）2019年

图 8 - 7　区域碳排放强度的局部莫兰指数散点图

注：图中数字分别代表1. 北京，2. 天津，3. 河北，4. 山西，5. 内蒙古，6. 辽宁，7. 吉林，8. 黑龙江，9. 上海，10. 江苏，11. 浙江，12. 安徽，13. 福建，14. 江西，15. 山东，16. 河南，17. 湖北，18. 湖南，19. 广东，20. 广西，21. 海南，22. 重庆，23. 四川，24. 贵州，25. 云南，26. 陕西，27. 甘肃，28. 青海，29. 宁夏，30. 新疆。下图同。

资料来源：国家统计局网站、中国碳核算数据库。

2. 碳排放弹性系数的空间效应分析

选取 2005 ～2010 年、2010 ～2015 年、2015 ～2019 年、2005 ～2019 年 4 个区间的碳排放弹性系数指标测算全局莫兰指数，结果分别为 - 0. 0148、- 0. 0404、- 0. 0782、- 0. 0317，发现系数值都是负数且绝对值非常小，不能通过显著性检验，说明中国 30 个省份的碳排放弹性系数没有空间效应，碳排放脱钩进程不具有空间上的相关性（见图 8 - 8）。

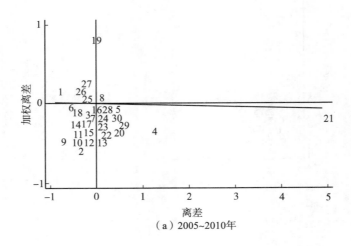

（a）2005~2010年

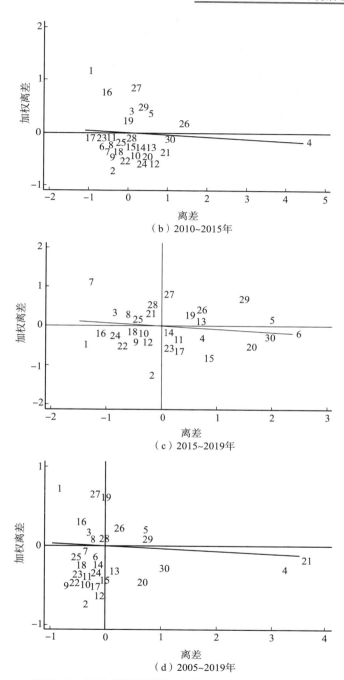

图 8 − 8　区域碳排放弹性系数的局部莫兰指数散点图

资料来源：国家统计局网站、中国碳核算数据库。

从区域碳排放弹性系数的局部莫兰指数散点图来看，"高－高"聚集、"低－低"聚集、"高－低"异常、"低－高"异常四种情况都存在，个体在四个象限分布较为均匀，产生这一现象的原因可以解释为，影响碳排放脱钩的因素较多，除了经济发展水平以外，还有技术创新能力、产业结构以及环境规制水平等，区域因素的作用不明显。

四、结论和建议

进入新发展阶段，实现"双碳"目标要有新的担当和新的作为，深入贯彻习近平生态文明思想，全面树立绿色低碳发展导向，按照顶层设计和实践探索相结合、有为政府和有效市场相结合、低碳生产和低碳生活相结合，统筹处理好经济发展和节能降碳的关系，科学制定碳达峰碳中和的实施路径和政策保障体系，着力推进区域碳减排的协调与合作，持续增强区域绿色发展动能，为早日实现"双碳"目标贡献奠定基础。

1. 建立现代化产业体系，促进经济绿色低碳转型

加快形成供给侧和需求侧结构性改革双轮驱动格局，淘汰高耗能高排放落后产能，加快产业基础高级化步伐，解除高碳化石能源消耗的路径依赖，形成有利于节约资源和保护环境的产业结构，建立有利于实现"双碳"目标的绿色发展产业体系，在推动高质量发展中促进绿色低碳全面转型。重点支持新能源、新能源汽车、人工智能、集成电路、生物医药、高端装备、新材料等先进制造产业发展，大力发展数字经济和绿色低碳循环经济，推动传统产业的数字化转型升级，提升数字要素优化配置驱动力。鼓励和扶持新业态新产业新模式，打造供应链、价值链、产业链和生态链良性循环圈，提高产业链现代化水平，在"双循环"新发展格局中大力提升数字贸易的规模和质量，大幅度减少"两头在外、中间在内"国际贸易模式形成的隐形碳排放，构建绿色低碳国际贸易体系。

2. 建成绿色低碳能源体系，确立能源降碳主导地位

优化能源结构，建立以清洁能源为主的能源保障体系，是能源产业转型的基本要求，也是未来碳中和的根本出路。发挥各地资源禀赋优势，大力发展风力发电、光伏发电、生物质能等可再生能源，安全高效发展核电，有序发展水电，加快清洁能源对传统化石能源替代，优化新能源产业布局，大幅度提升清洁能源供给和保障水平。强化能源需求侧管理，加强工业、建筑、交通等重点领域节能，推广应用更加严格的产品节能标准，加快终端用能清洁化。大力建设数字化智能电网，实现全社会电力智能配置，积极推进能源价格体系改革，形成有利于清洁能源产业发展和社会应用的能源价格体系。发展第三方能源管理服务业，通过社会化、专业化能源管理，大幅度减少生产领域的能源浪费，切实提高能源利用效率。

3. 建设能源技术创新体系，发挥技术降碳基础作用

应对气候变化的本质是经济发展从资源依赖走向技术依赖，要重点打造节能降碳技术研发团队，加强低碳、零碳、负碳重大科技攻关，在产能、储能、用能、碳汇、碳捕获和封存等领域实现先进技术突破和广泛应用。聚焦光伏材料、氢能生产、电池储能技术，发挥现有龙头企业带动作用，构筑新能源技术研发合作平台，倾力培养和引进创新创业人才，打造新能源创新产业集群。构建和完善城市智慧交通体系，积极推广应用城乡建筑节能技术，大力扶持企事业单位和家庭适用的分布式发电技术研发，推进碳捕获和封存技术的研发及应用，建立节能降碳技术支撑体系。

4. 完善节能降碳政策体系，激发市场降碳激励效应

节能降碳是全社会系统性工程，需要发挥有为政府和有效市场的协同作用，在科技、环保、产业、财税、金融和人才等方面构建低碳政策体系。鼓励部分地区和部分行业先行先试，探索提前实现"双碳"目标的改革举措，形成有利于向全国复制推广的改革经验。加强能源消费双控工作，积极推动和完善碳排放权、用能权交易，推进碳交易主体全行业、全领域覆盖，完善各地区和各行业碳排放配额分配方案，完善碳排放监测、报告和核查制度，防范区域间的碳转移和碳泄漏，切实维护碳排放交易公平。构建多层次、多渠道碳金融体系，创新和丰富碳金融产品，完善促进绿色低碳投资的激励机制，建立统一的环境权益要素市场。

5. 发展碳汇产业化体系，提升固碳和碳汇能力

固碳减碳是实现"双碳"目标的必要补充，要通过产业化途径提升固碳和碳汇能力。我国森林覆盖率稳步提升，要继续强化造林护林工作，优化森林林分结构，增加森林蓄积量，持续提升林业固碳能力。拓展林业生态产品价值实现途径，在生态公益林、天然林、重点区位商品林等大力发展林业碳汇项目，完善林业碳汇项目交易机制，推广和完善金融支持林业碳汇项目机制，发展林业碳汇第三方服务市场。鼓励和扶持具有固碳能力的近海生态养殖，建设固碳降碳的绿色新型海洋牧场，构建海洋碳汇核算、认证、评估体系，推动海洋碳汇交易。开展碳捕获和存储技术攻关，培育固碳产业，挖掘和提升固碳潜力。

6. 构建人与自然和谐共生体系，践行绿色低碳生活方式

实现"双碳"目标应对气候变化，是人与自然和谐共生的根本要求，也是贯彻新发展理念的必然要求。要通过各种途径广泛教育和宣传，形式绿色低碳的社

会共识，推动生产方式和消费方式发生根本性转变，将简约适度、绿色低碳、文明健康的生活理念和生活方式落到实处。全方位推广绿色低碳生活方式，开展创建低碳城市、低碳社区、低碳企业、低碳家庭等行动，充分利用大数据和人工智能技术，积极为居民低碳出行创造便利条件，推广应用家庭用电智能管理系统，挖掘居民生活节能潜力。建立包括碳足迹、碳资产、碳信用的个人低碳账户系统，探索个人碳排放权征信和交易体系，督促个人为节能降碳做出积极贡献，推动建设人与自然和谐发展的现代化社会。

第四节　低碳城市试点的绿色技术创新效应

实施碳达峰碳中和战略，标志我国生态文明建设进入了以节能降碳为重点战略方向、生态环境质量改善由量变到质变的关键时期。国家碳达峰行动方案提出要发挥科技创新的支撑引领作用，完善科技创新体制机制，强化创新能力，加快绿色低碳科技革命。绿色技术是指降低消耗、减少污染、改善生态，促进生态文明建设、实现人与自然和谐共生的新兴技术，是解决经济发展与节能减排两难问题的根本途径，也是推动经济高质量发展和实现碳达峰碳中和战略的重要支撑①。绿色技术创新正成为全球新一轮产业变革和科技创新的重要新兴领域，在推动传统产业升级破解"三高"难题，实现节能减排和防治污染的绿色发展中发挥重要作用。由于技术市场具有外部性，环境友好型绿色技术创新活动缺乏市场激励，政策干预因而至关重要。虽然环境政策在治理环境方面的作用得到实践验证②，但其对绿色技术创新的影响则存在较大争议。正向促进观点参照波特假说，认为环境政策促使企业为治污降低成本而寻求技术创新，通过绿色技术创新以获取高额收益来弥补治污成本③。环境政策中政府研发补贴减少企业治污成本的同时，也为企业研发提供了资金来源，对绿色技术创新提供了支持④⑤。而反向抑制观

---

① 国家发展改革委，科技部. 关于构建市场导向的绿色技术创新体系的指导意见［R］. 2019.

② Porter M. E., Linde C. V. D. Toward a New Conception of the Environment – Competitiveness Relationship［J］. Journal of Economic Perspectives, 1995, 9（4）: 97 – 118.

③ 原毅军，陈喆. 环境规制、绿色技术创新与中国制造业转型升级［J］. 科学学研究, 2019, 37（10）: 1902 – 1911.

④ 王娟茹，张渝. 环境规制、绿色技术创新意愿与绿色技术创新行为［J］. 科学学研究, 2018, 36（2）: 352 – 360.

⑤ 颜晓燕，金辛玫，童图军. 我国环境规制的研究热点与发展脉络——基于 CNKI 的可视化分析［J］. 江西社会科学, 2019, 39（5）: 99 – 110.

点认为，环境政策增加企业治污成本，会减弱企业研发投入能力，从而对绿色技术创新具有抑制作用[①]。还有观点认为环境政策对绿色技术创新的作用不明确，可能表现出先抑制后促进[②]、先促进后抑制[③]、先促进后无效[④]等不同现象，甚至产生空间溢出效应[⑤⑥]。因此，环境政策如何作用于绿色技术创新，这种作用又会受到哪些外在因素的影响，都值得继续深入研究。

从 2010 年开始，我国开始开展低碳城市试点，经过不断探索，已经建立了包括国家低碳试点城市、省级低碳试点城市、碳排放交易试点、国家气候适应型试点城市等在内的各类低碳试点城市，在探索绿色低碳发展的制度创新和工作机制方面取得积极成效。各试点城市大都把推动绿色技术创新放在政策试点的重要位置，通过税收减免和研发补贴等政策来促进绿色技术创新，以纠正环境资源外部性而导致的"市场失灵"问题，激发企业创新活力，推动城市绿色发展。低碳城市试点作为我国重要的环境制度创新，具有典型的地方自创新特点，从理论和实践层面分析其对绿色技术创新的作用机制和政策效果，对加快城市绿色低碳转型具有极其重要的现实意义。

一、文献综述

理论上来说，低碳城市试点政策属于综合型环境规制政策，实施目的是控制温室气体排放，核心在于寻找低碳减排和经济增长双赢的道路[⑦]。能源效率提高本质上属于技术创新，但学者们就环境规制对技术创新的影响存在较大分歧，一方面，新古典经济理论学者基于"遵循成本效应"，认为环境规制会增加企业经营活动压力，迫使企业放弃最优决策，从而挤兑企业在技术创新方面的投

①　李斌，彭星，欧阳铭珂. 环境规制、绿色全要素生产率与中国工业发展方式转变——基于 36 个工业行业数据的实证研究 [J]. 中国工业经济，2013（4）：56 – 68.

②　程广斌，陈曦. 可持续发展新路径：环境规制和技术进步——基于门槛效应的实证检验 [J]. 安徽师范大学学报（人文社会科学版），2019，47（3）：69 – 77.

③　李新安. 环境规制、政府补贴与区域绿色技术创新 [J]. 经济经纬，2021，38（3）：14 – 23.

④　尤济红，王鹏. 环境规制能否促进 R&D 偏向于绿色技术研发？——基于中国工业部门的实证研究 [J]. 经济评论，2016（3）：26 – 38.

⑤　林春艳，宫晓蕙，孔凡超. 环境规制与绿色技术进步：促进还是抑制——基于空间效应视角 [J]. 宏观经济研究，2019（11）：131 – 142.

⑥　董直庆，王辉. 环境规制的"本地—邻地"绿色技术进步效应 [J]. 中国工业经济，2019（1）：100 – 118.

⑦　庄贵阳. 中国低碳城市试点的政策设计逻辑 [J]. 中国人口·资源与环境，2020，30（3）：19 – 28.

入，降低企业创新的动力和潜力①。另一方面，波特（Porter）等提出"波特假说"，认为合理的环境规制有利于激发企业技术创新动力和潜力，诱发"创新补偿效应"，弥补环境规制所增加的成本，达到环境规制和技术创新双赢的效果。此外，也有部分学者认为环境规制与技术创新存在"U"形关系和不确定的非线性关系②③。

　　具体到低碳城市试点政策上，低碳城市建设是实现"碳达峰、碳中和"目标和绿色经济发展的重要驱动力，许多学者采用双重差分法从多个方面评测低碳城市试点政策成效，得到比较一致的结论是低碳城市试点显著降低了城市碳排放量，对试点城市的效果更加明显④⑤。除此之外，低碳城市试点政策的出台也显著减少城市废气排放，降低城市空气污染水平⑥⑦，有助于产业结构升级并产生了正向空间溢出效应⑧，并推动了政策创新⑨。也有学者认为低碳城市试点政策显著提高城市生态效率，如杜民泽等⑩提出了新型混合三角包络理想分解模型（TEA – IS）测评我国 248 个地级市生态效率，认为低碳城市试点政策提高城市生态效率，主要归功于绿色技术创新机制。上述研究直接或间接地表明城市碳减排取得良好成效，但也存在低碳城市试点政策概念界定模糊、部分地区职责不

① Gray W. B. The Cost of Regulation：OSHA，EPA and the Productivity Slowdown［J］. American Economic Review，1987，77（5）：998 – 1006.

②⑦ 宋弘，孙雅洁，陈登科. 政府空气污染治理效应评估——来自中国"低碳城市"建设的经验研究［J］. 管理世界，2019，35（6）：95 – 108，195.

③ Du K，Cheng Y.，Yao X.. Environmental Regulation，Green Technology Innovation，and Industrial Structure Upgrading：the Road to the Green Transformation of Chinese Cities［J］. Energy Economics，2021，98：105247.

④ 禹湘，陈楠，李曼琪. 中国低碳试点城市的碳排放特征与碳减排路径研究［J］. 中国人口·资源与环境，2020，30（7）：1 – 9.

⑤ 周迪，周丰年，王雪芹. 低碳试点政策对城市碳排放绩效的影响评估及机制分析［J］. 资源科学，2019，41（3）：546 – 556.

⑥ 彭璟，李军，丁洋. 低碳城市试点政策对环境污染的影响及机制分析［J］. 城市问题，2020（10）：88 – 97.

⑧ 逯进，王晓飞，刘璐. 低碳城市政策的产业结构升级效应——基于低碳城市试点的准自然实验［J］. 西安交通大学学报（社会科学版），2020，40（2）：104 – 115.

⑨ Ming Tie.，Ming Qin.，Qijiao Song.，Ye Qi. Why does the Behavior of Local Government Leaders in Low-carbon City Pilots Influence Policy Innovation？［J］. Resources，Conservation and Recycling，2020，152：104483.

⑩ Du Minzhe.，Antunes Jorge.，Wanke Peter.，Chen Zhongfei. Ecological Efficiency Assessment under the Construction of Low-carbon City：a Perspective of Green Technology Innovation［J］. Journal of Environmental Planning and Management，2002，65（9）：1727 – 1752.

清、任务不明或权限不足的难题①，且从三批试点城市取得的成效来看，仍与低碳城市试点政策的建设预期存在一定差距，但试点的目的就是为了"做榜样"和积累建设经验，部分试点城市采取创新型措施并取得成效后推广到其他城市，起到"由点带面"的扩散作用②。

　　绿色技术创新是节能降碳和绿色发展的关键途径，以低碳城市试点为代表的环境规制能否诱发绿色技术创新也引发学者们的讨论。已有学者研究分析了排污权交易试点政策③、中央环保督察政策④、绿色信贷指引政策⑤等环境规制与绿色技术创新之间关系，得出了较为一致的结论，即环境规制有助于提高绿色技术创新水平。如徐洪等⑥从区域环境规制政策视角出发，将长三角区域规划作为环境规制并采用双重差分法分析全国大部分地级市面板数据，发现长三角区域规划对绿色技术创新水平的激励作用正在逐年提高。作为综合型环境规制，低碳城市试点也不例外，学者们主要从企业、产业和城市三个层面进行研究，显著提高了绿色技术创新水平。多数学者从企业层面出发，得出低碳城市试点能够促进企业绿色技术创新⑦⑧⑨。如徐佳等⑩将上市公司绿色专利申请作为绿色技术创新指标，认为政策在一定程度上诱发了企业绿色技术创新，有助于能源节约类发明专利申请以提高能源利用效率，也增加了能源生产类发明型专利的申请以推动能源结构

---

①　章文光，马振涛. 低碳城市试点中地方政府制度创新角色及行为——以珠海市为例［J］. 中国行政管理，2014（11）：28 – 31.

②　庄贵阳. 中国低碳城市试点的政策设计逻辑［J］. 中国人口·资源与环境，2020，30（3）：19 – 28.

③　齐绍洲，林屾，崔静波. 环境权益交易市场能否诱发绿色创新？——基于我国上市公司绿色专利数据的证据［J］. 经济研究，2018，53（12）：129 – 143.

④　Qi Yong.，Bai Tingting.，Tang Yanan. Central Environmental Protection Inspection and Green Technology Innovation：Empirical Analysis based on the Mechanism and Spatial Spillover Effects［J］. Environmental Science and Pollution Research，2022.

⑤　王馨，王营. 绿色信贷政策增进绿色创新研究［J］. 管理世界，2021，37（6）：173 – 188，11.

⑥　Xu Hong，Qiu Lei，Liu Baozhen，Liu Bei，Wang Hui，Lin Weifen. Does Regional Planning Policy of Yangtze River Delta Improve Green Technology Innovation? Evidence from a Quasi-natural Experiment in China［J］. Environmental Science and Pollution Research，2021，28（44）：62321 – 62337.

⑦　徐佳，崔静波. 低碳城市和企业绿色技术创新［J］. 中国工业经济，2020（12）：178 – 196.

⑧　熊广勤，石大千，李美娜. 低碳城市试点对企业绿色技术创新的影响［J］. 科研管理，2020，41（12）：93 – 102.

⑨　钟昌标，胡大猛，黄远浙. 低碳试点政策的绿色创新效应评估——来自中国上市公司数据的实证研究［J］. 科技进步与对策，2020，37（19）：113 – 122.

⑩　徐佳，崔静波. 低碳城市和企业绿色技术创新［J］. 中国工业经济，2020（12）：178 – 196.

低碳转型。马金涛等[①]认为低碳城市试点可以通过税收和补贴等激励措施缓解企业融资约束，鼓励企业的绿色技术创新行为。部分学者从产业层面出发，发现低碳城市试点有助于制造业的技术创新路径从技术引进向自主研发转变，实现能源效率提升和绿色经济发展双赢[②]。也有学者从城市层面关注低碳城市试点对绿色技术创新的影响，王星[③]基于双重差分法得出低碳城市试点政策有助于提高城市层面绿色技术创新水平，提高途径包括政府干预和公众参与两方面。邵帅和李嘉豪[④]发现低碳城市试点有助于促进绿色技术进步和绿色技术外溢，存在网络空间的贡献率比本地空间贡献率大的现象，高行政等级的"中心城市"绿色技术创新水平受政策的正向影响更大且存在正向空间溢出效应，中心城市对其他"非中心"城市的绿色技术创新溢出效应与地理距离成反比。

总的来说，现有研究肯定了低碳城市试点对绿色技术创新的积极影响，但多聚焦于企业绿色技术创新层面，为进一步探索低碳城市试点对绿色技术创新效果的准确性和有效性，本章将实证研究聚焦于城市层面。本章可能边际贡献在于：（1）关注低碳城市试点政策对不同技术创新含量的绿色技术创新的影响，全面考察了试点政策对我国城市绿色技术创新的影响；（2）从城市不同碳排放量、行政等级和创新创业水平的角度对低碳城市试点影响绿色技术创新效果进行异质性分析，区分政策对绿色技术创新产生的差异化影响；（3）研究城市主政官员平均任期长短在低碳城市试点中的作用，分析试点政策效果与地方官员之间的联系，为低碳城市试点政策提供更全面的视角。

二、理论分析和研究假设

我国进入新发展阶段，加快绿色技术创新是高质量发展和"碳达峰碳中和"战略的内在要求。低碳城市试点是针对城市层面节能降碳而提出的综合型环境规制政策，主要通过制度创新和绿色技术创新提高能源利用率，降低碳排放，实现

① Ma Jintao. , Hu Qiuguang. , Shen Weiteng. , Wei Xinyi. Does the Low – Carbon City Pilot Policy Promote Green Technology Innovation? Based on Green Patent Data of Chinese A – Share Listed Companies [J]. International-al Journal of Environmental Research and Public Health, 2021, 18 (7): 3695.

② 胡亚男，余东华. 低碳城市试点政策与中国制造业技术路径选择 [J]. 财经科学，2022 (2): 102 – 115.

③ 王星. 低碳城市试点如何影响城市绿色技术创新？——基于政府干预和公众参与的协同作用视角 [J]. 兰州大学学报（社会科学版），2022，50 (4): 41 – 53.

④ 邵帅，李嘉豪. "低碳城市"试点政策能否促进绿色技术进步？——基于渐进双重差分模型的考察 [J]. 北京理工大学学报（社会科学版），2022，24 (4): 151 – 162.

城市绿色发展。低碳城市试点由各地根据自身情况提出综合改革方案，虽然在具体措施上具有自主创新性而缺乏约束性，但大多选择绿色技术路径，积极采取创新措施推动低碳城市建设。第一，低碳城市试点主要针对高污染企业的节能减排，通过环境税费和罚款等手段来增加企业排污成本，或者通过税收减免和财政补贴鼓励企业进行绿色改造和技术创新，鼓励高污染行业采取"高效益、高污染"向"高质量、低污染"转移的技术路径，同时也激励了绿色技术创新研发和服务行业。总之，低碳城市试点的实施与绿色低碳技术的革新关系密切。第二，政府低碳城市规划和低碳政策明确了重点发展领域，为绿色低碳技术创新指明了方向，可以帮助企业规避技术研发的方向性风险。政府大力投资建设数字基础设施，为企业绿色技术创新提供了公共服务平台，有利于创新要素的自由流动和优化配置，降低了企业技术创新成本，提升了绿色技术创新能力。第三，作为创新主体的企业，信息不对称增加了企业生产经营的不确定性，极大限制了企业创新的活动①。政府自主归纳并公布绿色技术信息，有助于减少信息偏差，降低科研机构和企业间技术创新信息的不对称性，减少道德风险和逆向选择对绿色技术市场的抑制效应，有助于提高企业绿色技术创新意愿，提高城市层面整体绿色技术创新水平。因此提出假设1。

假设1：低碳城市试点能够提高城市绿色技术创新水平。

鉴于中国特有的官员晋升机制，地方政府官员会采取一些具有前瞻性的创新性措施进行低碳城市建设②。一方面，低碳城市建设取得的"政绩"会成为晋升的重要推动力，所以在相关政策尚未公布时，地方政府可能会考虑"预测"政策实施效果，并针对部分问题采取前瞻性、创新性策略，以期在低碳城市试点实施期间内绩效最大化。另一方面，发明型绿色专利创新技术含量高，具有突出实质性和显著进步的特点，是提高能源利用效率和形成独特绿色技术优势的重要途径，所以会出现早做准备的现象。此外，发明型绿色专利也代表"方法"上的创新，带来的节能减排效果持续性强，在未来很长一段时间都有助于降低城市碳排放，因此地方政府"预测"规划内容中重点关注领域，也具有前瞻性特点。而实用性绿色专利创新技术含量更低、研发周期短、仅针对产品的创新，需要大量积累才会呈现出较弱的正向外部性，所以具有滞后性的特点。综上所述，提出假设2。

---

① 鞠晓生，卢荻，虞义华．融资约束、营运资本管理与企业创新可持续性［J］．经济研究，2013，48（1）：4－16.

② 庄贵阳．中国低碳城市试点的政策设计逻辑［J］．中国人口·资源与环境，2020，30（3）：19－28.

假设2：发明型绿色技术创新具有前瞻性，而实用型绿色技术创新具有滞后性。

城市初始要素禀赋存在差异会对地方政府的城市规划产生巨大影响，导致低碳城市试点政策对绿色技术创新的效果存在异质性[①]。各市在碳排放量、行政等级和创新创业水平等方面存在较大差异，政府官员的决策行为明显会受到这些内部因素的影响，进而影响低碳城市试点政策效果。就城市碳减排而言，我国为了实现城市层面的普遍降碳，高碳排放量城市会成为重点针对对象，受到更大的环境规制力度和环保压力。而绿色技术创新存在效果扩散较快的特点，对节能降碳产生更大的贡献，因此地方政府在探索动态发展路径上，势必将绿色技术创新摆在重要位置。低碳排放量城市的环境规制压力较小，绿色技术创新意愿更低。因此相比于低碳排放量城市，政策更有助于提升高碳排放量城市的绿色技术创新水平。就城市行政等级而言，相较于一般地级市，高行政等级城市一方面往往是经济建设的"先行者"，拥有较大的财政自主权和更丰富的要素资源，制定低碳城市规划和决策时面临更少约束，能够合理配置资源提高利用效率；另一方面高行政等级城市拥有更加完善的基础设施、吸引科技人才集聚的资源、推进产学研合作的氛围、综合利用多种要素禀赋完善生态环境——现代技术相协调的系统，拥有这些优势有助于强化低碳城市试点对绿色技术创新水平的积极影响。在创新创业方面，创新创业水平反映了城市在科技投入、科技产出、科技成效和科研环境等方面存在的差异性。相比于低创新创业水平城市，高创新创业水平城市的自主创新能力和技术攻坚实力更强，更容易吸收外来先进绿色技术，在推进低碳城市建设过程中有助于提高对创新要素的利用率，故在绿色技术开发、应用和价值实现方面具有显著优势，因而低碳城市试点对高创新创业水平城市的绿色技术创新提升效果更为明显。基于此，提出假设3。

假设3：低碳城市试点对绿色技术创新的效果会受到城市异质性的影响。

地方官员在经济发展中扮演着重要角色，也是驱动绿色技术创新的"领路人"，市委书记、市长等行政长官是推行低碳城市试点的主要负责人，有理由相信，行政长官积极介入有助于强化政策对绿色技术创新的正向效果，但可能会受到其任期长短的限制。对于新上任的行政长官，会有很强动机改变上一任推行的建设方针[②]。行政长官根据自身的治理偏好、政策理解和从政经验，调控低碳城市建设方向和绿色技术发展的支持力度，政策上会产生较大的不连续性。另外，

① 胡求光，马劲韬. 低碳城市试点政策对绿色技术创新效率的影响研究——基于创新价值链视角的实证检验 [J]. 社会科学，2022（1）：62 – 72.

② 王欣亮，张驰，刘飞. 官员交流与地区经济增长质量：作用机理与影响效应分析 [J]. 人文杂志，2018（9）：43 – 52.

若在低碳城市试点期间内频繁进行官员调动，低碳城市建设也会产生较大不确定性，抑制绿色技术创新活动。若市委、市长书记平均任期较长，行政官员有了根据本市实地情况进行低碳城市建设的"心得"，不会轻易改变城市建设规划，长远来看有助于强化政策对绿色技术创新的效果。因此提出假说4。

假设4：低碳城市试点对绿色技术创新的效果会受到城市官员平均任期时长的影响。

三、模型设计和指标数据

1. 模型设计

将始于 2010 年 7 月的低碳城市试点视为一次驱动绿色技术创新的准自然实验，鉴于第二批和第三批低碳试点城市政策分别在 2012 年 11 月和 2017 年 1 月开始启动，构建渐进双重差分模型（DID），以三批试点城市作为实验组，非试点城市作为对照组，从城市绿色技术创新角度来检验低碳城市试点的实施效果，模型设计如下：

$$Inpat_{it} = \beta_0 + \beta_1 Citydid_{it} + \beta_2 Control_{it} + \theta_i + \mu_t + \varepsilon_{it} \qquad (8-21)$$

$$Utpat_{it} = \beta_0 + \beta_1 Citydid_{it} + \beta_2 Control_{it} + \theta_i + \mu_t + \varepsilon_{it} \qquad (8-22)$$

其中，i 代表城市，t 代表年份，$Inpat_{it}$ 表示城市发明型绿色技术创新，$Utpat_{it}$ 表示城市实用型绿色技术创新，$Citydid_{it}$ 表示低碳城市试点政策变量，$Control_{it}$ 表示一系列控制变量，θ_i 表示个体固定效应，μ_t 表示时间固定效应，ε_{it} 表示随机扰动项。

2. 指标变量选取

（1）被解释变量。专利属于最直接反映城市科技创新水平的成果，考虑到专利申请周期长，专利授权有较长滞后期，因而采用专利申请数能够更好地反映绿色技术创新水平，本书采用绿色专利申请来衡量绿色技术创新水平[①]。一般而言，绿色专利可分为发明绿色专利和实用新型绿色专利两类，前者的创新性和技术含量高于后者，在衡量城市绿色创新水平上有较大差异。将被解释变量区分为发明型绿色技术创新（Inpat）和实用型绿色技术创新（Utpat），进一步区分低碳试点城市政策对不同类型绿色技术创新的成效[②③]。

---

① 徐佳，崔静波. 低碳城市和企业绿色技术创新 [J]. 中国工业经济，2020（12）：178－196.

② 齐绍洲，林屾，崔静波. 环境权益交易市场能否诱发绿色创新？——基于我国上市公司绿色专利数据的证据 [J]. 经济研究，2018，53（12）：129－143.

③ 钟廷勇，黄亦博，孙芳城. 数字普惠金融与绿色技术创新：红利还是鸿沟 [J]. 金融经济学研究，2022，37（3）：131－145.

（2）解释变量。低碳试点城市包括 2010 年 7 月、2012 年 11 月和 2017 年 1 月共三批启动试点的 119 个城市，以 2010 年、2013 年和 2017 年作为政策实施年份，若该城市为试点城市则 treat$_i$ 取 1，否则 treat$_i$ 取 0，在政策实施之前的时间虚拟变量 post$_t$ 取值为 0，否则 post$_t$ 取 1。核心解释变量 citydid 为交叉相乘项 treat$_i$ × post$_t$，即第 i 个城市（试点城市）在第 t 年（政策实施年份）后取值 1，否则取值 0。

（3）控制变量。考虑到其他因素对城市绿色技术创新带来的影响，将以下控制变量引入回归模型：经济发展水平（lngdp），采用各市 GDP 对数来衡量；产业合理化（instr），借鉴干春晖等（2011）的研究，运用重新定义的泰尔指数计算产业合理化指数，公式为：$stru = \sum_{i=1}^{n} (Y_i/Y)\ln(Y_i L/YL_i)$，$Y$ 为第二产业产值，L 为第二产业从业人员，i 代表城市，$stru$ 越接近 0 表示第二产业结构越合理；人口规模（lnpeo），采用各市年末总人口数量的对数来衡量；信息化水平（infor），采用邮政业务总量与 GDP 比值来衡量；政府科技支出（gov），采用地方科技支出和地方财政一般预算内支出的比值来衡量；金融发展水平（fin），采用各市年末金融机构各项存贷款余额和 GDP 的比值来衡量。

（4）数据来源。鉴于数据的完整性和连续性，选择 2003～2019 年我国 276 个城市作为研究对象，城市绿色发明专利申请数和实用专利申请数来自中国研究数据服务平台（CNRDS），控制变量数据均来自历年中国城市统计年鉴，对于个别变量缺失的数据，采用线性插值法进行补充。各指标数据简要描述性统计见表 8－19。

表 8－19　　　　　　　　　变量特征描述性统计

类型	变量	符号	mean	sd	min	max
被解释变量	发明型绿色专利（千件）	lnpat	0.247	1.039	0	24.05
	实用型绿色专利（千件）	Utpat	0.239	0.771	0	13.05
解释变量	低碳城市试点	citydid	0.198	0.399	0	1
控制变量	经济发展水平	lngdp	10.23	0.826	4.595	13.06
	产业合理性	instr	0.682	1.019	−0.245	10.08
	信息化水平（%）	infor	0.340	0.425	5.60e−05	13.57
	人口规模	lnpeo	5.881	0.675	3.392	8.136
	政府科技支出（%）	gov	1.267	1.441	0	20.68
	金融发展水平（%）	fin	1.086	0.551	0	10.65

四、实证结果分析

1. 基准回归

表 8 – 20 为线性回归估计结果，结果（1）列和结果（3）列显示在未加入控制变量和仅控制时间效应和个体效应条件下，低碳城市试点政策变量 citydid 的系数都显著为正，进一步将控制变量纳入回归模型见表中结果（2）列和结果（4）列，citydid 系数仍在 1% 的置信水平上显著为正，说明低碳城市试点显著提高了绿色技术创新水平，假设 1 成立。从系数值来看，相比于实用型绿色技术创新，试点政策对提高发明型绿色技术创新水平的作用更为明显，因为发明型绿色技术创新能够带来更加持久的减碳效果，更加容易受到政策的刺激。从控制变量来看，经济发展水平（lngdp）的系数显著为负，我国经济发展仍处在高速发展向高质量发展的转型期，目前城市的绿色技术创新的主要驱动力仍旧是收益最大化和成本最小化，绿色发展驱动力较弱，因而仅仅依靠经济增长不能提高绿色技术创新水平。产业合理化（instr）、人口规模（lnpeo）和政府科技支出（gov）变量系数均显著为正，说明这些变量有利于提升绿色技术创新水平。信息化水平（infor）仅显著推动了实用型绿色技术创新水平的提高，主要是因为"信息"已渗透社会的方方面面，与群众日常生活息息相关，有助于绿色技术创新在"数量"上的累积，因此相比于创新性，信息化水平更注重实用性。金融发展水平（fin）的系数不显著则意味着金融发展水平未能对绿色技术创新产生实质性影响。

表 8 – 20　　　低碳试点政策影响绿色技术创新的基准回归结果

变量	Inpat (1)	Utpat (2)	Inpat (3)	Utpat (4)
citydid	0.494 *** (3.318)	0.275 *** (2.891)	0.371 *** (3.797)	0.179 *** (3.264)
lngdp		− 0.329 ** (− 2.459)		− 0.327 *** (− 3.573)
instr		0.685 *** (4.681)		0.592 *** (6.826)

续表

变量	Inpat （1）	Utpat （2）	Inpat （3）	Utpat （4）
lnpeo		1.331 ** （2.112）		1.195 * （1.832）
gov		0.094 *** （3.161）		0.075 *** （3.060）
infor		0.129 （1.499）		0.148 * （1.665）
fin		0.097 （1.568）		0.084 （1.341）
Constant	0.015 （0.367）	−4.976 （−1.247）	0.019 （0.690）	−4.176 （−1.050）
时间固定	YES	YES	YES	YES
个体固定	YES	YES	YES	YES
观测值	4692	4692	4692	4692
R^2	0.141	0.443	0.208	0.587
城市个数	276	276	276	276

注：括号内为 t 值，*** 表示 $p < 0.01$，** 表示 $p < 0.05$，* 表示 $p < 0.1$，下同。

2. 稳健性检验

（1）平行趋势检验。采用渐进双重差分法进行政策效果评价的一个重要前提是满足平行趋势检验，即对照组和实验组在试点政策实施之前的时间变化趋势差异不大，而在政策实施后存在显著差异。鉴于低碳城市试点存在多个政策执行节点，单纯以某年作为划分节点会导致部分样本值被忽略。如存在少数试点城市拥有 −14 期（政策实施前 14 年）的样本值（时间虚拟变量），但考虑到 −7 期前的样本值较少，因此将 −7 期前的样本值均归入 −7 期，并把 −7 期作为基期避免多重共线性，95% 置信水平下的平行趋势检验结果见图 8 −9。

发明型绿色技术创新在政策执行前一年便开始显著为正，说明政策效果提前一年显现，可能原因是政策试点成效往往会成为政治晋升的重要评价指标，地方官员选择采取具有前瞻性的活动来凸显当地低碳策略的创新性，期望得到上级政策的认可和推广。实用型绿色技术创新在政策执行前均不显著，在政策实施后一年才开始显著为正,说明绿色技术创新存在滞后性,可能原因是实用型绿色技术需要一定的时间积累才能显现作用。总之,在政策实施之前对照组和实验组不存在显著差异,政策实施之后实验组的绿色技术创新水平显著逐年提升,符合平行趋势检验假设。

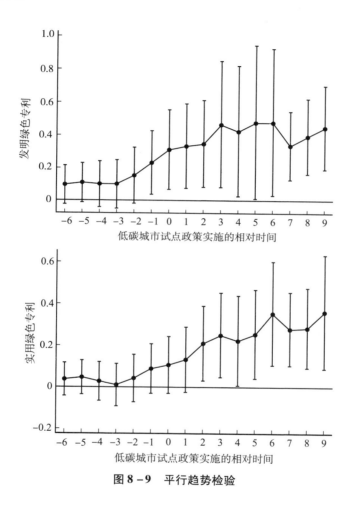

图 8 - 9　平行趋势检验

（2）PSM - DID。考虑各城市的初始禀赋条件并不相同,样本可能存在"选择偏差",以及为了保持对照组和实验组变化趋势的一致,采用多时点倾向得分匹配（PSM）方法来进行样本的稳健性检验,首先通过 logit 计算试点城市的倾向得分,然后对得分相近的实验组城市和对照组城市进行 1∶4 匹配,并采用多时点 DID 方法重新估计政策效果。匹配特征见表 8 - 21,协变量（控制变量）在匹配后的偏差均大幅变小，协变量匹配后的偏差值均小于10%。政策效果估计见表8－22中结果（1）列和结果（2）列，PSM－DID的政策系数值与基准回归的政策系数值差异很小，证明了基准回归结果的稳健性。

表8－21　　　　　　　　　　控制变量（协变量）匹配前后特征比较

变量	样本	平均值	偏差	偏差减幅	t值	
		处理组	对照组			
lngdp	匹配前	10.356	10.134	26.9	90.3	9.17***
	匹配后	10.356	10.334	2.9		0.81
instr	匹配前	0.86401	0.54553	30.3	73.2	10.72***
	匹配后	0.86401	0.77856	8.1		3.21**
lnpeo	匹配前	5.8922	5.8733	2.8	16.1	0.95
	匹配后	5.8922	5.8764	2.3		0.75
gov	匹配前	1.5802	1.0337	37.5	87.3	13.08***
	匹配后	1.5802	1.6495	−4.8		−1.09
infor	匹配前	0.38235	0.30919	16.7	65.5	5.85***
	匹配后	0.38235	0.40757	−5.7		−1.30
fin	匹配前	1.2624	0.95562	56.3	96.5	19.57***
	匹配后	1.2624	1.2508	1.9		0.51

（3）排除宏观因素影响。中央环保督察强化了政府环境治理的权力，是一种有公共参与的新型"命令型环境规制"手段，第一批环保督察始于2016年，处于低碳城市试点政策时间范围之内，可能会对试点城市的低碳政策效果产生影响，因此在基准回归基础上，加入第一批中央环保督察的试点城市和时间虚拟变量的交乘项进行回归，回归结果见表8－22中结果（3）列和结果（4）列，发现低碳城市试点政策效果未受到中央环保督察的干扰，发明型绿色技术创新和实用型绿色技术创新的政策变量系数值仍旧显著为正，证明了基准回归结果的稳健性。

（4）替换被解释变量。采用替换被解释变量方法进一步分析低碳城市试点对绿色技术创新影响的有效性，引入绿色发明专利授权数和绿色实用新型专利授权数，分别表示新的发明型绿色技术创新和实用型绿色技术创新的代理变量，回归结果见表8－23结果（5）列和结果（6）列，发明型绿色技术创新和实用型绿色技术创新的核心解释变量 citydid 的系数仍旧显著为正，强化了基准回归结果的稳健性。

（5）滞后解释变量。考虑到政策执行后，绿色技术创新活动的成果不能立即显现，所以将被解释变量滞后一期再进行回归分析，结果见表 8-23 中结果（7）列和结果（8）列，发明型绿色技术创新和实用型绿色技术创新的核心解释变量 citydid 的系数值与基准回归中的系数值相差无几，进一步强化结果稳健性。

表 8-22 稳健性检验（1）

变量	PSM		宏观因素	
	Inpat（1）	Utpat（2）	Inpat（3）	Utpat（4）
citydid	0. 274 ***（2. 886）	0. 178 ***（3. 252）	0. 273 ***（2. 948）	0. 183 ***（3. 298）
ducha			− 0. 020（ − 0. 225）	0. 047（0. 663）
lngdp	− 0. 311 **（ − 2. 248）	− 0. 307 ***（ − 3. 295）	− 0. 328 **（ − 2. 473）	− 0. 329 ***（ − 3. 593）
instr	0. 688 ***（4. 703）	0. 595 ***（6. 823）	0. 685 ***（4. 695）	0. 592 ***（6. 845）
lnpeople	1. 335 **（2. 127）	1. 200 *（1. 849）	1. 330 **（2. 110）	1. 198 *（1. 842）
gov	0. 094 ***（3. 158）	0. 075 ***（3. 053）	0. 094 ***（3. 148）	0. 075 ***（3. 061）
infor	0. 129（1. 504）	0. 148 *（1. 670）	0. 128（1. 489）	0. 149 *（1. 680）
finance	0. 149 *（1. 751）	0. 144 *（1. 815）	0. 096（1. 540）	0. 086（1. 373）
Constant	− 5. 219（ − 1. 288）	− 4. 455（ − 1. 106）	− 4. 974（ − 1. 246）	− 4. 181（ − 1. 053）
时间固定	YES	YES	YES	YES
个体固定	YES	YES	YES	YES
观测值	4684	4684	4692	4692
R^2	0. 443	0. 588	0. 443	0. 587
城市个数	276	276	276	276

表 8 - 23 　　　　　　　　　　　　　　稳健性检验 （2）

变量	替换解释变量		滞后解释变量	
	iventionhuo （5）	utilityhuo （6）	L. ivention （7）	L. utility （8）
citydid	0. 081 ** （2. 589）	0. 152 *** （3. 176）	0. 260 *** （2. 927）	0. 154 *** （3. 173）
lngdp	− 0. 104 ** （ − 2. 380）	− 0. 267 *** （ − 3. 517）	− 0. 290 ** （ − 2. 571）	− 0. 275 *** （ − 3. 433）
instr	0. 164 *** （3. 769）	0. 464 *** （6. 742）	0. 639 *** （4. 696）	0. 496 *** （6. 603）
lnpeople	0. 221 ** （2. 016）	0. 936 * （1. 833）	1. 221 ** （2. 233）	1. 001 * （1. 894）
gov	0. 014 ** （2. 189）	0. 060 *** （3. 248）	0. 076 *** （2. 770）	0. 054 *** （2. 841）
infor	0. 018 （0. 988）	0. 105 （1. 607）	0. 118 （1. 498）	0. 115 （1. 604）
finance	0. 015 （1. 184）	0. 071 （1. 447）	0. 095 * （1. 726）	0. 075 （1. 436）
Constant	− 0. 379 （ − 0. 490）	− 3. 176 （ − 1. 009）	− 4. 649 （ − 1. 363）	− 3. 453 （ − 1. 073）
时间固定	YES	YES	YES	YES
个体固定	YES	YES	YES	YES
观测值	4692	4692	4416	4416
R^2	0. 333	0. 579	0. 439	0. 569
城市个数	276	276	276	276

　　（6） 安慰剂检验。为了进一步排除不可观测的城市内在因素对政策效果的影响，借鉴刘琴和鲁翼[①]的研究，随机生成等同于真实试点城市个数的 "伪" 试点城市，即在 2010 年、2013 年和 2017 年分别随机生成 69 个，23 个和 27 个伪实验

---

① Liu Q. , Lu Y. Firm Investment and Exporting： Evidence from China's Value-added Tax Reform ［J］. Journal of International Economics，2015，97 （2）： 392 – 403.

组城市，其余城市则为对照组，构造出伪安慰剂交互项 citydid^{random} (treat^{random} × post^{random})，然后重复进行 500 次安慰剂检验，估计系数的核密度结果见图 8 – 10。发明型绿色技术创新和实用型绿色技术创新实际回归的政策变量系数值明显大于随机样本回归的政策变量系数值，且随机样本的回归系数 p 值大多位于 0.1 之上，表示基准回归没有受到其他因素的影响，证明了基准回归结果的稳健性。

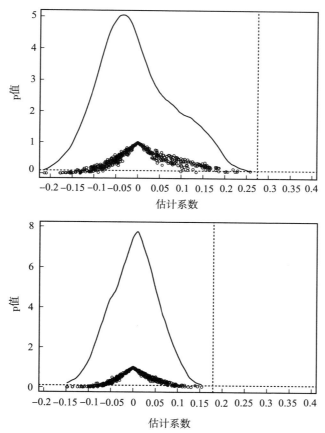

图 8 – 10　绿色发明专利和绿色实用专利的伪样本安慰剂检验

3. 异质性分析

（1）城市碳排放水平。低碳城市试点的首要目标便是实现城市绿色低碳发展以控制碳排放，因此，根据碳排放量对城市进行分类，以发现不同类型城市在政策试点中的差异。取 2003 ~ 2017 年各城市年度平均碳排放量的中位数为节点，大于中位数的城市虚拟变量取值为1，其他城市虚拟变量取值为0，构建碳排放量与试点政策两个虚拟变量的交互项（cdid）加入基准回归，见表8－24结果（1）列和结果（2）列，cdid的系数值均显著为正，说明相较于低碳排放量城市，低碳城市试点对高碳排放量城市产生的效果更强。原因如前文所述，试点政策明确指出城市规划和建设中需要突出绿色发展理念，面对着巨大的环境规制压力，高碳排放城市的绿色技术创新意愿得到强化，更加有助于提高绿色技术创新水平。

（2）城市行政等级。根据城市行政等级不同，将正省级城市、副省级城市、省会城市和计划单列市作为高行政等级城市，虚拟变量取1，其他城市取0，将城市行政等级与试点政策两个虚拟变量的交互项（csdid）加入基准回归，见表8－24结果（3）列和结果（4）列。csdid的系数值均在1%水平上显著为正，发明型绿色技术创新和实用型绿色技术创新的政策变量系数值分别为1.185和0.619，远大于基准回归的政策变量系数值，说明低碳城市试点政策明显推动高行政等级城市绿色技术的创新，尤其是对发明型绿色技术创新的作用更加明显。高行政等级城市拥有更大的经济管理权力，也会得到更多的政策支持和资源倾斜，存在综合性要素禀赋优势，通常是绿色技术创新的排头兵，提高了低碳城市试点的绿色技术创新效果。

表8－24　　　　　　　　　城市碳排放水平和行政等级异质性检验

变量	碳排放水平		行政等级	
	Inpat (1)	Utpat (2)	Inpat (3)	Utpat (4)
citydid	0.127 ** (2.261)	0.080 ** (2.164)	0.030 (0.719)	0.051 (1.154)
cdid	0.263 *** (2.883)	0.176 *** (2.930)		
csdid			1.185 *** (2.738)	0.619 *** (2.684)
lngdp	－0.298 ** (－2.308)	－0.307 *** (－3.400)	－0.289 ** (－2.503)	－0.306 *** (－3.624)
instr	0.660 *** (4.674)	0.575 *** (6.688)	0.565 *** (4.923)	0.529 *** (6.587)

变量	碳排放水平		行政等级	
	Inpat （1）	Utpat （2）	Inpat （3）	Utpat （4）
lnpeople	1.355 ** （2.165）	1.211 * （1.865）	1.029 * （1.728）	1.037 （1.630）
gov	0.093 *** （3.161）	0.074 *** （3.061）	0.096 *** （3.448）	0.076 *** （3.191）
infor	0.132 （1.577）	0.150 * （1.715）	0.126 （1.601）	0.146 * （1.717）
finance	0.091 （1.490）	0.080 （1.296）	0.018 （0.275）	0.043 （0.721）
Constant	−5.467 （−1.387）	−4.504 （−1.139）	−3.492 （−0.909）	−3.400 （−0.877）
时间固定	YES	YES	YES	YES
个体固定	YES	YES	YES	YES
观测值	4692	4692	4692	4692
R^2	0.447	0.590	0.478	0.603
城市个数	276	276	276	276

（3）城市创新创业水平。区域创新创业指数来自北京大学企业大数据研究中心，从企业、资本和技术多维度评测一个城市的创新创业水平。以各城市 2003～2019 年创新创业指数的年平均值中位数作为节点，将城市划分为高创新创业水平城市和低创新创业水平城市，前者虚拟变量取 1 后者取 0，构建城市创新创业水平与试点政策两个虚拟变量的交乘项（idid）代入回归。结果见表 8-25 结果（1）列和结果（2）列，idid 系数均显著为正，说明低碳城市试点政策有助于提升高创新创业水平城市的绿色技术创新水平。可能原因是，高创新创业水平城市的技术创新基础好，累积了大量技术创新经验，企业进行绿色技术创新的效率较高，与低碳城市试点政策产生了良好的融合反应，驱动城市开展绿色技术创新活动。

（4）城市行政官员任期。低碳城市试点作为新型环境规制政策，其执行效果与官员流动性是否存在关联呢？以任期 3 年作为一个节点，考察时期为低碳城市试点的执行期间，考虑到存在"预测性"，最早的离任统计期为 2010 年 7 月，若官员在 2008 年 7 月 ~ 2010 年 7 月连续任职，则计数 1，最晚的开始执政统计期为 2017 年 1 月。若该城市的市长和市委书记任期超过 3 年则该城市计数 1，并进行累加，计数越多则代表该城市主要行政官员执政期普遍较长。以任期计数的中位数为节点，大于等于中位数则视为官员长任期城市，否则视为官员短任期城市，长官员任期城市虚拟变量取 1，否则取 0，构建官员任期和试点政策的交乘项（gdid）代入回归。回归结果见表 8 – 25 中结果（3）列和结果（4）列，官员长任期有助于提升试点政策对绿色技术创新的作用，gdid 系数均显著说明官员长任期有助于提高绿色技术创新水平，可能原因是官员频繁流动会导致换任"前后策略不一"的问题，进而滞缓低碳城市建设进程，短期内不利于绿色技术创新提高。而随着任期时间的推移，地方官员有了结合当地实际情况进行低碳城市建设经验，官员能够更好地将当地实际情况和低碳试点城市政策相结合，确保政策实施稳定性，强化试点政策对绿色技术创新的促进作用。仅实用型绿色技术创新通过了 5% 的显著性水平检验，说明相比于发明型绿色技术创新，长任期的官员更加注重实用型绿色技术创新，可能原因是实用型绿色技术创新存在提高低碳市建设水平潜能，利于衔接技术市场要求，提高绿色技术创新成功可能。

表 8 – 25　　　　　　　　创新创业水平和官员任期长短异质性检验

变量	创新创业水平		官员任期长短	
	Inpat（1）	Utpat（2）	Inpat（3）	Utpat（4）
citydid	0.056 (1.203)	0.034 (0.908)	0.110 * (1.826)	0.058 (1.460)
idid	0.426 *** (2.627)	0.282 *** (2.691)		
gdid			0.315 * (1.664)	0.231 ** (2.153)
lngdp	− 0.290 ** (− 2.327)	− 0.301 *** (− 3.443)	− 0.286 ** (− 2.385)	− 0.296 *** (− 3.381)
instr	0.654 *** (4.731)	0.571 *** (6.752)	0.672 *** (4.804)	0.582 *** (6.951)
lnpeople	1.254 ** (2.003)	1.144 * (1.756)	1.329 ** (2.144)	1.194 * (1.855)

续表

变量	创新创业水平		官员任期长短	
	Inpat （1）	Utpat （2）	Inpat （3）	Utpat （4）
gov	0.087*** （2.970）	0.070*** （2.957）	0.091*** （3.082）	0.072*** （3.026）
infor	0.129 （1.597）	0.148* （1.733）	0.130 （1.583）	0.149* （1.727）
finance	0.083 （1.339）	0.075 （1.209）	0.098 （1.590）	0.085 （1.359）
Constant	−4.863 （−1.229）	−4.101 （−1.037）	−5.359 （−1.378）	−4.455 （−1.137）
时间固定	YES	YES	YES	YES
个体固定	YES	YES	YES	YES
观测值	4692	4692	4692	4692
R^2	0.450	0.592	0.447	0.591
城市个数	276	276	276	276

五、简要结论和启示

1. 结论

以我国 276 个城市作为研究对象，分析三批 119 个低碳试点城市的政策对绿色技术创新的影响，实证研究发现低碳城市试点显著提高了绿色技术创新水平，相比于实用型绿色技术创新，政策对提高发明型绿色技术创新水平的作用更为明显。低碳城市试点对绿色技术创新的效果会受到城市异质性的影响，对高碳排放城市、高行政等级城市和高创新创业水平城市而言，绿色技术创新意愿得到强化，政策更加有助于提高绿色技术创新水平，尤其是发明型绿色技术创新。主政官员更长任期有助于政策稳定实施，对试点政策促进绿色技术创新有积极作用。

2. 启示

（1）完善低碳城市试点政策体系。继续扩大试点范围，鼓励低碳试点城市积极落实试点政策，稳定政策预期，充分发挥试点政策对城市绿色技术创新的正向影响，扩大政策效应。对绿色技术创新水平高、政策效果明显地区，要总结政策实施经验，向其他地区推广和复制，并给予更大的政策试点空间和支持力度。鼓励不同类型城市根据自身特点，因地制宜制定差异性的政策体系，发挥各地创新要素禀赋优势，组建区域性绿色技术创新联盟，加强绿色技术创新区域合作。

（2）加大绿色技术创新支持力度。鼓励和引导低碳试点城市不断完善政策，实现"产学研金介"深度融合、协同高效，加大对绿色技术创新支持力度，落实税收、绿色信贷、土地等优惠政策，充分利用财政和社会等各类资金渠道，引导资金流入新兴战略产业和高新技术产业，特别是绿色环保产业和新能源产业，支持企业把资源更多地向绿色技术创新倾斜，加快企业绿色转型，培育城市绿色发展动力。

（3）提高绿色技术创新成效。完善促进技术创新的体制机制，采取"揭榜挂帅"机制开展绿色核心技术攻关，鼓励和支持前沿性、颠覆性基础技术研究。完善绿色技术创新成果转化机制，将绿色低碳技术创新成果纳入高等学校、科研单位、国有企业有关绩效考核，建立绿色技术创新基地平台，推进国家和区域性绿色技术交易中心建设，加快创新成果转化，加强绿色技术和产品知识产权保护，加快绿色、生态等学科建设和科研人才队伍建设。

第九章

提升环境治理绩效的路径和对策

第一节　提升环境治理绩效的路径选择

"走向生态文明新时代，建设美丽中国，是实现中华民族伟大复兴的中国梦的重要内容。"[①] 生态文明建设是关系中华民族永续发展的根本大计。中华民族向来尊重自然、热爱自然，绵延五千多年的中华文明孕育着丰富的生态文化。中国已经把环境保护作为基本国策，建设生态文明成为国家重大发展战略，建设美丽中国成为中国现代化第二个百年奋斗目标的重要内容。国家提出要加强生态文明建设的战略定力，坚持生态优先、绿色发展，不断提高经济和环境发展的协调性，持续改善生态环境质量，形成人与自然和谐发展现代化建设新格局，满足人民群众对美好生活的向往。进入新发展阶段，国家又提出"双碳"战略，明确提出了碳达峰碳中和的时间表和工作方案，为新时期生态文明建设指明了方向。习近平总书记在主持中共十九届中央政治局第三十六次集体学习时指出："实现碳达峰碳中和，是贯彻新发展理念、构建新发展格局、推动高质量发展的内在要求，是党中央统筹国内国际两个大局作出的重大战略决策。"[②] 坚持"绿水青山就是金山银山"理念，像保护自己的眼睛一样保护生态环境，像对待生命一样对待生态环境，同筑生态文明之基，同走绿色高质量发展之路，共建更加美好的家

[①] 习近平. 致生态文明贵阳国际论坛二〇一三年年会的贺信（2013年7月18日）[N]. 人民日报，2013–07–21.

[②] 深入分析推进碳达峰碳中和工作面临的形势任务　扎扎实实把党中央决策部署落到实处 [N]. 人民日报，2022–01–26（03）.

园，关键在于完善国家治理体系，加强环境治理能力，完善环境治理路径，需要全面贯彻绿色发展理念，加快构建绿色发展格局，扎实推进绿色高质量发展，不断提高环境治理绩效。

一、全面贯彻绿色发展理念

"生态兴则文明兴，生态衰则文明衰。生态环境是人类生存和发展的根基，生态环境变化直接影响文明兴衰演替。"① 党的十八大以来，以习近平同志为核心的党中央高度重视生态文明建设，坚定贯彻绿色发展理念。党的十八届五中全会提出了"创新、协调、绿色、开放、共享"的发展理念，绿色发展作为重要的发展理念，注重解决人与自然和谐共生问题，具有重大现实意义和深远历史意义。大会报告提出，理念是行动的先导，一定的发展实践都是由一定的发展理念来引领的。因此，一定要把贯彻绿色发展理念作为生态文明建设之首，在环境污染治理攻坚战和生态环境保护的各项工作中全面贯彻绿色发展理念。党的十九大报告指出，人与自然是生命共同体，人类必须尊重自然、顺应自然、保护自然。中国式现代化的一个重要特征，就是人与自然和谐共生，在创造更多物质财富和精神财富以满足人民日益增长的美好生活需要的同时，也要提供更多优质生态产品以满足人民日益增长的优美生态环境需要。要实现这一目标，必须坚持节约优先、保护优先、自然恢复为主的方针，形成节约资源和保护环境的空间格局、产业结构、生产方式和生活方式，实现自然环境的宁静、和谐、美丽，更要实现人居环境的和谐、可持续。党的二十大报告指出大自然是人类赖以生存发展的基本条件。尊重自然、顺应自然、保护自然，是全面建设社会主义现代化国家的内在要求。必须牢固树立和践行绿水青山就是金山银山的理念，站在人与自然和谐共生的高度谋划发展。

对于生态文明建设和绿色发展理念的核心问题，"为什么建设生态文明、建设什么样的生态文明、怎样建设生态文明？"习近平生态文明思想在实践总结和理论探索过程中，不断成熟和完善，提出了一系列标志性、创新性、战略性的重大思想观点："生态兴则文明兴，生态衰则文明衰"的历史观，"坚持人与自然和谐共生"的自然观，"保护生态就是发展生产力"的发展观，"绿水青山就是金山银山"的价值观，"良好生态环境是最普惠的民生福祉"的民生观，"山水

---

① 习近平. 坚决打好污染防治攻坚战　推动生态文明建设迈上新台阶 [N]. 人民日报，2018 - 05 - 20 (01).

林田湖草是生命共同体"的系统观，"用最严格制度最严密法治保护生态环境"的法治观，"建设美丽中国全民行动"的共治观，"共谋全球生态文明建设"的全球观①……这是马克思主义生态观的重大理论突破和创新，传承了中华优秀传统文化，符合新时代中国实际，是马克思主义现代化和中国化，是当前和未来中国生态文明建设的理论指导。

思想是行动的先导，理论是实践的指南。只有明确了绿色发展理念的地位，才能指导各项实践和具体工作，避免走弯路。要把绿色发展理念融入全局工作中，不管是发展经济和推动社会建设，无论是推动产业转型升级还是推动科教文卫事业的发展，在顶层设计、制度建设和体制机制改革当中，在资源开发利用和配置管理中，都要把绿色发展理念融入其中，在实现中国式现代化过程中凸显人与自然和谐共生的重要特征，把绿色发展和工业化、信息化、数字化路径结合起来，大力推动绿色经济发展，改变传统的"大量生产、大量消耗、大量排放"的生产模式和消费模式，转向绿色生产方式和绿色生活方式，走生态优先、绿色发展道路，探索一条绿色发展的中国式道路。

二、加快构建绿色发展格局

发展是永恒的主题，是实现百年目标的根本途径，也是党执政兴国的第一要务。要实现中国式现代化，要全面建成社会主义现代化强国，必须稳定发展、加快发展、构建新的发展格局。必须完整、准确、全面贯彻新发展理念，坚持社会主义市场经济改革方向，坚持高水平对外开放，加快构建以国内大循环为主体、国内国际双循环相互促进的新发展格局。绿色发展格局是新发展格局的重要组成部分，在新旧动能转换、经济发展提速换挡之际，要坚定贯彻生态环境保护和绿色发展的基本国策，坚定推动碳达峰碳中和的重大国家战略，构建有利于实现绿色发展的新格局。

党的十八届五中全会提出坚持节约资源和保护环境的基本国策，坚持可持续发展，坚定走生产发展、生活富裕、生态良好的文明发展道路，加快建设资源节约型、环境友好型社会，形成人与自然和谐发展现代化建设新格局，推进美丽中国建设，为全球生态安全作出新贡献。党的十八届五中全会还提出，要促进人与自然和谐共生，构建科学合理的城市化格局、农业发展格局、生态安全格局、自然岸线格局，推动建立绿色低碳循环发展产业体系。党的二

---

①　中共中央宣传部. 习近平生态文明思想学习纲要［M］. 北京：人民出版社，2022.

十大报告提出要推进美丽中国建设，坚持山水林田湖草沙一体化保护和系统治理，统筹产业结构调整、污染治理、生态保护、应对气候变化，协同推进降碳、减污、扩绿、增长，推进生态优先、节约集约、绿色低碳发展。①

绿色是生命的象征、大自然的底色，更是美好生活的基础、人民群众的期盼。绿色发展是新发展理念的重要组成部分，与创新发展、协调发展、开放发展、共享发展相辅相成、相互作用，是构建高质量现代化经济体系的必然要求。要全面激活绿色发展新动能，大力推动绿色技术创新，加快研发和推广应用绿色技术产品，使自然资源和生态要素与生产、消费相匹配相适应，提高生态资源的配置和利用效率。大力扩展绿色经济领域，扩大绿色经济规模，稳定绿色经济增长，增加绿色经济占比，着力提高绿色全要素生产率，着力提升绿色经济产业链供应链韧性和安全水平，加快建设现代化绿色经济体系，实现经济社会发展和生态环境保护协调统一、人与自然和谐共生。

三、扎实推进绿色高质量发展

高质量发展是全面建设社会主义现代化国家的首要任务，是推进经济可持续发展的必然要求。2018 年全国生态环境保护大会提出，要通过加快构建生态文明体系，使我国经济发展质量和效益显著提升，确保到 2035 年节约资源和保护环境的空间格局、产业结构、生产方式、生活方式总体形成，生态环境质量实现根本好转，生态环境领域国家治理体系和治理能力现代化基本实现，美丽中国目标基本实现。到本世纪中叶，建成富强民主文明和谐美丽的社会主义现代化强国，物质文明、政治文明、精神文明、社会文明、生态文明全面提升，绿色发展方式和生活方式全面形成，人与自然和谐共生，生态环境领域国家治理体系和治理能力现代化全面实现，建成美丽中国。

要推进高质量发展，就要加快发展方式绿色转型，而推动经济社会发展绿色化、低碳化是实现高质量发展的关键环节。要加快建立健全以生态价值观念为准则的生态文化体系，以产业生态化和生态产业化为主体的生态经济体系，以改善生态环境质量为核心的目标责任体系，以治理体系和治理能力现代化为保障的生态文明制度体系，以生态系统良性循环和环境风险有效防控为重点的生态安全体系。

---

① 高举中国特色社会主义伟大旗帜　为全面建设社会主义现代化国家而团结奋斗［N］．人民日报，2022－10－26（01）．

在资源能源的消耗方面，要实施全面节约战略，加快调整优化产业结构、能源结构、交通运输结构等，通过优化经济结构来减少资源和能源的消耗，推进各类资源节约集约利用，加快构建废弃物循环利用体系，发展绿色低碳产业，健全资源环境要素市场化配置体系，加快节能降碳先进技术研发和推广应用，倡导绿色消费，推动形成绿色低碳的生产方式和生活方式，从根本上摆脱经济发展过度消耗资源能源的路径依赖。

在污染排放方面，只有从源头上使污染物排放大幅降下来，生态环境质量才能明显改善。调整经济结构和产业结构，优化产业的区域布局，增强产业发展潜力和竞争力，锻造全产业链、供应链和价值链，既能提升经济发展水平，又能降低污染排放。在经济政策和产业布局的制定和实施过程中，全面开展和落实环境评价，要优化国土空间开发布局，调整区域流域产业布局，培育壮大节能环保产业、清洁生产产业、清洁能源产业，大力发展高效农业、先进制造业和现代服务业，全面提升发展质量。

第二节　提升环境治理绩效的对策建议

一、完善环境治理总体规划

环境是公共问题，涉及政治经济社会法制等各个方面，我国幅员辽阔，区域环境禀赋和经济发展有很大差异，环境治理必须做好顶层设计，从全局规划的角度指导全国各地切实做好环境治理工作，使各地的生态环境保护工作能够统筹协调，同步推进，使各地环境治理不会出现巨大偏差，避免出现污染转移。长期以来，我国发挥了社会主义制度优势，把生态环境保护作为基本国策，在生态环境领域制定了行之有效的长远规划，出台了系统性的环境保护制度和管理体制，取得了重大成效，使我国的生态环境质量出现了根本性、历史性和全局性好转，逐步接近美丽中国的建设目标。

时代在变，经济发展和生态环境保护形势也发生了翻天覆地的变化。在新的形势下，中国产业结构发生重大变化，新型工业化和信息化、数字化、网络化进程加速推进，数字经济和新能源产业快速发展，在国民经济中占据越来越大的比重，新经济、新产业和新业态层出不穷，对国家经济结构和能源结构产生巨大冲击。当今世界处于百年未有之大变局，世界经济体系也在发生重大变化，国际产业分工与合作的格局正在进行深度调整，国际贸易体系和能源贸易体系复杂多变，经济体系的风险凸显，国际能源安全问题日益突出，对各国的产业转型和环境治理提出了新的要求。考虑较长一段时间内生态环境治理可能面临的风险和问题，环境治理体系也要与时俱进，适应新的形势，做好顶层设计和总体规划，生态环境治理的制度规划要具有更好的适应性，强化环境治理的统筹协调，提高环境治理绩效，在环境保护和生态文明建设中发挥更好的作用。

一是要增强环境治理规划的前瞻性。当今经济社会发展进入复杂多变和风险集聚阶段，新的生态环境风险和生态环境问题不断出现，在制定生态环境治理的制度规划时，不仅要立足当前生态环境治理现实需要，更需要考虑较长一段时间内生态环境治理可能面临的风险和问题，对未来较长一段时期内环境治理制度建设的目标、重点和内容进行系统性研判，做出合理的长远规划和顶层设计，使规划具有前瞻性和指导性，对现有出台的环境治理规划不断优化和挑战，及时修订已经不合时宜、不符合未来发展前景的规划和工作方案。

二是要增强环境治理规划的系统性。生态环境不是独立的，应与经济社会协同融合发展，生态环境治理是系统性工程，要注重环境治理规划的系统性。生态环境治理规划要统筹考虑生态环境中山水林田湖草沙各个要素，统筹生态环境治理事前、事中、事后各个环节，构建系统性生态环境治理规划体系，最大限度发挥生态环境治理规划对实践工作的指引和助推作用。在传统环境治理机制中，山水林田湖草沙等往往是被分开管理的，由分散在不同政府部门内的不同机构来承担治理的职责和权限，这一治理模式带有碎片化特征，忽略了生态环境不同要素之间的内在关联性，也很大程度上影响了生态环境治理实效。由于生态环境治理本身是一个内容复杂的系统工程，包含大量具体的管理制度和工作机制，涉及国土、经济、科技、文化等各个领域，以及中央与地方各个层级政府、企业与社会公众等各个部门，要在制度上贯彻生态环境全要素统筹治理的原则，增强环境治理规划的衔接性，对与现行法规冲突的地方、现有规划执行中存在的问题以及不同规划没有衔接的内容，要及时调整处理。

三是要增强环境治理规划的执行度。目前国家已经出台了一系列的环境治理的规划以及制度体系，关键是各个层面和领域要把规划落实好，各类政策和工作方案得到圆满地执行，并产生积极成效。当前，我国提出了碳达峰碳中和战略，是国际碳减排战略合作中的重要内容，对我国到 21 世纪中叶的低碳经济发展做出了重大的长远规划。国家提出要基于能源资源禀赋，坚持先立后破，有计划分步骤实施碳达峰行动，尽快制定和落实碳达峰行动方案，推动能源清洁低碳高效利用，推进工业、建筑、交通等领域清洁低碳转型。要充分抓住新能源革命和产业变革的重大战略机遇，重点突破清洁能源的技术创新和应用，推动能源生产和消费的转型升级，加快形成绿色低碳的生产方式和生活方式，加强应对气候变化能力建设，提高低碳经济发展水平。

二、坚持环境治理制度创新

党的十八大以来，我国在生态文明建设领域做出了一系列战略性部署，开展了一系列根本性、开创性、长远性工作，生态环境治理制度建设不断推进。近年来，国家建立并实施中央生态环境保护督察制度，大力推动绿色发展，深入实施大气、水、土壤污染防治三大行动计划，率先发布《中国落实 2030 年可持续发展议程国别方案》，推动生态环境保护发生历史性、转折性、全局性变化。但是，随着经济社会发展形势的变化，现有生态环境治理制度还有很多有待完善之处，现有制度的某些方面、领域、环节还存在一些不适应之处，要坚持环境治理制度的创新，不断完善制度内容，构建完整的生态环境治理制度体系。

一是加快建立绿色低碳发展的制度和政策导向。环境治理的制度创新是全面深化生态文明制度改革的重要领域，要以解决生态环境领域突出问题为导向，做好现有环境制度体系的评估，及时制订新的改革方案，有效解决环境治理工作中面临的各种问题。要探索政府主导、企业和社会各界参与、市场化运作、可持续的环境治理体系，丰富环境规制的工具集，建立全方位覆盖的环境治理制度体系和监管体系。行政命令类环境治理工具要以中央生态环境保护督察为核心，要强化权威，加强力量配备，向纵深发展。加快推进生态文明试验区创新制度的总结和经验推广，把由上及下的顶层设计和由下及上经验总结结合起来，推进环境治理制度体系的不断完善，构建国土空间开发保护制度，完善主体功能区配套政策，健全环保信用评价、信息强制性披露、严惩重罚等制度，建立市场化、多元化生态补偿机制，加快推进生态产品价值实现途径和制度创新。

二是改革生态环境监管体制。加强对生态文明建设的总体设计和组织领导，完善生态环境监管体制，明确全民所有自然资源资产所有者职责，统一行使国土空间用途管制和生态保护修复职责，对城乡各类污染排放进行法治化、规范化、标准化行政执法，坚决制止和惩处生态环境破坏行为，大力推广和落实"河长"制等各类监管责任体制。优化生态安全保障体系，实施重要生态系统保护和修复重大工程，构建生态廊道和生物多样性保护网络，坚持生态保护红线、永久基本农田、城镇开发边界三条控制线，坚决防止经济发展和区域开发对三条控制线的侵蚀，开展国土绿化行动，推进荒漠化、石漠化、水土流失综合治理，强化湿地保护和恢复，完善天然林保护制度，严格耕地草原森林河流湖泊等开发和保护，提升生态系统质量和稳定性。

三是强化生态环境治理的制度实施。环境治理制度并不仅限于法规、框架和行动方案的制定，更应该注重制度的实施，如果环境治理制度得不到落实就难以真正发挥作用。这就要求在绿色发展新理念的指引下，立足于生态环境治理实践，不断增强生态环境治理制度内容的科学性，不断加强对生态环境治理制度制定技术和方法的研究以及经验的总结和评估，不断增强制度设计的可操作性。通过各种渠道加强环境治理制度的宣传和培训工作，不断增强生态环境治理的社会认可，提升相关主体和社会公众对生态环境治理制度的认同感，收集环境治理相关主体的反馈，及时做出相应的处理。

三、加强环境治理体系建设

2015 年中央全面深化改革领导小组第十四次会议审议通过《环境保护督察方案（试行）》，开始试行生态环境保护督察制度，对各地方、各领域出现的突出生态环境问题坚决进行整治，利用司法和行政官员问责等手段，督察地方政府切实履行环境治理的属地责任，取得积极成效，是环境治理体系的重要举措。党的十九大报告指出坚持全民共治、源头防治，持续实施大气污染防治行动，打赢蓝天保卫战。党的二十大报告提出，要坚持精准治污、科学治污、依法治污，持续深入打好蓝天、碧水、净土保卫战。建立和完善环境治理体系，是落实生态文明建设战略、提高环境治理能力、改善生态环境治理的基础支撑，是国家治理体系和治理能力现代化建设的重要组成部分，需要从治理主体、治理手段和治理能力三方面着手，助力中国生态文明建设。

一是推进环境治理体系建设指导意见的落实。2020 年国家发布了《关于构建现代环境治理体系的指导意见》，首次明确了现代环境治理体系的指导思想、基本原则和主要目标，提出到 2025 年我国要建立健全环境治理的领导责任体系、企业责任体系、全民行动体系、监管体系、市场体系、信用体系、法律法规政策体系，落实各类主体责任，提高市场主体和公众参与的积极性，要形成导向清晰、决策科学、执行有力、激励有效、多元参与、良性互动的环境治理体系。指导意见的出台，为环境治理能力建设提供了理论指导和实践依据，有助于推动地方政府环境治理的制度创新和体制机制改革。关键是指导意见的出台需要强化组织领导，需要进一步细化落实构建现代环境治理体系的目标任务和政策措施，确保重点任务及时落地见效。

二是要充分调动各类主体参与环境治理的积极性，推动多主体共治。针对公共环境问题，需要各级政府、企业和社会民众的共同参与，构建政府为主导、企业为主体、社会组织和公众共同参与的环境治理体系，合理厘清各主体的责任和义务，发挥各自的积极作用，夯实环境治理的社会基础，形成环境治理合力。地方政府和党政领导是环境治理能力建设的主导，也需要相应地承担主体责任，中央和各省分别制定了生态环境保护的责任清单，各级地方政府定期报告生态环境的目标任务完成情况。国家对各级地方政府污染防治攻坚战的成效进行考核，持续开展和深化中央生态环境保护督察，有力地推动了党政同责、一岗双责等环境制度的落实。在企业环境责任方面，全国 330 多万个固定污染源纳入排污管理，《环境信息依法披露制度改革方案》等政策发布实施。要继续引导企业低碳绿色转型发展，形成绿色生产方式，提高污染排放标准，强化排污者责任，健全环保信用评价、信息强制性披露、严惩重罚等制度，并严格查处违反环境法规、对生态环境造成破坏的违法犯罪行为。在构建全民环境行动方面，国家发布了"公民生态环境行为十条"，出台了提升公民生态文明意识的行动计划等文件，有力地促进了生态文明建设理念的推广。要通过各种媒体和渠道，进一步加强宣传引导，倡导简约适度、绿色低碳的生活方式，反对奢侈浪费和不合理消费，在生活垃圾处理、绿色出行、绿色家居和环境公益等方面，吸引全社会公众的积极参与，形成全民绿色生活的氛围。

三是要综合运用多种环境治理手段，提高环境治理成效。环境治理是系统工程，需要综合运用行政、市场、法治、科技等多种手段，推进各种环境治理手段的有效衔接与融合。在发挥政府行政手段主导作用的同时，要加强法治手段的作用，使环境治理在法治化框架下运行，做到环境治理有法可依、有法必依、违法必究。在健全市场机制方面，长江、黄河建立了全流域的横向生态保护的补偿机制，国家绿色发展基金成立，绿色财税金融作用不断增强，全国碳排放权交易市场启动上线交易。要进一步强化市场激励机制在环境治理中的积极作用，不断完善碳排放权市场、能源市场、碳汇市场等，推进生态环境保护市场化进程，引导各类企业和资本参与环境治理。充分发挥科技手段提升环境治理能力，用绿色科技创新支撑经济社会发展全面绿色转型，加快科技成果转化与应用，鼓励和扶持企业技术创新，降低资源能源的投入，提升产品附加值和竞争力，加快构建陆海统筹、天地一体、上下协同、信息共享的生态环境监测网络，充分利用大数据、云计算和人工智能等现代化信息技术，为环境治理的科学决策、环境管理、精准治污、便民服务提供支撑，以此不断推进环境治理能力建设。

四、完善环境治理绩效评价

环境治理要达到战略目标要求，需要各级政府、企业和个人的全社会参与，按照既定制度和政策发挥各自作用，同时也要考虑环境治理的投入产出效率，因为环境治理的过程和结果必然对经济社会产生影响，而不管是行政监管还是企业管理，都需要考虑成本和收益，因此就需要对环境治理绩效进行评价，并充分利用好评价结果，更好地促进环境治理工作，从而持续提升环境治理绩效。

一是深化认识经济发展和环境治理的关系。既要考虑新时期我国人民生活水平提高后对环境提出了更高要求，也要考虑到我国经济发展阶段和产业结构升级转型的现实，正确认识经济发展和环境治理之间动态关系，从追求高速增长向追求高质量发展转变，科学制订切实可行的环境治理工作计划，更好地处理环境治理和经济发展的关系。

二是贯彻环境治理绩效理念。经济发展和环境治理是相互作用的有机整体，不但要在经济发展中考虑资源能源的承载和污染排放的环境约束，还要在经济核算和评价体系中充分考虑能源和环境因素，把考虑资源能源使用和污染排放的投入产出效率作为评价经济发展质量的重要依据，要结合技术进步和规模扩张，逐步提高经济发展质量，提升环境治理绩效。

三是完善环境治理评价机制。以提升节能减排效率为目标，完善各项环境治理工作机制，制定和实施节能减排目标要因地制宜，对东部、中部、西部、东北等不同地区，对经济发达和欠发达不同地市，要根据经济、产业、生态等具体情况，制定不同的目标任务，采用科学的环境治理绩效评价方法，确保评价结果的公平、公正、公开，体现环境治理体制机制的灵活性，避免环保工作一刀切。

四是增强环境治理评价结果应用。把环境治理工作纳入生态文明建设工作全局，建立健全环境治理绩效评价体系，重视环境治理绩效评价结果的合理应用。对各级政府生态文明建设工作进行考评时，不仅要考察各地能源消耗和污染排放的总量指标变化情况，还应该考虑各因素的人均指标、强度指标、结构指标的变化情况，更应该考虑环境治理的投入和产出绩效，使提升环境治理绩效成为引导各地政府开展生态文明建设、发展绿色低碳经济的依据，根据有利于各地统筹经济与环境的协调发展，加快促进人与自然和谐共生的中国式现代化。

DEA – SBM 模型效率
得分 Stata 软件代码

```
cls
set more off
cd d:\\data\\en
use eneff,clear
matrix enmat =J(30,1,0)
forvalues i =2004/2020 {
/*CCR
dea labor capital =gdp if year = = `i',rts(vrs)ort(out)
mat ttmat =r(dearslt)[1..30,2]
mat enmat =[enmat,ttmat]
*/
/*sbm
sbmeff labor capital energy =gdp:so2 cod waste if year = =
'i',dmu(id)time(year)vrs sav(sbm_result,replace)
use sbm_result,clear
mkmat TE,mat(ttmat)
mat enmat =[enmat,ttmat]
use eneff,clear
*/
}
xtset id year
```

```
/*malmquist
*gtfpch labor capital energy = gdp:so2 cod waste,global rd
*teddf labor capital energy = gdp:so2 cod waste,dmu(id)
nonr vrs sav(ddf_result,replace)
```

面板 SFA 模型效率得分 Stata 软件代码

```
cls
set more off
cd d:\\data\\en
use eneff,clear
xtset id year
gen lgdp = ln(gdp)
gen lcapital = ln(capital)
gen llabor = ln(labor)
gen rgov = goven/gov
gen lgov = ln(goven)
gen rinvest = investen/invest
gen linvest = ln(investen)
gen lincome = ln(income)
gen lenergy = ln(energy)
gen ropen = trade *10000/gdp
gen ltec = ln(patenta)
gen lso2 = ln(so2)
gen lwaste = ln(waste)
gen lcod = ln(cod)
gen lco2 = ln(co2)
/ *sfpanel lso lcapital llabor,model(tfe)nolog
predict fsu1,u
predict fsxb1,xb
```

```
    gen fscore1 = fsxb1 /( fsxb1 + fsu1 )
    est store tf1 * /
    xtfrontier lgdp lcapital llabor rgov rinvest lincome le-
nergy stru2 city ropen ltec,tvd
    predict fsu1,u
    predict fsxb1,xb
    gen fscore1 = fsxb1 /( fsxb1 + fsu1 )
    est store tf1
    xtfrontier lso2 lgdp rgov rinvest lincome lenergy stru2
city ropen ltec,tvd
    predict fsu2,u
    predict fsxb2,xb
    gen fscore2 = fsxb2 /( fsxb2 + fsu2 )
    est store tf2
    xtfrontier lwaste lgdp rgov rinvest lincome lenergy stru2
city ropen ltec,tvd
    predict fsu3,u
    predict fsxb3,xb
    gen fscore3 = fsxb3 /( fsxb3 + fsu3 )
    est store tf3
    xtfrontier lcod lgdp rgov rinvest lincome lenergy stru2
city ropen ltec,tvd
    predict fsu4,u
    predict fsxb4,xb
    gen fscore4 = fsxb4 /( fsxb4 + fsu4 )
    est store tf4
    xtfrontier lco2 lgdp rgov rinvest lincome lenergy stru2
city ropen ltec,tvd
    predict fsu5,u
    predict fsxb5,xb
    gen fscore5 = fsxb5 /( fsxb5 + fsu5 )
    est store tf5
    outreg2[ * ]using myfile. doc,replace
```

因素影响面板 SFA 模型
效率得分 R 软件代码

```
rm(list = ls())
setwd("d:/data/r")
library(maxLik)
library(frontier)
library(plm)
riceProdPhil < - read.csv("endata.csv")
riceProdPhil < - pdata.frame(riceProdPhil,index = c("id",
"year"))
#specify model
models < - log(gdp) ~ log(capital) + log(labor) + log(ener-
gy)
result_sfa1 < - sfa(log(gdp) ~ log(capital) + log(labor) +
log(energy) + stru2 + log(patentg) |goven + investen + log(in-
come),data = riceProdPhil)
print(summary(result_sfa1))
print(efficiencies(result_sfa1))
write.csv(efficiencies(result_sfa1),file = "tempout1.
csv")
N < - length(unique(riceProdPhil $ id))
T < - length(unique(riceProdPhil $ year))
logL < - function(param){
```

```
const < -param[1]#常数项
capital < -param[2]#资本
labor < -param[3]#劳动
energy < -param[4]#能源
stru < -param[5]
patentg < -param[6]
Z_const < -param[7]#Z 中的截距项
Z_gov < -param[8]#
Z_invest < -param[9]#
Z_income < -param[10]#
  sigmaSq < -param[11]#sigma2
gamma < -param[12]#gamma
  #给出必要的再参数化
sigmau2 = sigmaSq * gamma
sigmav2 = sigmaSq - sigmau2
sigmas2 < - sigmav2 * sigmau2/(sigmav2 + sigmau2)
  if(sigmau2 <0 ||sigmav2 <0)
  return(NA)
#给出 z * delta
zdelta < - as.numeric(as.matrix(cbind(1,riceProdPhil[,c
("goven","investen","income")]))% * % c(Z_const,Z_gov,Z_in-
vest,Z_income))
  ##给出模型残差项
epsilon < -log(riceProdPhil $ gdp) - const -log(riceProd-
Phil $ capital) * capital -
     log ( riceProdPhil $ labor ) * labor - log ( riceProdPhil
$ energy) * energy -
      riceProdPhil $ stru2 * stru - log ( riceProdPhil
$ pantentg) * patentg
    mustar < - ( sigmav2 * zdelta - sigmau2 * epsilon)/( sig-
mav2 + sigmau2)
  #给出极大似然函数
sum( -pnorm(zdelta/sqrt(sigmau2),log. p = TRUE) -
```

```
                    0.5 * log( sigmav2 + sigmau2 ) -
                    0.5 * ( zdelta + epsilon )^2 /( sigmav2 + sigmau2 ) +
                    pnorm( mustar/sqrt( sigmas2 ),log. p = TRUE ))
        }
    re. mod < - plm( log( gdp ) ~ log( capital ) + log( labor ) + log
( energy ) + stru2 + log( patentg ),
                            data = riceProdPhil,
                            effect = "individual",
                            model = "random")
    start_params = c( coef( re. mod ),Z_const = 0,Z_gov = 0,Z_invest
= 0,Z_income = 0,
                                sigmasq = var( re. mod $ residual ),gamma =
0. 5)
    result_sfa2 < - maxLik( logLik = logL,start = start_params )
    print( summary( result_sfa2 ))
    write. csv( efficiencies( result_sfa2 ),file = "tempout2. csv")
```

GSFA 模型效率得分 R 软件代码

```
rm(list = ls())
setwd("d:/data/r")
library(maxLik)
library(frontier)
library(plm)
data1 < - read. csv("endata. csv")
riceProdPhil < - pdata. frame(data1,index = c("id","year"))
#specify model
models < - log(gdp) ~ log(labor) + log(capital) + log(ener-
gy)
result_sfa1 < - sfa(models,data = riceProdPhil,truncNorm =
TRUE,timeEffect = TRUE)
print(summary(result_sfa1))
print(efficiencies(result_sfa1))
N < - length(unique(riceProdPhil $ id))
T < - length(unique(riceProdPhil $ year))
logL < - function(param){
  const < - param[1]#常数项
  labor < - param[2]#
  capital < - param[3]#
  energy < - param[4]
  sigmaSq < - param[5]#sigma2
```

```
gamma < -param[6]#gamma
mu < -param[7]#mu
eta < -param[8]#time effect
#给出必要的再参数化
sigmau2 = sigmaSq * gamma
sigmav2 = sigmaSq - sigmau2
  #定义 eta_t 函数
eta. t < -function(num){
  exp( -eta * (num - T))
}
eta. sum < -sum(eta. t(1:T)^2)
sigmas2 < -sigmav2 * sigmau2 /( sigmav2 + sigmau2 * eta. sum)
epsilon < -log( riceProdPhil $ gdp) - const - log( riceProd-
Phil $ labor) * labor -
    log( riceProdPhil $ capital) * capital - log( riceProd-
Phil $ energy) * energy
##给出极大似然函数
part1 < - -N * (T -1)/2 * log( sigmav2) -
  N * pnorm(mu/sqrt( sigmau2),log. p = TRUE) -
  N/2 * log( sigmav2 + sigmau2 * eta. sum) -
  N/2 * mu^2/sigmau2 -
  0.5/sigmav2 * sum( epsilon^2)
  part2 < -0
part3 < -0
for (i in 1:N){
  #个体 i 对应的所有的残差项
  e_i < -epsilon[paste(i,1:T,sep = " - ")]
  mu_i = (mu * sigmav2 - sigmau2 * as. numeric( eta. t(1:T)%
* %e_i))/
    ( sigmav2 + eta. sum * sigmau2)
  part2 < -part2 + mu_i ^ 2
  part3 < -part3 + pnorm(mu_i/sqrt( sigmas2),log. p = TRUE)
}
```

```
    part1 +0.5/sigmas2 * part2 +part3
}
re. mod < -plm(models,data =riceProdPhil,effect ="individ-
ual",model ="random")
start _ params = c ( coef ( re. mod ), sigmaSq = var ( re. mod
$ residual),gamma =0.5,mu =0,eta =0)
result_sfa2 < -maxLik(logLik =logL,start =start_params)
print( summary( result_sfa2))
```

参 考 文 献

［1］蔡萍萍. 日本地方环境治理的运行机制研究［D］. 福州：福建师范大学，2017.

［2］蔡守秋. 论环境权［J］. 郑州大学学报（哲学社会科学版），2002（2）：5 - 7.

［3］陈嘉龙. 从"环境威权主义"到"环境民主"：新加坡生态环境建设经验探究［D］. 华中师范大学，2018.

［4］陈明. 财政分权增加了政府环境治理效率吗？来自我国31省市的证据［J］. 当代经济与管理，2014（11）：66 - 71.

［5］陈卫国. 环境治理中的公众参与研究［D］. 上海：复旦大学，2009.

［6］崔冠云，李梅芳，张玉玲. 关于我国区域生态环境与社会经济协调发展动态评价的文献综述［J］. 环境保护与循环经济，2020，40（1）：37 - 39，50.

［7］丁永兰，肖灵敏. 中国环境治理中的公众参与机制研究［J］. 经济研究导刊，2016（16）：166 - 167.

［8］范俊荣. 政府环境质量责任研究［D］. 武汉：武汉大学，2009.

［9］范俊玉. 加强我国环境治理公众参与的必要性及路径选择［J］. 安徽农业大学学报（社会科学版），2011，20（5）：25 - 29.

［10］范亚西. 信息公开、环境监管与环境治理绩效——来自中国城市的经验证据［J］. 生态经济，2020，36（4）：193 - 199.

［11］傅尔林，姚爱军. 广东区域环境效率分析——基于松弛变量的非期望产出模型［J］. 岭南学刊，2015（2）：105 - 109.

［12］甘甜，王子龙. 长三角城市环境治理效率测度［J］. 城市问题，2018（1）：81 - 88.

［13］龚虹波，陈金阳，陈慧霖，等. 环境治理绩效评估研究综述［J］. 宁波大学学报（理工版），2021，34（1）：102 - 109.

［14］郭国峰，郑召锋. 基于DEA模型的环境治理效率评价——以河南为例［J］. 经济问题，2009（1）：48 - 51.

[15] 郭沛源，伍佳玲．环境治理，企业主体责任如何落地？——从合规到持续改进，要自觉自治也要良性互动 [J]．中国生态文明，2020 (2)：25 - 26.

[16] 韩瑞玲，佟连军，佟伟铭，于建辉．经济与环境发展关系研究进展与述评 [J]．中国人口·资源与环境，2012，22 (2)：119 - 124.

[17] 黄柳，伍晶．关于经济发展与环境关系研究的文献综述 [J]．企业导报，2012 (3)：259.

[18] 姜爱林，钟京涛，张志辉．美、德、日等国城市环境治理若干措施及其经验 [J]．兰州商学院学报，2008 (4)：28 - 35.

[19] 蒋金荷，马露露．我国环境治理 70 年回顾和展望：生态文明的视角 [J]．重庆理工大学学报 (社会科学)，2019，33 (12)：27 - 36.

[20] 金荣学，张迪．我国省级政府环境治理支出效率研究 [J]．经济管理，2012 (11)：52 - 159.

[21] 李静，程丹润．中国区域环境效率差异及演进规律研究——基于非期望产出的 SBM 模型的分析 [J]．工业技术经济，2008，27 (11)：100 - 104.

[22] 李军军．中国低碳经济竞争力研究 [M]．北京：社会科学文献出版社，2015.

[23] 刘晓峰．社会资本对中国环境治理绩效影响的实证分析 [J]．中国人口·资源与环境，2011，21 (3)：20 - 24.

[24] 卢代富．企业社会责任的经济学与法学分析 [M]．北京：法律出版社，2002.

[25] 鲁炜，赵云飞．中国区域环境效率评价及影响因素研究 [J]．北京航空航天大学学报 (社会科学版)，2016 (3)：30 - 35.

[26] 马骏，李夏，张忆君．江苏省环境效率及其影响因素研究——基于超效率 SBM - ML - Tobit 模型 [J]．南京工业大学学报 (社会科学版)，2019 (2).

[27] 聂毓敏．关于经济发展与生态环境关系的文献综述 [J]．经贸实践，2015 (12)：23 - 24.

[28] 屈小娥．中国生态效率的区域差异及影响因素——基于时空差异视角的实证分析 [J]．长江流域资源与环境，2018，27 (12)：2673 - 2683.

[29] 冉冉．政体类型与环境治理绩效：环境政治学的比较研究 [J]．国外理论动态，2014 (5)：48 - 53.

[30] 沈月娣．新型城镇化背景下环境治理的制度障碍及对策 [J]．浙江社会科学，2014 (8)：86 - 93.

[31] 石峰可．近代英国环境治理的主要教训及其对我国生态文明建设的启

示［J］. 湖北经济学院学报（人文社会科学版），2020，17（1）：18-20.

［32］宋德勇，张麒. 环境保护与经济高质量发展融合的演进与驱动力［J］. 数量经济技术经济研究，2022，39（8）：42-59.

［33］仝梦，郭四代，赵晨阳. 基于 DEA 模型的区域环境治理投资效率分析［J］. 经济研究导刊，2018（20）：95-96.

［34］王贤彬，黄亮雄. 中国环境治理绩效的微观政治基础——基于地方干部激励制度与行为的分析［J］. 深圳社会科学，2022，5（1）：84-95.

［35］王友明. 巴西环境治理模式及对中国的启示［J］. 当代世界，2014（9）：58-61.

［36］杨洪刚. 中国环境政策工具的实施效果及其选择研究［D］. 上海：复旦大学，2009.

［37］杨晓娟，李梅芳，王睿，等. 环境污染与经济发展关系实证研究的文献综述［J］. 环境科学与管理，2016，41（6）：53-58.

［38］曾光辉. 不同导向下的环境治理途径评析［J］. 长春工程学院学报（社会科学版），2006（3）：30-33.

［39］曾润喜，杜洪涛，王晨曦. 互联网环境下公众议程与政策议程的关系及治理进路［J］. 管理世界，2016（10）：180-181.

［40］张克难，袁大海，陈英葵. 环境失调与科技进步：工业经济发展与环境关系研究述评与展望［J］. 工业经济论坛，2016，3（3）：245-253.

［41］张龙平，吕敏康. 媒体意见对审计判断的作用机制及影响［J］. 审计研究，2014（1）：53-61.

［42］张琦. 公共物品理论的分歧与融合［J］. 经济学动态，2015（11）：147-158.

［43］张亚斌，马晨，金培振. 我国环境治理投资绩效评价及其影响因素［J］. 经济管理，2014（4）：171-180.

［44］周利梅，李军军. 基于 SBM-Tobit 模型的区域环境效率及影响因素研究——以福建省为例［J］. 福建师范大学学报（哲学社会科学版），2018（1）：57-64.

［45］朱国华. 我国环境治理中的政府环境责任研究［D］. 南昌：南昌大学，2016.

［46］朱艳丽. 论环境治理中的政府责任［J］. 西安交通大学学报（社会科学版），2017，37（3）：51-56.

［47］Armstrong M.，Baron A. Performance Management［M］. London：The

Cromwell Press, 1998.

[48] A. Shabani, S. M. R. Torabipour, et al. Distinctive Data Envelopment Analysis Mode for Evaluation Global Environment Performance [J]. Applied Mathematical Modelling, 2015, 39 (15): 4385 – 4404.

[49] Brummer, J. Corporate Responsibility and Legitimacy: An Interdisciplinary Analysis [M]. Ohio: Greenwood Press, 1999.

[50] Campbell J. P. , Mc Coy R. A. , Oppler S. H. A Theory of Performance in N. Schmitt&W. C. Borman (Eds) [A]//Personnel Selection in Organizations [C]. SanFrancisco: Josey – Bass, 1993: 35 – 70.

[51] Charnes A. , Cooper W. W. , Rhodes E. Measuring the Efficiency of Decision Making Units [J]. European Journal of Operational Research, 1978 (2): 429 – 444.

[52] Daniel Tyteca. Linear Programming Models for the Measurement of Environmental Performance of Firms—Concepts and Empirical Results [J]. Journal of Productivity Analysis, 1997, 8 (2): 183 – 197.

[53] Dennis Aigner, C. A. KnoxLovell, Peter Schmidt. Formulation and Estimation of Stochastic Frontier Production Function models [J]. Journal of Econometrics. 1977 (6): 21 – 37.

[54] Feng Wu Cui, Biao Gao. Analysis on Gray Correlation between Environmental Pollution Level and Influence Factors in Jilin Province [J]. Advanced Materials Research, 2014, 3246 (962).

[55] George, Kleoniki. Assessing 28 EU Member States' Environmental Efficiency in National Waste Generation with DEA [J]. Journal of Cleaner Production, 2019 (20): 509 – 521.

[56] Li Yang, Han Ouyang, et al. Evaluation of Regional Environmental Efficiencies in China based on Super-efficiency – DEA [J]. Ecological Indicators, 2015, 51 (4): 13 – 19.

[57] M. L. Song, S. H. Wang. DEA Decomposition of China's Environmental Efficiency based on Search Algorithm [J]. Applied Mathematics Computation, 2014, 247 (15): 562 – 572.

[58] M. N. Murty, Surender Kumar, Kishore K. Dhavala. Measuring Environmental Efficiency of Industry: A Case Study of Thermal Power Generation in India [J]. Environ Resource Econ, 2007, 38: 31 – 50.

［59］ Rolf Fare, Shawna Grosskopf. Modeling Undesirable Factors in Efficiency Evaluation: Comment ［J］. European Journal of Operational Research, 2004, 157 (1): 242 - 245.

［60］ Seiford L. M. , Zhu J. Modeling Undesirable Factors in Efficiency Evaluation ［J］. European Journal of Operational Research, 2002, 142 (1): 16 - 20.

［61］ Wartick, S. , Cochran, P. The Evolution of the Corporate Social Performance Model ［J］. Academy of Management Review, 1985, 10 (4): 758 - 769.

［62］ Zhou P. , Ang B. W. Linear Programming Models for Measuring Economy-wide Energy Efficiency Performance ［J］. Energy Policy, 2008 (36): 2911 - 2916.

［63］ Zhu D. J. , Qiu Shoufeng. Eco-efficiency as the Appropriate Measurement of Circular Economy ［J］. China Population Resources & Environment, 2006, 16 (5): 1 - 6.

后　记

　　2018 年春，本人申报国家社会科学基金项目"环境治理绩效测度的方法体系创新研究"并成功获得立项。课题批准立项以后，立即组织课题组成员，按照申报书预定的研究计划，围绕研究目标开展研究，突出问题导向，着重解决研究重点和研究难点，包括构建环境治理绩效测度的理论分析框架、梳理环境治理绩效测度的方法体系、环境治理绩效测度评估、环境治理绩效的影响因素分析、环境治理绩效的贡献度测评、提出环境治理绩效提升的对策建议等研究内容，形成系列研究成果，共完成九篇学术论文和一篇省委专报件，以及一份完整的研究报告，较好地完成了项目研究任务，本书是在课题结项成果基础上整理完成的。学海无涯，本书只是该研究过程的一个节点，而不是终点，我将在这个领域继续研究下去，做更加深入的理论和现实问题研究。

　　课题研究能够顺利推进，以及研究成果能够顺利出版，离不开他人的鼓励和帮助。首先要感谢我的恩师李建平先生，他是福建师范大学原校长、文科资深教授，长期从事《资本论》和中国特色社会主义政治经济学研究，有精湛的学术造诣和深厚的育人情怀。我在先生的指导下完成博士毕业论文《中国低碳竞争力研究》，并在 2015 年以相同书名出版专著，这次又在先生的帮助和支持出版第二本专著，真是莫大的荣幸。研究过程中也得到了众多专家的指点和帮助，包括福建社会科学院黄茂兴教授、福建师范大学黄瑾教授、安徽财经大学宋马林教授，福州大学周小亮教授等，在此感谢他们的无私帮助。

　　这几年我指导了十多位硕士研究生，他们勤奋好学，大多数在环境经济领域进行学习和研究，与他们的交流互动中，我的教学和科研之路变得更加丰富多彩，特别是孙泗泉、肖琳琳、刘婷婷、朱浩军、朱哲衡、汪任壬、李瑞瑶、张梦江、张震、薛若兰、黄馨郁、杨建川、何佳康和李云飞等同学，他们在资料收集、模型分析等方面做了很多工作，感谢他们付出的辛勤劳动。

　　教学和科研工作花费了大量时间和精力，使我无暇照顾家里的父母和妻儿，对此他们给予了最大的宽容和关爱，尤其是妻子周利梅副教授，在学术道路上与我并肩作战，这也是我坚持全身心投入工作的最大动力，借此把本书献给他们，以表达诚挚的谢意。

最后，要感谢经济科学出版社的领导和本书责任编辑，他们高度负责和专业的工作，为本书顺利出版提供了很大的帮助和支持。

李军军

2023 年 4 月